普通高等教育"十四五"系列教材

计算机应用基础
（Windows 7+Office 2016）

主　编　王洪平　杨　华

副主编　周金容　唐天国　曾庆勇　谭鹤毅

中国水利水电出版社
www.waterpub.com.cn

·北京·

内 容 提 要

本书根据《全国计算机等级考试一级计算机基础及 MS Office 应用考试大纲（2021 年版）》编写而成。全书共分 7 章，介绍了各专业学生必须掌握的计算机知识，包括计算机基础知识、Windows 7 操作系统、Word 2016 的应用、Excel 2016 的应用、PowerPoint 2016 的应用、计算机网络基础与应用、信息安全技术等。

本书层次分明，讲解清晰，图文并茂，内容实用，容易上手；采用理论与实践相结合的方法，每章后面均附有相应的习题。同时，本书有配套的实训与习题指导教材，便于学生掌握各知识点，突出应用技能的训练。

本书可作为高职高专院校学生的计算机公共基础教材、全国计算机等级考试（一级）教材，也可作为中专学校及各种培训班的计算机基础教材，还可作为自学者的参考用书。

图书在版编目（ＣＩＰ）数据

计算机应用基础：Windows 7+Office 2016 / 王洪平，杨华主编. -- 北京：中国水利水电出版社，2021.7
普通高等教育"十四五"系列教材
ISBN 978-7-5170-9715-0

Ⅰ. ①计… Ⅱ. ①王… ②杨… Ⅲ. ①Windows操作系统－高等学校－教材②办公自动化－应用软件－高等学校－教材 Ⅳ. ①TP316.7②TP317.1

中国版本图书馆CIP数据核字(2021)第132912号

策划编辑：寇文杰　　责任编辑：高　辉　　加工编辑：孙　丹　　封面设计：梁　燕

书　　名	普通高等教育"十四五"系列教材 计算机应用基础（Windows 7+Office 2016） JISUANJI YINGYONG JICHU（Windows 7+Office 2016）	
作　　者	主　编　王洪平　杨　华 副主编　周金容　唐天国　曾庆勇　谭鹤毅	
出版发行	中国水利水电出版社 （北京市海淀区玉渊潭南路 1 号 D 座　100038） 网址：www.waterpub.com.cn E-mail：mchannel@263.net（万水） 　　　　sales@waterpub.com.cn 电话：（010）68367658（营销中心）、82562819（万水）	
经　　售	全国各地新华书店和相关出版物销售网点	
排　　版	北京万水电子信息有限公司	
印　　刷	三河市鑫金马印装有限公司	
规　　格	184mm×260mm　　16 开本　　21 印张　　524 千字	
版　　次	2021 年 7 月第 1 版　　2021 年 7 月第 1 次印刷	
印　　数	0001—6000 册	
定　　价	56.00 元	

前　言

随着计算机技术的飞速发展，计算机的应用和普及日益广泛，掌握计算机应用基础知识，提高使用计算机技术的基本能力，是高端技能型应用人才的必备素质。为了满足读者对计算机知识的需求，本书定位于计算机起步教材，根据《全国计算机等级考试一级计算机基础及 MS Office 应用考试大纲（2021 年版）》并结合高等职业院校计算机基础教育的基本要求编写而成。

本书共分 7 章，由南充职业技术学院多年从事计算机应用基础教学与研究的多位教师共同编写而成。第 1 章由唐天国编写，第 2 章由谭鹤毅编写，第 3 章、第 7 章由王洪平编写，第 4 章由周金容编写，第 5 章由杨华编写，第 6 章由曾庆勇编写。

本书作者长期从事计算机教学，有一线教师丰富的教学经验，对各类求学者有深入的了解。本书实用性强、指导性强、可操作性强，是学习者的良师益友，是教学者的好帮手。本书内容全面、图文并茂、实例丰富，并有配套的实训与习题指导教材。

在编写本书的过程中，编者得到了校内外同行的大力支持，在此一并表示感谢。

广大读者在使用本书时如发现疏漏或不足之处，敬请提出宝贵意见和建议。

编　者
2021 年 3 月

目 录

第 1 章　计算机基础知识

1.1　计算机概述

计算机是人类历史上最伟大的发明之一，它的出现与普及在全世界掀起了一场具有深远意义的数字化革命浪潮，有力地推动着人类社会经济、文化、教育、科技的发展，并使得人们的生产、生活方式发生了十分深刻的变革。计算机被认为是 21 世纪信息社会的基本应用工具。今天，计算机的应用水平已成为各行各业步入现代化的重要标志之一，计算机的应用能力也成为现代人才的基本素质之一，掌握和使用计算机已成为人们必不可少的技能。

1.1.1　计算机的发展

1. 计算机的产生

计算机是一种能够在其内部存储的指令控制下运行的电子设备。它可以接收数据（称为输入），依据指定的规则处理数据（简称处理），生成结果（称为输出），并将结果存储起来以备后用（称为存储）。所以也可以说，计算机是一种可以接受输入数据、处理数据、生成输出并能够存储数据的电子装置。

世界上公认的第一台电子计算机于 1946 年 2 月诞生于美国宾夕法尼亚大学，取名为 ENIAC（Electronic Numerical Integrator And Calculator，电子数字积分计算机），如图 1-1 所示，两位主要研制人为莫契利（J.Mauchly）和埃克特（J.Eckert）。在 ENIAC 的实际制造过程中，莫契利是总设计师，埃克特则承担总工程师的角色。ENIAC 大约由 18000 个电子管、1500 个继电器组成，耗电量为 150kW/h，占地 170m^2，质量为 30t，平均每秒运算 5000 次浮点加法，比当时最快的计算工具快 300 倍，耗资约 40 万美元。当时它用来处理弹道问题，将人工计算使用的时间从 20h 缩短到 30s。这台计算机的功能虽然无法与今天的计算机相比，但它的诞生标志着人类计算工具的历史性变革，是科学技术发展史上的一次意义重大的事件。但是 ENIAC 有一个严重的问题，即它不能存储程序。

图 1-1　世界上第一台电子计算机 ENIAC

几乎在同一时期，著名美籍匈牙利数学家冯·诺依曼提出了"存储程序"和"程序控制"的概念。其主要思想如下：

（1）采用二进制形式表示数据和指令。

（2）计算机应包括运算器、控制器、存储器、输入设备和输出设备五大基本部件。

（3）采用存储程序和程序控制的工作方式。

所谓存储程序，就是把程序和处理问题所需的数据均以二进制编码的形式预先按一定顺序存放到计算机的内存储器里。计算机运行时，中央处理器依次从内存储器中逐条取出指令，按指令规定执行一系列的基本操作，最后完成一项复杂的工作。这一切工作都是由一个担任指挥工作的控制器和一个执行运算工作的运算器共同完成的，这就是存储程序控制的工作原理。

冯·诺依曼的上述思想奠定了现代计算机设计的基础，后来人们将采用这种设计思想的计算机称为冯·诺依曼型计算机。从 1946 年第一台计算机诞生至今，虽然计算机的设计和制造技术都有了极大的发展，但今天使用的绝大多数计算机的工作原理和基本结构仍然遵循着冯·诺依曼的思想。

2．计算机的发展阶段

根据计算机采用的物理器件，一般将计算机的发展分成四个阶段，也称为四代。

第一代（1946—1957 年）：电子管计算机时代。

第一代计算机采用电子管作为主要物理器件，编程语言采用机器语言，主要用于科学计算，其特点是运算速度慢、存储空间有限、维护困难、体积大和耗电量高，而且机器的稳定性、可靠性差。

第二代（1958—1964 年）：晶体管计算机时代。

第二代计算机采用晶体管作为主要物理器件，体积大大缩小，可靠性增强，运算速度加快，存储容量大大提高，稳定性较好；此时有了操作系统的概念，开始出现汇编语言，产生了如 FORTRAN 和 COBOL 等高级编程语言。其主要应用于科学计算、数据处理和实时过程控制。

第三代（1965—1970 年）：集成电路计算机时代。

第三代计算机采用中小规模的集成电路作为主要物理器件，主要特征是计算机体积更小，使用寿命更长，耗电量更小，功能更强，可靠性更高，计算速度加快，存储容量进一步提高；此时出现了操作系统和诊断程序，高级编程语言进一步发展，有了结构化程序的设计思想，如 Basic、Pascal 等编程语言。计算机应用范围扩大到企业管理和辅助设计等领域。

第四代（1971 年至今）：大规模和超大规模集成电路计算机时代。

随着 20 世纪 70 年代初集成电路制造技术的飞速发展，产生了大规模集成电路元件，使计算机进入一个新时代，即大规模和超大规模集成电路计算机时代。第四代计算机具有如下主要特征：

（1）采用大规模和超大规模集成电路作为主要物理器件，体积与第三代相比进一步缩小，可靠性更高，使用寿命更长。

（2）计算速度加快，每秒可进行几千万次到几十亿次运算。

（3）系统软件和应用软件有了巨大的发展，软件配置丰富，程序设计已实现部分自动化。

（4）计算机网络技术、多媒体技术、分布式处理技术有了很大的发展，微型计算机大量进入家庭，产品更新速度加快。

（5）计算机在办公自动化、数据库管理、图像处理、语言识别和专家系统等各个领域得到应用，电子商务已开始进入家庭，计算机的发展进入一个新的历史时期。

3．计算机的发展趋势

随着技术的更新和应用的推动，计算机有了飞速的发展。今天，集处理文字、图形、图像、声音为一体的多媒体计算机方兴未艾，计算机也进入了以计算机网络为特征的时代。

未来计算机的发展趋势可以概括为"巨""微""网""智"四个字。

（1）"巨"，指速度快、容量大、计算处理功能强的巨型计算机系统，主要用于如宇宙飞行、卫星图像及军事项目等有特殊需要的领域。

（2）"微"，指价格低、体积小、可靠性高、使用灵活方便、用途广泛的微型计算机系统。计算机的微型化是当前计算机最明显、最广泛的发展趋势及方向，目前便携式计算机、笔记本电脑都已逐步普及。

（3）"网"，指把多个分布在不同地点的计算机通过通信线路连接起来，使用户共享硬件、软件和数据等资源的计算机网络。目前全球范围的电子邮件传递和电子数据交换系统都已形成。

（4）"智"，指具有"听觉""视觉""嗅觉""触觉"，甚至具有"情感"等感知能力和推理、联想、学习、认识等思维功能的计算机系统。

目前，正处于超大规模集成电路全面发展和计算机广泛应用的阶段。据专家预计，新一代的计算机应是"智能"计算机，它的体系结构将改变传统的冯·诺依曼结构，具有像人一样能看、能听、能思考的能力。通常把新一代计算机称为第五代（即智能型）计算机。

1.1.2　计算机的分类

计算机的分类如下所述。

（1）按工作原理可将计算机分为模拟计算机、数字计算机、模数混合计算机。在模拟计算机中，要处理的数据都以电压或电流等值来表示；在数字计算机中，所处理的数据都以"0"与"1"数字代码的数据形式表示；在模数混合计算机中，要处理的数据用数字与模拟两种数据形式混合表示。目前的计算机绝大多数都是数字计算机。

（2）按用途可将计算机分为通用计算机和专用计算机。通用计算机用途广泛，可以完成不同的应用任务；专用计算机是为完成某些特定的任务而专门设计研制的计算机，用途单一，结构较简单，工作效率较高。我们现在使用的大多是通用计算机。

（3）按规模可将计算机分为巨型计算机、大/中型计算机、小型计算机、微型计算机和工作站。

- 巨型计算机：体积庞大，运算速度高达每秒万亿次，精度高、容量大，常用于军事、气象预报、科学研究等尖端领域，如图 1-2 所示。
- 大/中型计算机：通用性好，综合负载处理能力和外部负载能力较强，价格高，可支持几十个大型数据库，常用于规模较大的科学计算，在国家政府、银行等机构得到广泛应用。大型计算机如图 1-3 所示。

图 1-2　巨型计算机

图 1-3　大型计算机

- 小型计算机：小型计算机是 20 世纪 60 年代中后期发展起来的，结构简单、易于维护、操作方便，常用于自动控制和企业管理等领域，如图 1-4 所示。

图 1-4   小型计算机

- 微型计算机：也称个人计算机（包括台式计算机及便携式计算机等），即 PC 机，俗称"电脑"。它是目前较普及的一类计算机，具有价格低、体积小、结构紧凑、质量轻、发展迅速、功能强大等特点，已成为现代社会必不可缺的基本工具，其应用领域已延伸到社会生活的各个方面。台式机和便携计算机分别如图 1-5 和图 1-6 所示。

图 1-5   台式计算机   图 1-6   便携计算机

- 工作站：是一种高档的微型计算机，介于小型计算机和微型计算机之间，与普通 PC 机的区别是，配有高分辨率大屏幕、容量很大的内存储器和外存储器，有较强的信息处理能力和高性能的图形图像及联网功能，如图 1-7 所示。

图 1-7   工作站

1.1.3　计算机的特点

第一台计算机诞生至今仅有 70 多年时间，其发展之迅速、应用之广泛，是与计算机本身所具有的特点密不可分的。计算机主要有以下显著特点。

1. 运算速度快

计算机的运算速度通常是指每秒执行的指令条数。一般计算机的运算速度可以达到每秒几百万次，目前世界上最快的计算机每秒可运算千万亿次至亿亿次。计算机的高速运算能力，使大量复杂的科学计算问题得以解决。例如：卫星轨道的计算、大型水坝的计算、24 小时天气预报的计算等，过去人工计算需要几年、几十年才能完成的工作，而现在用计算机只需几天甚至几分钟就可完成。

2. 计算精度高

科学技术的发展，特别是尖端科学技术的发展，需要高度精确的计算。计算机控制的导弹之所以能准确地击中预定的目标，是与计算机的精确计算分不开的。一般计算机可达到十几位甚至几十位（二进制）有效数字，计算精度可由千分之几到百万分之几，是任何计算工具都望尘莫及的。

3. 存储容量大

计算机不仅能进行快速的运算，而且能存储大量数据和资料，能根据需要随时存取、删除和修改其中的数据。存储器可以存储大量数据，使得计算机具有"记忆"功能。目前计算机的存储容量越来越大，已达千兆数量级。计算机具有"记忆"功能，这是与传统计算工具的一个重要区别。

4. 具有逻辑判断能力

计算机的运算器除了能够完成基本的算术运算外，还具有对各种信息进行比较、判断等逻辑运算的能力。具有可靠逻辑判断能力是计算机能实现信息处理自动化的重要原因。高级计算机还具有推理、诊断、联想等模拟人类思维的能力。

5. 自动化程度高

由于计算机具有内部存储能力，计算机的工作方式是将程序和数据先存放在机内，工作时计算机十分严格地按程序规定的操作步骤，一步一步地自动完成，整个过程不需要人工干预，因此自动化程度高。该特点是一般计算工具所不具备的。

6. 通用性强

一般来说，凡是能将信息用数字化形式表示的，都能通过算术运算或逻辑运算对其进行处理，即它们都可由计算机来处理，因此计算机具有极强的通用性，能应用于科学技术的各个领域，并渗透到社会生活的各个方面。

1.1.4　计算机的应用

计算机的应用十分广泛，目前已渗透到人类活动的各个领域，国防、科技、工业、农业、商业、交通运输、文化教育、政府部门、服务行业等各行各业都在广泛应用计算机解决各种实际问题。归纳起来，目前计算机主要应用在以下方面。

1. 科学计算

科学计算也称数值计算。计算机最开始是为解决科学研究和工程设计中遇到的大量数值计算问题而研制的计算工具。随着现代科学技术的进一步发展，数值计算在现代科学研究中的地位不断提高，计算机凭借其运算速度快、计算精度高、存储容量大等优点，可以完成人工无法完成的各种数值计算工作，如数学、天文、地质、生物等基础科学的研究，以及水利发电、天气预报、空间技术、新材料研制、原子能研究等方面的大量计算都可以使用计算机来完成。在尖端科学领域，数值计算显得尤为重要。

2. 数据处理

数据处理又称信息处理，是利用计算机对各种数据进行收集、存储、分类、检索、排序、统计和传输等一系列过程的总称。当今计算机的数据处理应用已非常普遍，如人事管理、工资管理、库存管理、财务管理、图书资料管理、商业数据交流、情报检索、经济管理等。数据处理已成为当代计算机的主要任务，是现代化管理的基础。

3. 过程控制

过程控制又称实时控制，指用计算机实时采集、检测数据，按最佳值迅速对控制对象进行自动控制或自动调节。使用计算机进行自动控制可大大提高控制的实时性和准确性，提高劳动效率、产品质量，降低成本，缩短生产周期。目前计算机主要应用于飞行控制、加工控制、生产线控制、交通指示灯控制及其他国民经济部门中生产过程的控制等。

4. 计算机辅助工程

计算机辅助工程指人们利用计算机进行各种设计、处理等，以降低劳动强度，提高劳动效率，主要包括以下几个方面。

（1）计算机辅助设计（Computer Aided Design，CAD）：是用计算机帮助设计人员进行设计工作。利用计算机辅助设计，可缩短设计时间，提高工作效率，节省人力、物力和财力，更重要的是提高了设计质量。目前 CAD 技术已应用于飞机设计、船舶设计、建筑设计、机械设计、规划设计、工程设计、大规模集成电路设计等领域。

（2）计算机辅助制造（Computer Aided Manufacturing，CAM）：是用计算机进行生产设备的管理、控制和操作的过程。使用 CAM 技术可以提高产品的质量，降低成本，缩短生产周期。CAM 技术广泛应用于船舶、飞机和各种机械制造、加工业中。

（3）计算机辅助教学（Computer Aided Instruction，CAI）：是利用计算机辅助完成教与学的系统。CAI 为师生提供一个良好的个人化学习环境，综合应用了计算机的多媒体、超文本、人工智能及知识库等技术，不仅能激发学生的学习兴趣，有效地缩短学习时间，还能减轻教师的负担，提高教学质量和教学效率。

（4）计算机辅助测试（Computer Aided Test，CAT）：是利用计算机来进行复杂、大量的测试工作。它是随着计算机技术与其应用水平的不断提高，为满足日益复杂的、大规模的、高速度和高精度的测试要求而逐渐兴起的一门新型综合性学科。

5. 人工智能

人工智能（Artificial Intelligence，AI）指计算机模拟人类某些智力行为的理论、技术和应用。人工智能是计算机应用的一个新领域，这方面的研究和应用正处于发展阶段，在医疗诊断、定理证明、语言翻译、机器人、专家系统、模式识别、智能检索、无人驾驶等方面已有显著成效。

6. 其他应用

随着计算机技术的发展，计算机的应用已深入社会的各行各业及各个领域，如办公自动化、多媒体技术、电子商务、物联网和家庭生活等。

1.1.5　计算机的主要技术指标

1. 字长

计算机中使用的数据都是二进制数。二进制数 0、1 称为位（Bit），以 8 位二进制数组合作为信息计量单位，称为一个字节（Byte），用 B 表示。计算机一次能够直接处理的二进制数据称为字（Word），字中二进制数的位数称为字长，字由若干个字节组成，因此字长是字节的整数倍，如 8 位、16 位、32 位、64 位、128 位等。字是计算机进行数据处理、数据存储、数据传送的单位，字长越大，计算机的运算速度越快，运算精度越高，支持的内存越大，性能就越强，所以字长是计算机的一个重要性能指标。

2. 运算速度

计算机的运算速度指每秒能执行的指令条数，一般用 MIPS（Million Instructions Per Second，每秒 10^6 条指令）和 BIPS（Billion Instructions Per Second，每秒 10^9 条指令）作为单位。这个指标能直观地反映计算机的运算速度。

3. 主频

主频又称时钟频率，是 CPU 在单位时间（秒）内产生的时钟脉冲数，其单位有 Hz（赫）、kHz（千赫）、MHz（兆赫）、GHz（吉赫）。其中，1GHz=1000MHz，1MHz=1000kHz，1kHz=1000Hz。计算机 CPU 的时钟频率越高，运算速度越快。

4. 存储容量

计算机的存储容量包括内存容量和外存容量，指能够存储信息的总字节数，一般以 B（字节）、KB（千字节）、MB（兆字节）、GB（吉字节）、TB（太字节）、PB（拍字节）等为单位。它们之间的关系如下：

$$1KB=2^{10} B=1024 B$$
$$1MB=2^{10} KB=2^{20} B$$
$$1GB=2^{10} MB=2^{30} B$$
$$1 TB=2^{10}GB=2^{40} B$$
$$1PB=2^{10}TB=2^{50} B$$

内存容量对计算机的运算速度、处理能力影响较大。目前微型计算机的内存容量一般为 2～16GB，硬盘容量一般为 200GB～4TB。

5. 存取周期

存取周期指存储器进行连续两次读取（或写入）所需的最短时间。简单讲，存取周期就是 CPU 从内存储器存取数据所需的时间。目前，内存的存取周期一般为 60～120ns。

6. 外设配置

外设配置指计算机的输入/输出设备、多媒体部件及外存储器等的配置情况。

7. 软件配置

软件配置包括操作系统、计算机语言、数据库管理系统、网络通信软件、汉字软件及其他各种应用软件等。由于目前微型计算机的种类很多，特别是各类兼容机种类繁多，因此在选购微型计算机时，应以软件兼容性较好为主。

不能根据一两项指标来评定计算机的优劣，而应综合考虑使用效率及性能价格比等多方面因素，以满足应用需求为目的。

1.2   计算机的基本操作

1.2.1   计算机的打开与关闭

启动计算机的方式有两种：冷启动与热启动。冷启动指通过接通计算机电源来启动计算机，即通过按机箱面板上的 Power（电源）按钮来实现。热启动指在计算机通电状态下，再次启动计算机，其具体操作方法有三种：一是执行"开始"→"关机"→"重新启动"命令；二是按机箱面板上的 Reset 按钮；三是先按 Ctrl+Alt+Delete 组合键，再执行屏幕右下角关闭选项菜单中的"重新启动"命令。

冷启动与热启动的区别如下：冷启动后首先进行硬件自检，以确定各个部件是否工作正常，若自检顺利通过，则引导启动操作系统；热启动则没有硬件自检过程，因此热启动的速度显然要比冷启动的快。由于热启动没有切断计算机各部件的电源，因此能有效地延长硬件的使用寿命，在没有特殊情况（如计算机受到病毒侵袭、某些软件在运行过程中宕机并封锁键盘等）时，应尽量使用热启动。如果使用关闭电源的方法进行冷启动，则要在关闭后至少间隔 8～10s 后再开机，以免由于间隔时间过短而损坏部件。

为了使计算机系统安全可靠地工作，开机和关机要按照一定的顺序进行。开机顺序如下：先开外设电源，再开主机电源。关机顺序如下：先关主机（即执行"开始"→"关机"命令），再关外设电源。

1.2.2   鼠标的使用

1. 认识鼠标

"鼠标"名称来源于它的外观（像一只老鼠）。它是使用计算机过程中常用的输入设备之一，体积小、操作方便、控制灵活，利用它可以给计算机下达命令，完成各种各样的工作任务。目前，十分流行的是一种在左右两键中间有一个滚轮的三键鼠标，其外形如图 1-8 所示。

2. 鼠标的握法

右手大拇指、无名指和小拇指分别握在鼠标侧面中间的位置，鼠标尾部与手掌下部相接触，食指和中指自然弯曲放在鼠标左右键上。食指和中指可快速单击鼠标左右键，左右移动时以小臂为支点左右摆动，上下移动时，小臂随鼠标在鼠标垫上同时做垂直运动，具体姿势如图 1-9 所示。

图 1-8   鼠标外形

图 1-9   手握鼠标的姿势

3. 鼠标的运用

Windows 的大部分操作都是通过鼠标来完成的，在 Windows 操作系统中鼠标的主要操作如下：

（1）指向：将鼠标指针移至对象上或某处。

（2）单击：将鼠标指针对准要选取的对象，用右手食指快速按下鼠标左键并快速松开。该操作用于选定对象。

（3）双击：将鼠标指针对准要选取的对象并快速单击两次。该操作常用于启动应用程序、打开窗口等。

（4）拖动：首先选定一个（组）对象，然后用右手食指按住鼠标左键不放，将鼠标指针移动到指定位置后放开。该操作常用于对象的移动、复制等。

（5）右击：将鼠标指针对准对象，用右手中指按下鼠标右键并快速松开。该操作一般用于打开快捷菜单，便于快速选择相关命令。

（6）滚动：滚动鼠标中间滚轮。该操作主要用于在窗口中浏览网页、文档。

1.2.3　键盘的使用

1. 键盘的布局

标准键盘主要包括五个区域：主键盘区、功能键区、编辑键区、副键盘区、状态显示区，如图 1-10 所示。

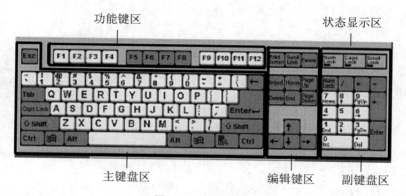

图 1-10　标准键盘

（1）主键盘区。

- 字母键：共 26 个（A～Z），主要用于输入英文字母、汉语拼音、汉字编码。
- 数字键：共 10 个（0～9），主要用于输入阿拉伯数字。
- 符号键：共 32 个，用于输入常用的符号，如+、-、*、/、?、!、<、>等。
- Space 键：也称 Space 键，即键盘下方的长条键，用于输入空格。
- Shift 键：也称上档键，左右各一个，主要有两个用途：一是按下该键的同时按下有两个符号的符号键，则输入的是该键位上面的符号，如按下 shift + > 组合键，则输入的是 ">"；二是按下该键的同时按一下字母键，则输入的是该字母的反状态字母（即原来键盘是大写状态则输入的是小写字母，原来键盘是小写状态则输入的是大写字母）。
- Ctrl 键：也称组合键，左右各一个。该键一般不单独使用，而是与其他键合用起控制作用。
- Alt 键：也称组合键，左右各一个，用于切换应用程序等的组合转换。该键一般不单独使用，而是与其他键合用起控制作用。

- Backspace 键：也称退格键，用于删除光标左边的一个字符或选取的对象。
- CapsLock 键：也称大写字母锁定键。计算机启动后，系统默认为小写字母输入状态，按一下该键，系统即转换为大写字母输入状态，同时键盘右上方的 CapsLock 指示灯点亮，表示为大写字母输入状态；再按一下该键，系统将回到小写字母输入状态，同时 CapsLock 指示灯熄灭。
- Tab 键：也称制表定位符键。每按一次该键，则跳过 4～12 个字符位或跳过表格的一栏。
- Enter 键：也称回车键。按一次该键表示输入结束，光标将移至下一行的起始位置，如果输入的是一条命令，则按一次该键后系统将执行该命令。

（2）功能键区。功能键区位于键盘上方区域，有 16 个键位，各键功能如下。

- F1～F12 键：这 12 个功能键的作用一般由具体的软件定义。
- Esc 键：取消键。按一下该键，取消当前输入的命令，或退出正在进行的操作。
- PrintScreen 键：屏幕打印键。按一下该键，打印屏幕内容，或者将屏幕显示的界面复制到剪贴板中。
- ScrollLock 键：显示内容滚动锁定键。在进入 Windows 时代后，ScrollLock 键的作用越来越小。但在 Excel 中它还是有用处的，如按下此键（灯亮）后，按上、下键（或 Page Up、Page Down 键）滚动时，会锁定光标而滚动页面；再按下此键（灯熄）后，按上、下键（或 Page Up、Page Down 键）滚动时，会滚动光标而锁定页面。
- Pause 键：暂停键，用于使正在屏幕上显示的信息暂停移动，按任一键后继续显示。

（3）编辑键区。编辑键区位于键盘右侧中部，有 10 个键位，各键功能如下。

- ↑、↓、←、→键：光标移动键。用于将光标分别向上、下、左、右移动，不影响输入的字符。
- Page Up 键：上翻页键。用于使屏幕向前翻动一屏内容。
- Page Down 键：下翻页键。用于使屏幕向后翻动一屏内容。
- Home 键：行首键。用于将光标移动到当前行第一个字符处。
- End 键：行尾键。用于将光标移动到当前行最后一个字符处。
- Insert 键：插入/改写键。用于"插入"和"改写"状态的转换，是一个开关键。当系统处于插入状态时，输入的字符将插入在光标当前位置，后面的字符依次后移；当系统处于改写状态时，输入的字符将替换光标当前位置后面的字符。
- Delete 键：删除键。用于删除光标右边的一个字符或选取的对象。

（4）副键盘区。副键盘区，又称数字键区（或小键盘），位于键盘右侧，主要用于算术表达式的输入，共有 17 个键位，其中 10 个键具有双重功能（即数字功能和编辑功能），其功能由该区的 NumLock 键控制。当按下该键时，NumLock 指示灯亮，按下数字键则输入的是数字；当再次按下该键时，NumLock 指示灯熄灭，此时 10 个编辑键将起作用。Enter 键的功能与主键盘区的 Enter 键功能相同。

（5）状态显示区。位于键盘的右上方，有三个指示灯：NumLock 为数字锁定指示灯，CapsLock 为大写字符锁定指示灯，ScrollLock 为滚动指示灯。

2．打字指法

键盘字符的输入是所有输入的基础。在输入字符时，应注意输入时身体的姿势和指法的规范性。在 Windows 7 中，各种标点符号及特殊符号在不同输入法中有不同的定义，具体可以查阅相关帮助主题。

（1）打字姿势。标准的打字姿势对身体各部位的健康有着重要的保护作用，而一些不良的姿势会给身体带来极大的伤害，并且不能做到准确、快速地输入，操作时也容易疲劳。正确的打字姿势如图 1-11 所示。

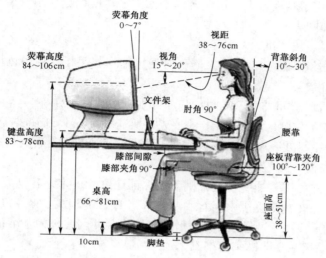

图 1-11　正确的打字姿势

1）屏幕及键盘应该在输入者的正前方，屏幕的中心应比眼睛的水平低，屏幕离眼睛最少要有一个手臂的距离。

2）身体保持端正，双脚轻松平稳地放在地板或脚垫上，大腿应尽量保持与前手臂平行的姿势。

3）椅座高度应调到使手肘有近 90°弯曲，使手指能够自然地架在键盘的正上方。

4）两臂自然下垂，两肘贴近身体，手、手腕及手肘应保持在一条直线上。手指略弯曲，指尖轻放在基准键位上，左右手的大拇指轻轻放在 Space 键上。

5）输入文稿放在键盘左边，或用专用夹夹在显示器旁边。打字时眼观文稿，身体不要倾斜，一定不要养成看键盘输入的习惯，视线应专注于文稿和屏幕。

（2）基本指法。指法是指击键的手指分工。键盘的排列是根据字母在英文打字中出现的频率而精心设计的，正确的指法可以提高手指击键的速度，同时可以提高文字的输入速度。掌握正确的指法，关键在于开始就要养成良好的习惯，这样才会有事半功倍的效果。准备打字时，双手拇指放在 Space 键上，其余 8 个手指垂放在各自的基准键上，如图 1-12 所示。

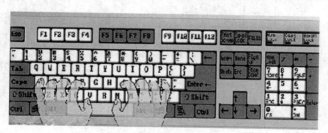

图 1-12　正确指法示意

1）手型：手指要保持弯曲，手要形成勺状，两食指总保持在左手 F 键处、右手 J 键处的位置，大多数键盘的 F 键和 J 键上都有凸起记号。

2）分工：两个拇指轻放在 Space 键上，其余 8 个手指放在 8 个基准键上，各个手指分工明确，各守岗位，决不能越到其他区域去击键。

3）击键：不要用手触摸按键，击键时以手指尖垂直向键位使用冲击力，力量要在瞬间爆发出来，并立即反弹回去。

击键的要领：轻、快、准。

- 轻：向下击键，感觉"咔嚓"一下时便迅速弹起手指。用力过度则手指容易疲劳，也容易损坏键盘。
- 快：击键时要瞬间发力，立即反弹，像手指被针刺一样。
- 准：想好键的位置，果断出击，不要先去摸，摸到再打。击键时，要击在按键的中部。

4）节奏：敲击键盘要有节奏，击上排键时手指伸出，击下排键时手指缩回，击完后手指立即回到原始标准位置。

5）力度：击键的力度要适中，过轻则无法保证速度，过重则容易疲劳。

（3）手指分工。在主键盘区中间有"A""S""D""F""J""K""L"";" 8 个字符键，这 8 个键是双手食指、中指、无名指和小指的初始位置，因此称为基准键，如图 1-13 所示。击键操作结束后，手指应立即回到基准键上。

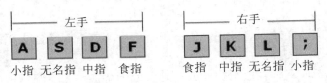

图 1-13　手指与基准键的对应关系

每个手指除了负责击打与之对应的基准键外，还必须负责上下方相应键的击打，具体分工如图 1-14 所示。

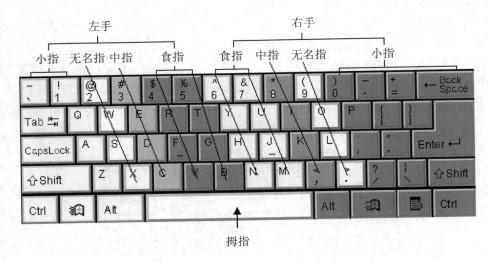

图 1-14　手指分工示意

（4）指法练习步骤。

第一步：将手指放在键盘上。小指、无名指、中指、食指放在 8 个基准键上，两个母指轻放在 Space 键上，如图 1-12 所示。

第二步：练习击键。例如要击 D 键，方法是，先提起左手约离键盘 2cm，在向下击键时中指向下弹击 D 键，其他手指同时稍向上弹开，击键要能听见响声。击其他键类似，要多体会。形成正确的习惯很重要，错误的习惯很难改。

第三步：练习并熟悉 8 个基准键的位置（要保持第二步所述的正确的击键方法）。

第四步：练习非基准键的击法。例如要击 E 键，方法是先提起左手约离键盘 2cm，再整个左手稍向前移，同时用中指向下弹击 E 键，同一时间其他手指稍向上弹开，击键后 4 个手指迅速回位，注意右手不要动。其他键的击法类似，注意体会。

第五步：继续练习，达到即见即打水平（前提是动作要正确）。

当然也可借助专门的打字软件（如金山打字通等）进行指法训练。指法训练是很枯燥且辛苦的，但只有通过一定时间的正确训练，才能有效地提高输入速度。

打字口诀

姿势端正且自然，双手轻放在键盘。

拇指轻触 Space 键，其余轻放基准键。

手指个个有任务，分工击键要记住。

轻准快，有节奏，按照指法来击键。

记键位，凭感觉，不看键盘看稿件。

树信心，加恒心，熟练来自勤苦练。

1.2.4　中文输入法

安装 Windows 7 时，除了支持英文输入以外，系统将自动安装一些基本的中文输入法，如微软拼音 ABC、全拼等。另外，用户也可以在任务栏右边的语言栏快捷菜单中选择设置命令来添加或删除相应的输入法。当前许多国内用户会安装一些较新的中文输入法，如搜狗拼音输入法、紫光拼音输入法、QQ 拼音输入法等。相比之下，这些输入法更人性化、功能更多，使用起来上手更快。

1. 输入法的选择

（1）使用键盘。

● 　按 Ctrl+Space 组合键，可以启动或关闭中文输入法。

● 　按 Ctrl+Shift 组合键，可以在英文及各种中文输入法之间进行切换。

（2）使用鼠标。在任务栏的右边单击"语言栏"按钮，将弹出当前已安装的输入法选择菜单，单击选择需要的输入法（即使所选的输入法图标左边有√）即可，如图 1-15 所示。

2. 输入法操作界面

切换到中文输入法后，在屏幕任务栏的右边将出现一个"输入法状态栏"，以表示和管理当前输入法的状态，如图 1-16 所示，不同的中文输入法，其上的按钮不尽相

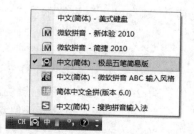

图 1-15　输入法选择菜单

同，其中常用的有"中文/英语选择"按钮、"输入法选择"按钮、"中/英文切换"按钮、"全/半角切换"按钮、"中/英文标点切换"按钮等。此时可按照所选定的编码规则输入编码实现中文及各种字符的输入。另外，启动任何一种中文输入法后，在"输入法状态"栏上右击，打开输入法快捷菜单，选择"设置"命令，在打开的对话框中可以对当前的中文输入法进行设置。

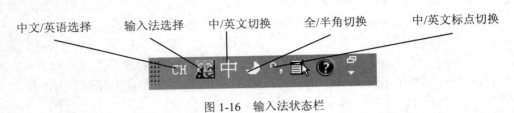

图 1-16　输入法状态栏

（1）"中文/英语选择"按钮。单击该按钮，将弹出图 1-17 所示的菜单。选择"CH 中文（简体，中国）"选项（默认方式）可输入中文；选择"EN 英语（美国）"选项可输入英文；选择"显示语言栏"命令可使输入法状态栏悬浮于桌面上。

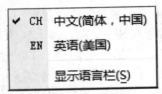

图 1-17　"中文/英语选择"菜单

（2）"输入法选择"按钮。单击此按钮，将打开输入法选择菜单，如图 1-15 所示。

（3）"中/英文切换"按钮。单击该按钮，可以实现中文输入状态与英文输入状态的切换，即输入的字母是汉字编码字符或是英文字符。

（4）"全/半角切换"按钮。通常英文符号输入都是半角状态。由于汉字系统的需要，在制作汉字文本时往往需要将有关中文标点符号和所有英文字母制作成与汉字一样大小的字符，这种状态称为全角状态。

单击输入法状态栏上的"全/半角切换"按钮，可以实现全角状态与半角状态之间的切换。

（5）"中/英文标点切换"按钮。当启动中文输入法后，标点状态自动转换为中文标点符号输入状态。此时，输入法状态栏上的"中/英文标点切换"按钮为中文标点的标识图标，此时单击"中/英文标点切换"按钮，可以切换到英文标点符号输入状态。

在英文标点符号输入状态下，输入的所有标点符号均与键盘上的标点符号——对应。在中文标点符号输入状态下，中文标点符号与键盘上的标点符号有些不同。例如键盘上的"."为句号"。"，"^"为省略号"……"，"-"为破折号"—"，"\"为顿号"、"，"<"为书名号"《"，">"为书名号"》"，"$"为人民币符号"￥"等。

3. 常用中文输入法

输入法是指为了将各种符号输入计算机或其他设备（如手机）而采用的编码方法。英文字母只有 26 个，它们对应着键盘上的 26 个字母，所以，对于英文而言不存在输入法。汉字有几万个，它们与键盘是没有任何对应关系的，为了向计算机中输入汉字，我们必须将汉字拆成更小的部件，并将这些部件与键盘上的键产生某种联系，才能通过键盘按照某种规律输入汉字，这就是汉字编码。汉字编码方案已经有数百种，其中在计算机上已经运行的就有几十种。作为一种图形文字，汉字是由字的音、形、义共同表达的，汉字输入的编码方法基本上都是采用将音、形、义与特定的键相联系，再根据不同汉字进行组合来完成汉字的输入的。

目前常用的中文输入法中，全拼输入法、微软拼音 ABC 输入法、搜狗拼音输入法、QQ拼音输入法等是一般用户普遍使用的汉字输入方法，五笔字型输入法是专门从事汉字输入人员的常用输入法。此外，还有区位输入法、郑码输入法、表形码输入法等。

（1）全拼输入法。全拼输入法是一种简单易学的中文输入法，只要会汉语拼音，就可以轻松地掌握这种输入法。其缺点是重码较多，影响汉字输入速度。切换到全拼输入法后，就可以输入汉字了。例如，输入汉语拼音 meng 后，屏幕上立即出现汉字选择窗口，窗口内显示 10个同音字，如图 1-18 所示，输入所选汉字或词组前的数字（若选择的是窗口中的第一个汉字或词组，可直接按 Space 键），这个汉字或词组便出现在当前插入点。在汉字选择窗口中，可借助右边的垂直滚动条查找所需的汉字或词组。全拼输入法可以直接输入词组，例如要输入词组"中国"，可输入拼音 zhongguo，如图 1-19 所示，此时按 Space 键，则词组"中国"便出现在插入点。

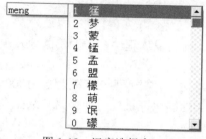

图 1-18　汉字选择窗口

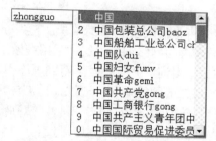

图 1-19　输入词组"中国"窗口

（2）微软拼音 ABC 输入法。微软拼音 ABC 输入法（以前称为智能 ABC 输入法）是 Windows系列系统自带的一种汉字输入法。其主要特点包括简拼与全拼相结合、自动分词和构词、自动记忆、强制记忆以及频度调整等，在该输入法状态下连续输入整条语句的拼音，系统会自动选出拼音所对应的最可能的汉字或词组，免去了逐字逐词进行同音字选择的麻烦。

微软拼音 ABC 输入法主要有全拼、简拼、混拼、音形等多种输入方式，输入完编码后按Space 键则出现汉字选择窗口。例如：

全拼输入："我"——输入 wo。

简拼输入："中国"——输入 zhg 或 zg。

混拼输入："长城"——输入 changc 或 chcheng。

音形输入：拼音+第一笔笔形码。笔形码为横（一（㇀））1；竖（丨）2；撇（丿）3；点（丶（乀））4；折（㇇（乛））5；弯（乚）6；叉（十，（乂））7；方（囗）8。

例如："软件"——输入"r1j"或"r1j3"；"计算机"——输入"js3j"或"j4sj"等。

（3）搜狗拼音输入法。搜狗拼音输入法是搜狐（SOHU）公司推出的一款 Windows 平台下的汉字拼音输入法。由于采用了搜索引擎技术，因此输入速度有了质的飞跃，在词库的广度、词语的准确度上，搜狗输入法都远远领先于其他输入法，是目前国内主流拼音输入法之一，其状态栏如图 1-20 所示。

搜狗拼音输入法的编码方法与其他拼音输入法的大同小异。如，"计算机"，输入 jsj 并按 Space 键即可，如图 1-21 所示；"中国梦"，可输入 zgmeng 并按 Space 键，或输入 zhgmeng 并按 Space 键，或输入 zgm 并按 4 键等，如图 1-22 所示。

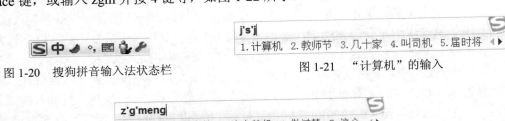

图 1-20　搜狗拼音输入法状态栏　　　　　　　　　图 1-21　"计算机"的输入

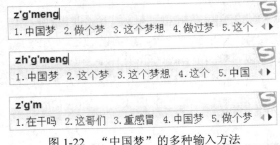

图 1-22　"中国梦"的多种输入方法

搜狗拼音输入法的主要特点如下：

1）超强的网络词库：通过采用搜索引擎的热词、新词发现程序，源源不断地发现几乎所有类别的常用词，并且及时更新到词库中。

2）最佳的网络词频：通过分析包含新闻、论坛网文、各类专题文章的超过 1000 亿字的文字资料（去重之后的正文资料），搜狗输入法的词频能够保证最佳，即使是鲜活生动的口头语，搜狗输入法也能保证词序最佳。

3）智能组词技术：保证首选词准确率优于其他输入法，对于很多较长的词、常用语或口头语，即使词库里没有这些词，搜狗输入法也可以自动拼出来。

4）便利的全拼简拼混合输入：搜狗拼音输入法是基于声母和声母首字母的混合式简拼，更加高效且不易出错。

5）兼容多种输入法的习惯：以开放的态度吸取用户的所有来信、建议、评论，兼容多种输入法的键盘设置、细节习惯、双拼方案等，用户可以通过设置属性菜单来进行修改。

6）人性化的细节设置：追求易用性上的突破，在很多细微的地方为用户提供了便利。例如，对于有歧义的音节，输入 fangan 时有两种可能——"方案"和"反感"。搜狗拼音输入法都能够显示，用户输入时不用加分隔符即可输入。

7）自动升级功能：可以自动升级。用户不用下载升级程序即可使用最新版，同时升级最新的词库，网络的新词、热词可及时反映到输入法里。

8）网游特色词库：制作了各种网游的特色词库，用户可以根据自己的需要和喜好进行添加，添加后就可以打出该网游中常用的词汇，为用户提供了便利。

另外，搜狗拼音输入法中的 U 模式是专门为输入不会读的字设计的。笔画代码为：h——横、s——竖、p——撇、n——捺（点）、z——折，其中点也可以用 d 来输入，同时副键盘上的 1、2、3、4、5 分别代表 h、s、p、n、z。编码时先输入 u，然后按字的书写顺序输入笔画代码就可以得到该字。例如，通过 U 模式输入"你"的方法如图 1-23 所示。

图 1-23　U 模式输入"你"

请读者注意，竖心的笔顺是点点竖（nns），而不是竖点点或点竖点。

（4）QQ 拼音输入法。QQ 拼音输入法（简称 QQ 拼音）是腾讯公司推出的一款汉字拼音输入法，也是目前国内主流的拼音输入法之一。由于采用了先进的算法，并且借助 QQ 了解用户聊天时最常用的词汇，因此 QQ 拼音输入法在输入速度、智能度和词库丰富度上都有明显的提高。QQ 拼音输入法支持全拼、简拼、双拼三种基本拼音输入模式。在输入方式上，QQ 拼音输入法支持单字、词组、整句的输入方式。在基本字句的输入操作方面，QQ 拼音输入法与常用的拼音输入法无太大差别，如图 1-24 所示。

图 1-24　QQ 拼音输入

（5）五笔字型输入法。五笔字型输入法（简称五笔）是王永民在 1983 年发明的一种汉字输入法，完全依据笔画和字形等特征对汉字进行编码，是典型的形码输入法。它以重码率低、输入速度快等特点深受用户的青睐，是专门从事汉字输入人员的常用输入法。五笔字型输入法不是 Windows 系统自带的输入方法，需要时可在网上下载相应软件并安装。

1）笔画、字根、字型。

● 笔画：书写汉字过程中一笔连续不断的线段叫作汉字的笔画。在五笔中，只考虑笔画的运笔方向，而不计轻重长短，把汉字的笔画归结为横、竖、撇、捺、折 5 种。根据使用率，依次用 1、2、3、4、5 作为它们的代码，汉字的 5 种笔画见表 1-1。

表 1-1　汉字的 5 种笔画

笔画代码	笔画名称	笔画走向	同类笔画
1	横（一）	左→右	提
2	竖（｜）	上→下	竖左勾
3	撇（丿）	右上→左下	
4	捺（乀）	左上→右下	点
5	折（乙）	带转折	横勾、竖提、横折勾、竖弯勾等

● 字根：由若干笔画交叉连接而成的相对不变的结构称为字根。字根是构成汉字最重要、最基本的单位。在五笔字型编码输入方案中，优选了大约 130 个字根作为组字的基本字根，选取的原则是组字能力强、出现频率高。基本字根在组成汉字时，根据它们之间位置的不同可分为以下 4 种结构。

> ➤ 单：基本字根本身单独成为一个汉字，如王、上、人、白、马等。
> ➤ 散：构成汉字的基本字根之间保持一定的距离，如种、例、语、字、学、品等。
> ➤ 连：有两种情况。一是单笔画与某基本字根相连，如自——"丿"连"目"、且——"月"连"一"；二是一个字根之前或之后的独立点均视为与基本字根相连，如勺、术、太、主、义等。
> ➤ 交：指多个字根交叉套迭构成汉字，如里——"日"交"土"，必——"心"交"丿"，本——"木"交"一"，团——由"口""十""丿"套迭而成，周——由"冂""土""口"套迭而成。

- 字型：根据构成汉字的各字根排列位置，可以把成千上万的方块汉字分为 3 种类型——左右型、上下型、杂合型，分别用代码 1、2、3 表示，见表 1-2。

表 1-2　汉字的 3 种字型

字型代码	字型	含义	与字根结构间的联系	举例
1	左右	构成汉字的各部分按左右或左中右等位置排列，其间有一定的距离	具有散结构的汉字	机、彻、结、别、赣、喉
2	上下	构成汉字的各部分按上下或上中下等位置排列，其间有一定的距离	具有散结构的汉字	字、意、华、花、照、器
3	杂合	构成汉字的各部分之间没有明确的左右或上下型关系	具有连、交结构的汉字	困、周、匠、凶、母、逢、天、乘

2）字根键盘布局。在五笔字型输入法中，字根多数是传统的汉字偏旁部首，同时把一些少量的笔画结构作为字根，也有硬造出的一些"字根"。基本字根有大约有 130 个，加上一些基本字根的变型，共有 200 个左右，这些字根分布在除 Z 之外的 25 个键上，每个键位都对应着几个甚至是十几个字根。

为了方便记忆，根据每个字根的起笔笔画，把字根分为五个"区"，用 1～5 进行编号，称为区号。以横起笔的字根在键盘的 G、F、D、S、A 键上，称为 1 区；以竖起笔的字根在键盘的 H、J、K、L、M 键上，称为 2 区；以撇起笔的字根在键盘的 T、R、E、W、Q 键上，称为 3 区；以捺（点）起笔的字根在键盘的 Y、U、I、O、P 键上，称为 4 区；以折起笔的字根在键盘的 N、B、V、C、X 键上，称为 5 区。每个区正好有 5 个字母键，每个键称为一个"位"，从内往外用 1～5 编号，称为位号。根据各键所在的区和位，从键盘中间开始向外扩展进行编号，称为区位号。比如 1 区顺序是从 G 到 A，G 为 1 区第 1 位，它的区位号就是 11，F 为 1 区第 2 位，区位号就是 12，依次类推，如图 1-25 所示。

图 1-25　5 区 5 位键盘布局

要想学好五笔字型输入法，必须先记住每个字根所在的键位。字根键盘分布及助记词如图 1-26 所示。

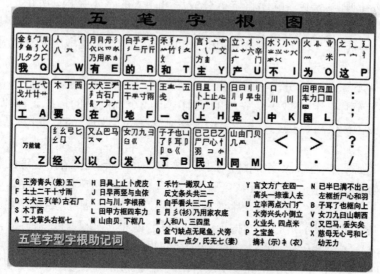

图 1-26 字根键盘布局及助记词

大部分字根是按下面规律分配在键位上的：

- 每个键上有一个代表性的字根，即键上的第一个字根，称为键名，也是"助记词"中打头的字。
- 部分键上的字根与键名字根形态相近。例如：F（12）的键名是"土"字，字根"士、二、干、十"等与"土"形态相近，它们安排在同一个键位 F（12）上。
- 字根第一笔代码与其所在区号一致，如"禾、白、月、人、金"的首笔为撇，撇的笔画代码为 3，故它们都在 3 区。
- 相当一部分字根的第二笔代码与其所在位号一致，如"土、白、门"的第二笔为竖，竖的代码为 2，故它们的位号都为 2。
- 单笔画"一、丨、丿、丶、乙"都在第 1 位，两个单笔画复合起来的字根"二、刂、厂、冫、〈〈"都在第 2 位，三个单笔画复合起来的字根"三、川、彡、氵、〈〈〈"都在第 3 位。
- 各区的位号都是从键盘的中部向两端排列，这样双手放到键盘上时，位号的顺序与食指到小指的顺序一致。

注意：助记词中括号内的字表示前一个字根的读音。五笔编码中没有给 Z 键安排字根，Z 键作为万能学习键，不但可以代替"识别码"找字，告诉你"识别码"，而且可以代替一时记不清或分解不准的字根，并通过提示行使你知道 Z 键对应的键位或字根。

3）汉字的拆分原则。五笔字型输入法中，要输入一个汉字，首先就要拆分汉字，即把汉字拆分成几个单独的基本字根。对于单结构的汉字，本身是字根，无需拆分，如王、日、八等；对于散结构的汉字，需进行顺序拆分，比较容易，如时、侧、字、意、语、新、努、最等；对于连、交及混合结构的汉字，在拆分字根时应遵循下面的拆分原则。

- 书写顺序原则：按汉字书写顺序从左到右、从上到下、从外到内进行拆分。如"中"

只能拆成"口、丨"，不能拆成"丨、口"；"夷"只能拆成"一、弓、人"，不能拆成"大、弓"。

- 取大优先原则：按书写顺序将字拆分成尽可能大的基本字根。所谓尽可能大的字根指如果增加一个笔画，便不能成为基本字根，即尽可能拆出笔画多的字根。如"果"可拆分为"日、木""日、一、小"和"日、十、八"，根据取大优先的原则，正确的拆分为"日、木"。

- 兼顾直观原则：在拆分汉字时，为了照顾汉字字根的完整性，有时不得不暂且牺牲一下"书写顺序"和"取大优先"的原则，形成个别例外的情况。如"国"，按"书写顺序"应拆成"冂、王、、一"，但这样破坏了汉字构造的直观性，故应拆分为"口、王、、"。

- 能散不连原则：组成汉字的多个字根的结构关系，能按散结构处理的就不能按连结构处理。如"非"字的三个字根"三、∥、三"应视为散结构（左右型），"严"字的三个字根"一、业、厂"及"占"字的两个字根"卜、口"都按散结构（上下型）处理。

- 能连不交原则：汉字拆分时能按连的关系拆分就不按相交的关系拆分，因为一般来说，"连"比"交"更"直观"。如"于"字应拆分为"一、十"（两字根相连），而不能拆分为"二、丨"（两字根相交）；"天"字应拆成"一、大"（两字根相连），而不能拆成"二、人"（两字根相交）；如"丑"字应拆成"乙、土"（二者是相连的），而不能拆成"刀、二"（二者是相交的）。

4）汉字的编码规则。精心选择基本字根，然后有效地、科学地、严格地从键盘上输入编码而实现汉字输入，这是五笔输入法的基本思想。五笔字型输入法是由四位编码组成一个汉字（一个汉字对应四位编码）。单个汉字五笔字型编码口诀如下：

> 五笔字型均直观，依照笔顺把码编；
>
> 键名汉字打四下，基本字根请照搬；
>
> 一二三末取四码，顺序拆分大优先；
>
> 不足四码要注意，交叉识别补后边。

此口诀概括了五笔字型输入法拆字取码的以下原则：

- 按书写顺序，从左到右，从上到下，从外到内取字根编码。
- 以基本的字根为单位取码。
- 字根为四个时，取其第一、第二、第三、第四字根编码。
- 字根多于四个时，按一、二、三、末取字根编码，最多取四个字根编码。
- 字根不足四个时，要加末笔字型交叉识别码。
- 单体结构拆分取大优先。

五笔字型输入法把单个汉字分成三类：键名字、成字字根字、键外字。

键名字的编码：键名字指各键位左上角的首字根，共有 25 个：

> 王土大木工，
>
> 目日口田山，
>
> 禾白月人金，
>
> 言立水火之，
>
> 已子女又纟。

它们是组字频度较高，而形体上又有一定代表性的字根，其中绝大多数本身就是汉字。键名字的输入方法：连击四下键名所在的键。例如，王——GGGG，口——KKKK，金——QQQQ，立——UUUU，女——VVVV。

成字字根字的编码：130 个基本字根，除键名字根外，本身就是汉字的字根，称为成字字根。成字字根汉字的输入规则为，键名代码+首笔代码+次笔代码+末笔代码。

当要输入一个成字字根时，首先把它所在的键击打一下（俗称"报户口"），然后依次输入它的首笔代码、次笔代码、末笔代码。各个笔画代码一定是指单笔画，而不是字根，只能在"G（横）、H（竖）、T（撇）、Y（捺）、N（折）"范围内取码；如果成字字根只有两个笔画，即只能取出三个编码，则第四码以 Space 键结束。例如：五——GGHG，由——MHNG，斤——RTTH，米——OYTY，马——CNNG，十——FGH。

在五笔字型汉字编码中，横、竖、撇、捺、折五个单笔划作为成字字根的特例，增加了两个"后缀"L 码：一——GGLL，丨——HHLL，丿——TTLL，丶——YYLL，乙——NNLL。

键外字的编码：键名字和成字字根字合称键面字，其他所有汉字都称为键外字。

含有四个及四个以上字根的汉字，其五笔编码规则为，第一字根码+第二字根码+第三字根码+末字根码。例如：输——LWGJ（车、人、一、刂），缩——XPWJ（纟、宀、亻、日），型——GAJF（一、廾、刂、土），围——LFNH（口、二、乙、丨），避——NKUP（尸、口、辛、辶）。

当构成汉字的字根中只有两个字根或三个字根时，应再加上一个补充代码，即末笔字型交叉识别码（简称识别码）。识别码=末笔代码+字型代码，可以将其看成一个键的区位码。末笔有五种，字型有三类，因此末笔字型交叉识别码有 15 种。末笔字型交叉识别码表见表 1-3。

表 1-3　末笔字型交叉识别码表

末笔	字型		
	左右型 1	上下型 2	杂合型 3
横 1	11G	12F	13D
竖 2	21H	22J	23K
撇 3	31T	32R	33E
捺 4	41Y	42U	43I
折 5	51N	52B	53V

三个字根的汉字编码规则为，第一字根码+第二字根码+第三字根码+末笔字型交叉识别码。例如：根——SVEY，格——STKG，告——TFKF，是——JGHU，首——UTHF，再——GMFD，国——LGYI。

两个字根的汉字编码规则为，第一字根码+第二字根码+末笔字型交叉识别码+空格。例如：汉——ICY，则——MJH，员——KMU，卡——HHU，乡——XTE，飞——NUI。

在判断汉字的末笔时，要注意以下几点：

- 末字根为"力、刀、九、匕、乃、万、方、兆"等时，以右下角最远的笔画"折"为末笔。如"男"字（拆成：田、力）末笔为"乙（5）"，字型为上下型（2），故识别码为 52（B），所以"男"字的五笔编码为 LLB。

- 在所有包围型和半包围型汉字中，规定取被包围部分的末笔作为整个字的末笔。如"团"字（拆成囗、十、丿）末笔为"丿（3）"，字型为杂合型（3），故识别码为 33（E），其五笔编码为 LFTE；"连"字（拆成车、辶）末笔为"丨（2）"，字型为杂合型（3），故识别码为 23（K），其五笔编码为 LPK；"哉"字（拆成十、戈、口）末笔为"一（1）"，字型为杂合型（3），故识别码为 13（D），其五笔编码为 FAKD。
- "我、戋、成、戈、戊"等字的末笔遵循从"从上到下"的原则，一律规定撇"丿"为其末笔。"我"字的编码为 TRNT（丿、扌、乙、丿），"戋"字（为成字字根）的编码为 GGGT（键名、一、一、丿），"成"字的编码为 DNNT（厂、乙、乙、丿），等等。

简码：为了减少击键次数，提高输入速度，一些常用的字除了可以按全码（四码）输入外，还可以取其前边的一个、两个或三个字根进行编码，再加击一个 Space 键，构成简码，简码分为三级。

一级简码：将每个键按一下，再按一下 Space 键，即可输入最常用的 25 个汉字，如下：

一	11（G）	地	12（F）	在	13（D）	要	14（S）	工	15（A）
上	21（H）	是	22（J）	中	23（K）	国	24（L）	同	25（M）
和	31（T）	的	32（R）	有	33（E）	人	34（W）	我	35（Q）
主	41（Y）	产	42（V）	不	43（I）	为	44（O）	这	45（P）
民	51（N）	了	52（B）	发	53（V）	以	54（C）	经	55（X）

二级简码：输入全码的前两个字根编码，再按一下 Space 键即可。二级简码有 625 个。例如："经"的全码为 XCAG，简码为 XC；"最"的全码为 JBCU，简码为 JB；"可"的全码为 SKD，简码为 SK。

三级简码：输入全码的前三个字根编码，再按一下 Space 键即可。三级简码有 4400 个。例如："储"的全码为 WYFJ，简码为 WYF；"华"的全码为 WXFJ，简码为 WXF；"截"的全码为 FAWY，简码为 FAW。

词组的编码：五笔字型输入法中，除了可以输入单个汉字外，还可以按词组输入，无论多长的词组，编码一律为四码。

两字词组：每字各取其全码中的前两码构成四码。样例如下所述。

"开会"：一、廾、人、二（编码为 GAWF）。"汉字"：氵、又、宀、子（编码为 ICPB）。"和谐"：禾、口、讠、匕（编码为 TKYX）。

三字词组：前两个字各取其全码中第一码，第三字取全码中的第一码、第二码构成四码。样例如下所述。

"操作员"：扌、亻、口、贝（编码为 RWKM）。"计算机"：讠、𥫗、木、几（编码为 YTSM）。

四字词组：每字各取其全码中的第一码构成四码。样例如下所述。

"马到成功"：马、一、厂、工（编码为 CGDA）。"人民日报"：人、尸、日、扌（编码为 WNJR）。

多字词组：分别取第一、第二、第三及最后一个汉字的第一码构成四码。样例如下所述。

"中华人民共和国"："口、亻、人、囗"（编码为 KWWL）。"香港特别行政区"：丿、氵、丿、匚（编码为 TITA）。

要熟练掌握五笔字型输入法，一要熟悉汉字的拆分原则，能够正确地把汉字拆分成基本字根，二要熟记字根所在的键位，能正确地输入该汉字的编码，只有通过反复练习才能掌握这些技巧。另外，五笔中仍有少量重码，需要用数字键进行选择。

1.3 计算机中的数制

计算机中的数据有两大类：一类是数值型数据，另一类是非数值型数据，如文字、符号、图像、声音、影视等。无论是数值型数据还是非数值型数据，在计算机内部的存储、传输、处理等均采用二进制数的形式来进行，这是因为二进制数具有在电路上容易实现、可靠性高、运算规则简单、可直接进行逻辑运算等优点。但人们习惯的还是十进制数。此外，为了简化二进制数的表示，在计算机中也引入了八进制和十六进制数。

1.3.1 数制概述

1. 数制的概念

数制（也称进位计数制）是用一组固定的数字符号、统一的运算规则来表示数的一种计数方法。数制的种类很多，但在日常生活中，人们习惯使用十进制。十进制就是逢十进一。除十进制外，还会经常用到七进制（如一周为七天）、十二进制（如一年有十二个月）、二十四进制（如一天有二十四小时）、六十进制（如一小时有六十分钟，一分钟有六十秒）等。

2. 数制的三要素

（1）数码：是某数制中表示数值的一组固定的数字符号，也称数符。R 进制数共有 R 个（0，1，2，…，R-1）数码。

（2）基数：是数制中使用的数码个数。如十进制数的基数为 10，二进制数的基数为 2。

（3）位权：是一个数中某位上 1 单位代表的实际值，简称权，用基数的指数次幂表示。如十进制数 353：个位的权为 10^0，十位的权为 10^1，百位的权为 10^2，于是该数个位的值为 $3 \times 10^0 = 3$，十位的值为 $5 \times 10^1 = 50$，百位的值为 $3 \times 10^2 = 300$。

3. 进位制数的书写与表示

通常数的书写方式有两种：一种是数后缀一字母表示，如十进制数（Decimal）后缀 D，二进制数（Binary）后缀 B，八进制数（Octal）后缀 O，十六进制数（Hexadecimal）后缀 H；另一种是圆括号加基数下标表示，形如 $(X)_R$，其中 R 为 R 进制数的基数。例如：13D、$(13)_{10}$、1011001B、$(1011001)_2$，42.67O、$(42.67)_8$，3A5H、$(3A5)_{16}$。

注意：在书写十进制数时，通常将后缀 D 或下标 10 省略，为了区分八进制数后缀 O 与数 0，把后缀 O 用 Q 来代替。

任意一个 R 进制数 X（设有 n 位整数、m 位小数）都可以用如下两种方法表示：

（1）位置计数法。

$$(X)_R = a_{n-1}a_{n-2}\cdots a_2 a_1 a_0 . a_{-1} a_{-2} \cdots a_{-m}$$

例如：十进制数 353、34.507，八进制数 23、204.63 等。

（2）按权展开法。

$$(X)_R = a_{n-1} \times R^{n-1} + \cdots + a_1 \times R^1 + a_0 \times R^0 + a_{-1} \times R^{-1} + \cdots + a_{-m} \times R^{-m}$$

其中 a_{n-1}，a_{n-2}，…，a_{-m} 分别表示数 X 的第位 $n-1$，$n-2$，…，$-m$ 位上的数码。

例如：十进制数 $353 = 3 \times 10^2 + 5 \times 10^1 + 3 \times 10^0$ ，八进制数 $204.63 = 2 \times 8^2 + 0 \times 8^1 + 4 \times 8^0 + 6 \times 8^{-1} + 3 \times 8^{-2}$ 。

1.3.2　常用的进位计数制

1. 常用数制的特点

计算机中用到的主要数制有十进制、二进制、八进制和十六进制，它们的特点见表 1-4。

表 1-4　常用数制的特点比较

数制	十进制	二进制	八进制	十六进制
数码	0、1、2、3、4、5、6、7、8、9	0、1	0、1、2、3、4、5、6、7	0、1、2、3、4、5、6、7、8、9、A、B、C、D、E、F
基数	10	2	8	16
位权	10^i	2^i	8^i	16^i
规则	逢十进一（借一当十）	逢二进一（借一当二）	逢八进一（借一当八）	逢十六进一（借一当十六）
共同点	数码个数与其基数相同；最大数码为（基数-1）			
应用	在计算机中常作为数据的输入和输出	在计算机中用于数据的存储和运算	在计算机中简化二进制的书写	在计算机中简化二进制的书写

2. 常用数制间的关系

常用进制数间的关系见表 1-5。从表中可看出，十六进制的数码 A、B、C、D、E、F 相当于十进制数的 10、11、12、13、14、15。

表 1-5　常用数制间的关系

十进制	二进制	八进制	十六进制
0	0	0	0
1	1	1	1
2	10	2	2
3	11	3	3
4	100	4	4
5	101	5	5
6	110	6	6
7	111	7	7
8	1000	10	8
9	1001	11	9
10	1010	12	A
11	1011	13	B
12	1100	14	C
13	1101	15	D
14	1110	16	E
15	1111	17	F

1.3.3　不同进制数之间的转换

虽然在计算机内部都使用二进制进行存储、运算等工作，但对于用户来说，最熟悉的还是十进制数。另外，由于二进制位数过长，读写困难，使用不方便，因此通常将二进制数转换成十进制数输出，用八进制和十六进制作为二进制的缩写方式。

1.　任意进制转换为十进制

按权展开求和法：即将任意 R 进制数的各位数码乘以相应的权 R^i，然后把积相加就得到十进制数。

【例 1-1】$(101.11)_2=1\times2^2+0\times2^1+1\times2^0+1\times2^{-1}+1\times2^{-2}=4+0+1+0.5+0.25=5.75$

【例 1-2】$(272)_8=2\times8^2+7\times8^1+2\times8^0=128+56+2=186$

【例 1-3】$(5AE9)_{16}=5\times16^3+10\times16^2+14\times16^1+9\times16^0=20480+2560+224+9=23273$

2.　十进制转换为任意进制

将十进制数转换为其他任意进制数时，整数部分和小数部分要分别转换，总的原则如下：整数部分，除基取余，余数倒排；小数部分，乘基取整，整数顺排。

整数部分的转换——除基取余法。具体步骤如下：把十进制整数除以基数 R（可以是 2、8、16 等）得商数和余数，再将所得的商除以基数 R，又得到一个新的商数和余数……这样不断地用基数 R 去除所得的商，直到商等于 0 为止；每次相除所得的余数便是对应的 R 进制整数的各位数码，第一次除法得到的余数为最低位数码，最后一次除法得到的余数为最高位数码。上述步骤可简单概括为"除基取余，余数倒排"。

【例 1-4】将十进制整数 53 转换成二进制整数。

解： 按下列方式连续除以基数 2

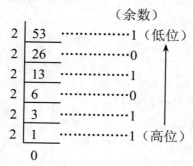

所以，$53=(110101)_2$。

【例 1-5】将十进制整数 723 转换成八进制整数。

解： 按下列方式连续除以基数 8

（余数）

8	723	…………3（低位）
8	90	…………2
8	11	…………3
8	1	…………1（高位）
	0	

所以，$723=(1323)_8$。

小数部分的转换——乘基取整法。具体步骤如下：把十进制小数乘以基数 R 得一个乘积，再把乘积的小数部分乘以基数 R，又得一个乘积……这样不断地用基数 R 去乘所得积的小数部分，直到所得积的小数部分为 0 或达到要求的精度为止；每次相乘后所得乘积的整数部分就是相应 R 进制小数的各位数码，第一次乘积所得的整数部分为 R 进制小数最高位数码，最后一次乘积所得的整数部分为 R 进制小数最低位数码。上述步骤可简单概括为"乘基取整，整数顺排"。

说明：每次乘法后，积的整数部分若是 0 也应取；另外，不是任一个十进制小数都能完全精确地转换成 R 进制小数的，一般根据精度要求截取到某位小数即可。

【例 1-6】将十进制小数 0.625 转换为二进制小数。

解：按下列方式连续乘以基数 2

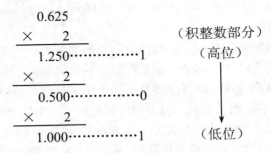

所以，$0.625=(0.101)_2$。

【例 1-7】将十进制小数 0.562 转换为保留六位小数的二进制小数。

解：按下列方式连续乘以基数 2

$$
\begin{array}{r}
0.562 \\
\times \quad 2 \\
\hline
1.124 \quad \cdots\cdots\cdots\cdots 1 \\
\times \quad 2 \\
\hline
0.248 \quad \cdots\cdots\cdots\cdots 0 \\
\times \quad 2 \\
\hline
0.496 \quad \cdots\cdots\cdots\cdots 0 \\
\times \quad 2 \\
\hline
0.992 \quad \cdots\cdots\cdots\cdots 0 \\
\times \quad 2 \\
\hline
1.984 \quad \cdots\cdots\cdots\cdots 1 \\
\times \quad 2 \\
\hline
1.968 \quad \cdots\cdots\cdots\cdots 1
\end{array}
$$

（积整数部分）
（高位）

（低位）

所以，$0.562 \approx (0.100011)_2$。

任何一个十进制数都可以将整数部分和小数部分分开，分别用"除基取余法"和"乘基取整法"转换为 R 进制数形式，然后将 R 进制形式的整数和小数合并即可得到该十进制数所对应的 R 进制数。

【例 1-8】将十进制数 53.625 转换为二进制数。

解：先由"除 2 取余法"将整数部分化成二进制数整数 53=(110101)$_2$；再由"乘 2 取整法"将小数部分化成二进制数小数：0.625=(0.101)$_2$；最后将所得整数部分与小数部分合并即可得到相应的二进制数为，即

$$53.625=(110101.101)_2$$

3. 任意两个进制数的转换

任意两个进制数之间可通过我们熟悉的十进制来进行转换，如图 1-27 所示。

图 1-27　R 进制数转换为 S 进制数的过程

【例 1-9】将四进制数 1032 转换为八进制数。

解：按权展开得到十进制数

$$(1032)_4=1\times4^3+0\times4^2+3\times4^1+2\times4^0=64+0+12+2=78$$

再将结果 78 除 8 取余得

$$78=(116)_8$$

所以，(1032)$_4$=(116)$_8$。

4. 二进制与八进制、十六进制的相互转换

由于二进制、八进制、十六进制之间存在以下关系，$2^3=8$，$2^4=16$，因此每位八进制数相当于 3 位二进制数，见表 1-6，每位十六进制数相当于 4 位二进制数，见表 1-7。将一个二进制数转换为八（十六）进制数时，只需先将整数部分从右向左、小数部分从左向右每三（四）位分为一组〔若最后一组不足三（四）位时，整数部分在最高位前面添 0 补足三（四）位，小数部分在最低位之后添 0 补足三（四）位〕；再一组一组地转换成一位对应的八（十六）进制数；最后按原来的顺序排列即可得到八（十六）进制数。

表 1-6　八进制与二进制对照表

八进制	0	1	2	3	4	5	6	7
二进制	000	001	010	011	100	101	110	111

表 1-7　十六进制与二进制对照表

十六进制	0	1	2	3	4	5	6	7
二进制	0000	0001	0010	0011	0100	0101	0110	0111
十六进制	8	9	A	B	C	D	E	F
二进制	1000	1001	1010	1011	1100	1101	1110	1111

【例 1-10】将二进制数 1111010010.01101 转换为八进制数和十六进制数。

解：因为

$$\underbrace{001}_{1}\;\underbrace{111}_{7}\;\underbrace{010}_{2}\;\underbrace{010}_{2}\;.\;\underbrace{011}_{3}\;\underbrace{010}_{2}$$

所以，$(1111010010.01101)_2=(1722.32)_8$。

又因为

$$\underbrace{0011}_{3}\;\underbrace{1101}_{D}\;\underbrace{0010}_{2}\;.\;\underbrace{0110}_{6}\;\underbrace{1000}_{8}$$

所以，$(1111010010.01101)_2=(3D2.68)_{16}$。

反过来，将八（十六）进制数转换为二进制数时，只需先将每位八（十六）进制数写成对应的三（四）位二进制数，再按原来的顺序排列起来即可。

【例 1-11】将十六进制数 2A9.0B 转换为二进制数。

解：因为

$$(2A9.0B)_{16}=(0010)(1010)(1001).(0000)(1011)$$

所以，$(2A9.0B)_{16}=(1010101001.00001011)_2$。

1.4　计算机系统的组成

一个完整的计算机系统由硬件系统（简称硬件）和软件系统（简称软件）两大部分组成，其结构如图 1-28 所示。硬件指组成计算机的所有物理设备，简单地说，就是看得见摸得着的东西，是计算机的"躯干"，是基础；软件指在硬件设备上运行的程序、数据及相关文档的总称，是建立在"躯干"上的"灵魂"。

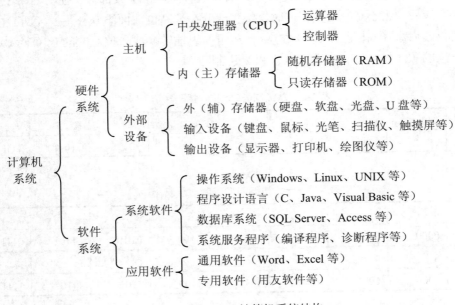

图 1-28　计算机系统结构

在计算机系统中，硬件和软件相互支持、协同工作。没有软件，计算机硬件系统根本无法工作，同样没有完整的硬件系统或硬件的性能不强大，软件也发挥不了良好的作用。所以软件与硬件都是计算机工作必不可少的组成部分。用户与硬件系统和软件系统的关系如图 1-29 所示。

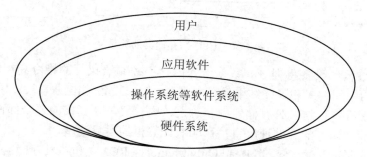

图 1-29　用户与硬件系统和软件系统的关系

1.4.1　计算机的硬件系统

从计算机诞生初期到现在，通常使用的计算机属于冯·诺依曼体系结构。虽然目前计算机的种类很多，但是从功能上仍可以将计算机硬件划分为五大基本组成部分：运算器、控制器、存储器、输入设备和输出设备。通常将运算器和控制器合称为计算机的中央处理器（Central Processing Unit，CPU），也称微处理器；把中央处理器与内存储器合称为计算机的主机；其他外存储器、输入设备、输出设备等统称为外部设备。

1. 输入设备

输入设备负责把用户命令（包括程序和数据等）输入计算机中，将人类习惯的数据形式（如数字、文字、图形、声音、影像等）转换成计算机能直接处理的二进制代码存放在内存中，是人与计算机之间对话的重要工具。常见的输入设备有键盘、鼠标、扫描仪、数码相机、摄像头等。

2. 存储器

存储器是计算机存储数据的部件，它像人脑一样具有"记忆"功能，主要用于存放程序、数据和运算结果，能在计算机运行中高速自动完成指令和数据的存取，其中，将信息存入存储器中称为"写"存储器；从存储器中取出信息称为"读"存储器，读写操作统称为访问。存储器是由许多存储单元组成的，为使计算机能识别这些单元，给每个单元一个编号，称为"地址"，计算机就是根据地址来访问存储器的。存储器又分为内存储器和外存储器两大类。

（1）内存储器。中央处理器能直接访问的存储器称为内存储器（简称内存，通常也泛称为主存储器），由半导体材料制成。内存储器包括寄存器、高速缓冲存储器（Cache）和主存储器。寄存器在 CPU 芯片的内部，高速缓冲存储器也制作在 CPU 芯片内，而主存储器由插在主板内存插槽中的若干内存条组成。内存的质量与容量会影响计算机的运行速度，其特点是存取速度快，但容量较小、价格较高。缓存 Cache 是为了解决 CPU 和内存之间速度匹配问题而设置的，它是介于 CPU 与内存之间的小容量临时存储器，但存取速度比内存快得多。有了缓存，就能高速地向 CPU 提供指令和数据，从而加快程序执行的速度。CPU 与存储器的关系如图 1-30 所示。

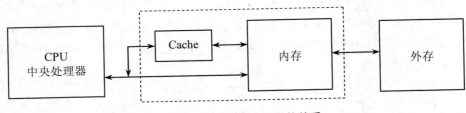

图 1-30   CPU 与存储器的关系

通常用户通过输入设备将程序和数据送入内存；控制器执行的指令和运算器处理的数据取自内存，运算的中间结果和最终结果保存于内存；输出设备输出的信息来源于内存；内存中的信息如要长久保存，应送到外存储器中。总之，内存要与计算机的各个部件"打交道"，进行数据传送。因此，内存的存储速度直接影响着计算机的运算速度。

内存可分为两类：只读存储器（Read Only Memory，ROM）和随机存储器（Random Access Memory，RAM）。ROM 的特点如下：用户只能对其进行读操作，不能进行写操作（存储单元中的数据由 ROM 制造厂在生产时或用户根据需要一次性写入），其上的数据在断电后不会消失。RAM 的特点如下：其上的数据能读能写，但断电后将消失，RAM 又称读写存储器。

（2）外存储器。中央处理器不能直接访问的存储器称为外存储器，简称外存，又称辅助存储器（简称辅存）。外存的数据必须先调入内存，再由中央处理器进行处理。外存的特点是存储容量大、价格低，但存取速度较慢，主要用于长时间存储数据。常用的外存储器包括硬盘、光盘、软盘、U 盘和各种移动存储设备等。

3. 运算器

运算器又称算术逻辑单元（Arithmetic Logic Unit，ALU），是计算机对数据进行加工处理的功能部件，也就对二进制数码进行"加、减、乘、除"等算术运算和"与、或、非"等逻辑运算。运算器在控制器的控制下实现算术逻辑运算功能，运算结果由控制器控制送到内存中。

4. 控制器

控制器是整个计算机系统的指挥和控制中心。它负责从内存中取出指令，确定指令类型，并对指令进行译码，按时间的先后顺序向计算机的各个部件发出控制信号，保证计算机按照预先规定的目标和步骤有条不紊地进行操作及处理，使整个计算机系统的各个部件协调一致地工作，从而一步一步地完成各种操作。

5. 输出设备

输出设备将计算机运算或处理的结果转换成人类习惯的文字、图形和声音等形式输出。常见的输出设备有显示器、打印机、绘图仪、音响等。

1.4.2   计算机的软件系统

计算机软件系统是实现计算机具体功能的重要工具，包括系统软件和应用软件两大类。

1. 系统软件

系统软件是管理、控制、监视、维护计算机系统正常运行的各类程序的总称，能使计算机系统的所有资源最大限度地发挥作用，是用户与计算机间联系的桥梁，一般由计算机厂家或专业软件公司研制。系统软件包括操作系统、程序设计语言、服务程序和数据库系统等。

（1）操作系统。操作系统（简称 OS）是控制和管理计算机系统所有硬件和软件资源的程序集合，是系统软件的核心。操作系统能使计算机系统高效、协调地工作，为用户提供一个良好的工作环境和友好的工作界面。它是计算机系统的指挥调度中心，是开机后运行的第一个软件，对计算机的所有操作都要在操作系统的支持下才能进行。操作系统具有中央处理器（CPU）管理、存储器管理、设备管理、文件管理和作业管理五大管理功能。常见的操作系统有 Windows、UNIX 和 Linux 等。

（2）程序设计语言。程序设计语言是人们设计出来的能让计算机读懂并能完成某特定任务的语言。按照语言对机器的依赖程度，程序设计语言从低级到高级依次可分为机器语言（Machine Language）、汇编语言（Assemble Language）、高级语言（High Level Language）三类，其中机器语言和汇编语言统称低级语言。

1）机器语言是以二进制代码形式表示的机器基本指令的集合，是计算机唯一可以直接识别和执行的语言。它的特点是运算速度快，每条指令都是 0 和 1 的组合，但不同计算机的机器语言不同，且难阅读、难修改、难移植。

2）汇编语言是为了解决机器语言难于理解和记忆的缺陷，用易于理解和记忆的名称和符号（称为指令助记符）表示机器指令的语言。例如加法指令 ADD、传送指令 MOV 等，这种用指令助记符组成的语言叫作汇编语言。汇编语言虽比机器语言直观，但基本上还是一条指令对应一种基本操作，仍然是依赖于机器的。这种语言不能被计算机直接接受，需要翻译（称为汇编）成机器语言。

3）高级语言是人们为了解决低级语言的不足而设计的程序设计语言。它由一些接近于自然语言和数学语言的语句组成，易学、易用、易维护。但是由于机器硬件不能直接识别高级语言中的语句，因此必须通过“翻译程序”将用高级语言编写的程序翻译成机器语言的程序才能执行。一般来说，用高级语言编程的效率高，但执行速度没有低级语言快。

高级语言的种类很多，常用的高级语言有面向过程的语言（如 Fortran、Basic、Cobol、Pascal、C 语言等），面向对象的语言（如 C++、Java、Visual Basic、Visual C++、Delphi 等）。

除机器语言外，采用其他程序设计语言编写的程序（称为源程序），计算机都不能直接识别其指令，必须把源程序“翻译”成等价的机器语言程序（称为目标程序），即计算机能识别的 0 与 1 的组合，承担翻译工作的即语言处理程序。语言处理程序的工作方式有编译方式和解释方式两种。

编译方式是用编译程序把用户高级语言源程序整体“翻译”成机器语言表示的目标程序，然后执行该目标程序，最后得到执行结果，如图 1-31 所示。编译方式“翻译”的总体效果比较好。

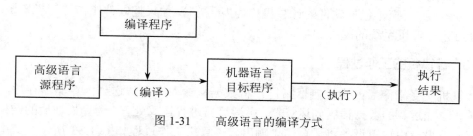

图 1-31　高级语言的编译方式

解释方式是用解释程序把用户高级语言源程序逐句“翻译”，译出一句，立即执行一句，边解释边执行，如图 1-32 所示。这种方式较浪费机器时间，但可少占用计算机内存，而且使用比较灵活。

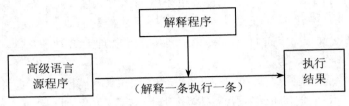

图 1-32　高级语言的解释方式

（3）服务程序。服务程序是专门为进行系统维护及对系统使用进行服务的一些专用程序。常用的服务程序有系统设置程序、诊断程序、纠错程序、编辑程序、文件压缩程序、防病毒程序等。

（4）数据库系统。在当今社会，数据信息纷繁复杂且量大类多，对信息的搜集、存储、分类、统计、使用和管理等一系列工作，就要依赖数据库技术了。数据库（Data Base，DB）是以一定的组织方式存储在一起的相关数据的集合，它的数据冗余度小，而且独立于任何应用程序而存在，可以为多种不同的应用程序共享。数据库管理系统（Data Base Management System，DBMS）是对数据库中的资源进行统一管理和控制的软件，是数据库系统的核心，是进行数据处理的有利工具。目前常用的数据库管理系统有 Access、Visual FoxPro、SQL Server、Oracle、Sybase 等。利用数据库管理系统的功能，设计、开发符合自己需求的数据库应用软件，是计算机应用最广泛且发展最快的领域之一。

2．应用软件

应用软件是利用计算机的软、硬件资源针对某个应用领域而开发和编制的软件，它必须与系统软件相互协作才能工作，具有较强的实用性和专业性。应用软件可分为专用应用软件和通用应用软件两种。随着计算机应用领域的扩大，应用程序越来越多，通用软件和专用软件之间一般没有严格的界限。

（1）通用应用软件。它是为解决某类问题而设计的多用途软件，如文字处理软件（微软 Word、金山 WPS），电子表格软件（微软 Excel），图形图像处理软件（Photoshop、AutoCAD）等。

（2）专用应用软件。它是为解决某具体问题而设计的软件，如某单位的工资管理软件、人事管理软件、学校的学籍管理软件等。

组成计算机系统的硬件和软件是相辅相成的两个部分。硬件是组成计算机系统的基础，而软件是硬件功能的扩充与完善。离开硬件，软件无处栖身，也无法工作；没有软件的支持，硬件仅是一堆废铁（把不包括软件的计算机称为"裸机"）。如果把硬件比作计算机系统的躯体，那么软件就是计算机系统的灵魂。

1.4.3　计算机的工作过程

当计算机接受指令后，由控制器指挥，将数据从输入设备传送到内存储器存放，再由控制器将需要参加运算的数据传送到运算器，由运算器进行运算处理，运算处理后的结果送回内存储器存放，最后由输出设备将运算结果输出。计算机工作过程如图 1-33 所示，其中细线箭头表示由控制器发出的控制信息流向，粗线箭头表示数据信息流向。

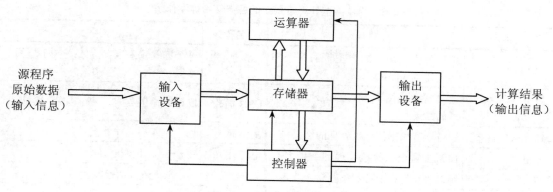

图 1-33　计算机的工作过程

1.4.4　微型计算机与多媒体计算机简介

1. 微型计算机简介

（1）概述。微型计算机指由微处理器作为 CPU 的计算机。自 1981 年美国 IBM 公司推出第一代微型计算机 IBM PC 以来，微型计算机以执行结果精确、处理速度快捷、性能价格比高、轻便小巧等特点迅速进入社会各个领域，且技术不断更新，产品快速换代，从单纯的计算工具发展成能够处理数字、符号、文字、语言、图形、图像、音频、视频等多种信息的强大多媒体工具。如今，微型计算机产品无论从运算速度、多媒体功能、软硬件支持方面还是从易用性等方面都比早期产品有了很大发展。便携机更是以使用便捷、无线联网等优势受到移动办公人士的喜爱，一直保持着高速发展的态势。

微型计算机简称微机，俗称电脑，其准确的称谓应该是微型计算机系统，特点是体积小、灵活性大、价格低、使用方便、占用空间小。微型计算机使用的设备大多紧密地安装在一个单独的机箱中，也有一些设备可能短距离地连接在机箱外，例如显示器、键盘、鼠标等。一般而言，一台微型计算机的尺寸可以使之很容易摆放在大多数桌面上。微型计算机的组成如图 1-34 所示，各部件名称和作用见表 1-8。

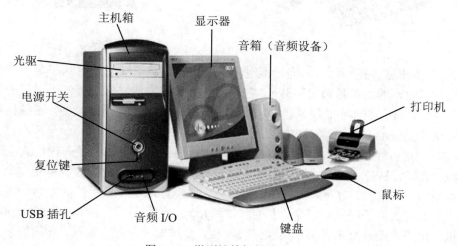

图 1-34　微型计算机的组成

表 1-8　组成微型计算机系统的各部件名称和作用

名称	作用	名称	作用
主机箱	主机外壳，用于固定主机的各个部件，并对其保护	音频 I/O	一个插孔输入声音，另一个插孔输出声音
显示器	通过文字或图形方式输出计算机处理的结果	USB 插孔	既可以输出数据，又可以输入数据
音箱（音频设备）	通过声音输出计算机处理的结果	复位键	用于重新启动计算机
打印机	向纸上输出计算机处理的结果	电源开关	用于启动计算机
鼠标	用以进行光标定位和某些特定输入	光驱	打开该处托盘放入光盘
键盘	向计算机输入信息，用于人机对话		

（2）分类。微型计算机可以分为网络计算机、工业控制计算机、个人计算机和嵌入式计算机等。其中个人计算机主要有以下几种：

1）台式机（图 1-35）。台式机也称桌面机，主机、显示器等设备通常都是相对独立的，一般需要放置在电脑桌或者专门的工作台上，因此命名为台式机。它是非常流行的微型计算机，多数人家里和公司用的计算机都是台式机。台式机的性能比笔记本电脑的强。

2）一体机（图 1-36）。一体机是由一台显示器、一个键盘和一个鼠标组成的计算机。它的芯片、主板与显示器集成在一起，显示器就是一台计算机，因此只要将键盘和鼠标连接到显示器上，机器就能使用。随着无线技术的发展，一体机的键盘、鼠标与显示器可实现无线连接，机器只有一根电源线，从而解决了一直为人们诟病的台式机线缆多而杂的问题。

图 1-35　台式机

图 1-36　一体机

3）笔记本电脑（图 1-37）。笔记本电脑也称手提电脑或膝上型电脑，是一种小型、可携带的个人计算机，通常质量为 1～3kg。它和一体机架构类似，但是提供了更好的便携性，配有液晶显示器，具有的体小、质量轻的特点。笔记本电脑除了提供键盘外，还提供触控板或触控点，提供了更好的定位和输入功能。

4）掌上电脑（图 1-38）。掌上电脑是一种运行在嵌入式操作系统和内嵌式应用软件之上的，小巧、轻便、易带、实用、价廉的手持式计算设备。它在体积、功能和硬件配备方面都强于笔记本电脑，在功能、容量、扩展性、处理速度、操作系统和显示性能方面又远远优于电子记事簿。掌上电脑除了用来管理个人信息（如通信录、计划等），上网浏览页面，收发 E-mail，当作手机来用外，还具有录音机、英汉汉英词典、全球时钟对照、提醒、休闲娱乐、传真管理等功能。

图 1-37　笔记本

图 1-38　掌上电脑

5）平板电脑（图 1-39）。平板电脑是一款无需翻盖、没有键盘、尺寸不等、形状各异但功能完整的电脑。其构成组件与笔记本电脑基本相同，但它利用触笔在屏幕上书写进行输入，而不是使用键盘和鼠标进行输入，并且打破了笔记本电脑键盘与屏幕垂直的 J 型设计模式。除了拥有笔记本电脑的所有功能外，它还支持手写输入或语音输入，移动性和便携性更胜一筹。

图 1-39　平板电脑

（3）基本组成。从外观上看，微型计算机的基本配置是主机箱、键盘、鼠标和显示器四个部分，另外，微型计算机还常配置打印机和音箱。一台完整的微型计算机系统由硬件系统和软件系统两部分组成。

下面介绍微型计算机的各个部件：

- 电源：电源是计算机中不可缺少的供电设备，它的作用是将 220V 交流电转换为计算机中使用的 5V、12V、3.3V 直流电，其性能直接影响到其他设备工作的稳定性，进而会影响整机的稳定性。

- 主板：又称主机板、系统板、母板。主板是计算机中各个部件工作的平台，它把计算机的各个部件紧密连接在一起，各个部件通过主板进行数据传输。主板一般为矩形电路板，上面安装了组成计算机的主要电路系统，一般有 BIOS 芯片，I/O 控制芯片，CPU 插槽，内存插槽，扩充插槽（可以插显卡、声卡、网卡等）以及硬盘、光盘驱动器、软盘驱动器、键盘、鼠标、打印机、游戏手柄等的接口。

- CPU：CPU（Central Processing Unit，中央处理器）是一台计算机的运算核心和控制核心。其主要功能是解释计算机指令以及处理计算机软件中的数据。作为整个系统的核心，CPU 也是整个系统最高级的执行单元，因此 CPU 已成为决定计算机性能的核心部件，很多用户都以它为标准来判断计算机的档次。

- 内存：又称内部存储器，属于电子式存储设备，由电路板和芯片组成，特点是体积小、速度快。现在内存都是做成条状的电路板，称为内存条，可以直接插在主板上。内存有 SDR、DDR、DDR2、DDR3 四大类，容量为 128MB～8GB。

- 硬盘：属于外部存储器，由金属磁片制成，而磁片有记忆功能，所以存储到磁片上的数据，无论在开机状态还是关机后都不会丢失。硬盘容量很大，已达 TB 级，尺寸有 3.5 英寸、2.5 英寸、1.8 英寸、1.0 英寸等，接口有 IDE、SATA、SCSI 等，其中 SATA 最普遍。移动硬盘是以硬盘为存储介质，强调便携性的存储产品。市场上绝大多数的移动硬盘都是以标准硬盘为基础的。因为采用硬盘为存储介质，所以移动硬盘在数据的读写模式与标准 IDE 硬盘是相同的。移动硬盘多采用 USB、IEEE 1394 等传输速度较快的接口，可以较高的速度与系统进行数据传输。

- 软驱：用来读取软盘中的数据。软盘为可读写外部存储设备，现已淘汰。

- 光驱：用来读写光碟（或称光盘）内容的机器，是台式机和笔记本便携式电脑里比较常见的一个部件。随着多媒体的应用越来越广泛，光驱在计算机诸多配件中已经成为标准配置。光驱可分为 CD-ROM 驱动器、DVD 光驱（DVD-ROM）、康宝（COMBO）和刻录机等。

- 闪存盘：通常也称优盘、U 盘、闪盘，是一个通用串行总线 USB 接口的无需物理驱动器的微型高容量移动存储产品，采用的存储介质为闪存存储介质。闪存盘一般包括闪存（Flash Memory）、控制芯片和外壳。闪存盘具有可多次擦写、速度快、防磁、防震、防潮的优点。闪存盘采用流行的 USB 接口，只有手指大小，质量约为 20g，不用驱动器，无需外接电源，即插即用，可在不同计算机机之间进行数据交换，存储容量从 1GB 到几十 GB 甚至几百 GB。

- 键盘：是主要的输入设备，通常为 104 键或 105 键，用于把文字、数字等输入到计算机中，键盘接口有 PS/2 和 USB 两种。

- 鼠标：当人们移到鼠标时，计算机屏幕上就会有一个箭头指针跟着移动，并可以很准确地指到想指的位置，快速地在屏幕上进行定位，它是人们使用计算机不可缺少的部件之一。鼠标接口有 PS/2 和 USB 两种。

- 显示器：显示器有大有小，有薄有厚，品种多样，其作用是显示计算机处理完的结果。它是一个输出设备，是计算机必不可少的部件之一，分为 CRT、LCD、LED 三大类，接口有 VGA 和 DVI 两类。

- 打印机：通过它可以把计算机中的文件打印到纸上，是重要的输出设备之一。在打印机领域形成了针式打印机、喷墨打印机、激光打印机三足鼎立的主流产品，它们各有优点，可满足不同用户的需求。

- 音箱：通过它可以把计算机中的声音播放出来。

- 声卡：是组成计算机必不可少的硬件设备，用于处理音频信息。它可以对话筒、唱机（包括激光唱机）、录音机、电子乐器等输入的声音信息进行模/数转换、压缩处理，也可以将经过计算机处理的数字化声音信号通过还原（解压缩）、数/模转换后用扬声器播放或记录下来。

- 显卡：在工作时与显示器配合输出图形、文字，其作用是将计算机系统所需的显示信息进行转换驱动，并向显示器提供行扫描信号，控制显示器的正确显示，是连接显示器和个人计算机的重要元件，是"人机对话"的重要设备之一。
- 网卡：是工作在数据链路层的网络组件，是局域网中计算机与传输介质进行连接的接口，不仅能实现与局域网传输介质之间的物理连接和电信号匹配，还涉及帧的发送与接收、帧的封装与拆封、介质访问控制、数据的编码与解码、数据缓存等功能。网卡充当计算机与网线之间的桥梁，是用来建立局域网并将计算机连接到 Internet 的重要设备之一。

  在整合型主板中常把声卡、显卡、网卡部分或全部集成在主板上。
- 调制解调器：是通过电话线上网时必不可少的设备之一。它的作用是将计算机上处理的数字信号转换成电话线传输的模拟信号。随着 ADSL 宽带网的普及，调制解调器逐渐退出了市场。
- 视频设备：如摄像头、扫描仪、数码相机、数码摄像机、电视卡等，用于处理视频信号。
- 移动存储卡及读卡器：存储卡是利用闪存（Flash Memory）技术存储电子信息的存储器。作为存储介质，一般应用在数码相机、掌上电脑、MP3、MP4 等小型数码产品中，样子小巧，有如一张卡片，所以也称之闪存卡。根据不同的生产厂商和不同的应用，闪存卡有 Smart Media Card（SM 卡）、Compact Flash Card（CF 卡）、Multi Media Card（MMC 卡）、Secure Digital Card（SD 卡）、Memory Stick（记忆棒）、Trans-flash Card（TF 卡）等多种类型，这些闪存卡虽然外观、规格不同，但是技术原理都是相同的。由于闪存卡本身并不能被计算机直接辨认，因此读卡器（Card Reader）就是两者进行沟通的桥梁。作为存储卡的信息存取装置，读卡器可适配很多种存储卡。读卡器使用 USB 1.1/USB 2.0 的传输介面，支持热拔插。与普通 USB 设备相同，只需将读卡器插入计算机的 USB 端口，然后插入存储卡就可以使用了。按照速度来划分有 USB 1.1 和 USB 2.0，按用途来划分有单一读卡器和多合一读卡器。

2. 多媒体计算机简介

（1）多媒体计算机的概念。在多媒体计算机之前，传统的微型计算机或个人机处理的信息往往仅限于文字和数字，只能算是计算机应用的初级阶段；同时，由于人机之间的交互只能通过键盘和显示器，因此交流信息的途径缺乏多样性。为了改进人机交互的接口，使计算机能够集声、文、图、像处理于一体，人类研发了有多媒体处理能力的计算机。多媒体计算机（Multimedia Computer）指能够对声音、图像、视频等多媒体信息进行综合处理的计算机。一般说的多媒体计算机指的是具有多媒体处理功能的个人计算机，简称 MPC（Multimedia Personal Computer）。MPC 与一般的个人机并无太大差别，只不过是多了一些软硬件配置而已。用户可通过两种途径拥有 MPC：一是直接购买具有多媒体功能的 PC 机；二是在基本的 PC 机上增加多媒体套件而构成 MPC。其实，现在用户购买的个人计算机绝大多数都具有多媒体应用功能。MPC 的基本构成如图 1-40 所示。

（2）多媒体计算机的组成。从系统组成上讲，与普通的个人计算机相同，多媒体计算机系统也是由硬件和软件两大部分组成的，如图 1-41 所示。

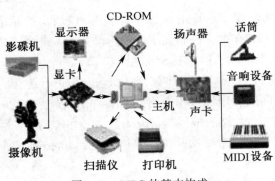

图 1-40　MPC 的基本构成　　　　图 1-41　多媒体计算机系统的组成

1）多媒体计算机硬件系统：除了需要较高配置的计算机主机外，还包括表示、捕获、存储、传递和处理多媒体信息所需的硬件设备。

一是多媒体外部设备，按功能又可分为如下四类：

● 人机交互设备，如键盘、鼠标、触摸屏、绘图板、光笔及手写输入设备等。

● 存储设备，如硬盘、光盘、声像磁带等。

● 视频、音频输入设备，如摄像机、录像机、扫描仪、数码相机、数码摄像机和话筒等。

● 视频、音频播放设备，如音响、电视机和大屏幕投影仪等。

二是多媒体接口卡。多媒体接口卡是根据多媒体系统获取、编辑音频或视频的需要而插接在计算机上的接口卡。常用的接口卡有声卡和视频卡（功能包括图形图像的采集、压缩、显示、转换和输出）等。

2）多媒体计算机软件系统：多媒体计算机软件系统是以操作系统为基础的，操作系统是多媒体软件的核心。除此之外，还有多媒体驱动软件（是最底层硬件的软件支撑环境，直接与计算机硬件相关，完成设备初始化、基于硬件的压缩/解压缩、图像快速变换及功能调用等）；驱动器接口程序（是高层软件与驱动程序之间的接口软件）；多媒体素材制作软件（为多媒体应用程序进行数据准备的程序，主要是多媒体数据采集软件，作为开发环境的工具库供设计者调用）；多媒体创作工具、开发环境（主要用于编辑生成特定领域的多媒体应用软件，是在多媒体操作系统上进行开发的软件工具）。

（3）多媒体计算机的技术特点。

1）高集成性。多媒体计算机采用具有高集成度的微处理器芯片，在单位面积上容纳了更多的电器元件，大大提高了集成电路的可靠性、稳定性和精确性。多媒体计算机的高集成性还表现在把多种媒体信息有机地结合在一起，使丰富的信息内容在较小的时空内得到完美的展现。

2）全数字化。数字化是通过半导体技术、信息传输技术、多媒体计算机技术等实现信息数字化的一场信息技术革命。多媒体计算机的数字化技术包括信息的数/模转换技术、综合控制技术、数字压缩技术、语言识别技术、液晶显示技术、虚拟现实技术等，是用 0 和 1 两位数字编码实现信息的数字化，完成信息的采集、处理、存储、表达和传输。数字化后的信息处理速度快、加工方式多、灵活性强、精确度高，几乎没有幅值失真和信号丢失现象，便于信息的存储、表达及在网络上的传输。

3）高速度。多媒体计算机采用的是高速的元器件，通过先进的设计和运算技巧，使其具有很高的运算速度。现在多媒体计算机的运算速度每秒可达几亿次、数十亿次乃至上百亿次。

而现在一些国家正在研制的新一代计算机——光子计算机、量子计算机，其运算速度又将提高数百倍。这一高速化的发展，能使计算机跨进诸如高速实时处理图像、提高计算机智能化程度等很多新的领域，发挥更大的作用。

4）交互性。多媒体计算机的交互性主要表现为人与计算机的相互交流，如计算机通过友好的、多模式的人机界面，能够读懂人们以手写方式输入的信息；能够识别具有不同语音、语调的人用自然语言输入的信息；能够对人们输入的信息进行分析、判断和处理，并给出必要的反馈信息（提示、建议、评价或答案）。另外，多媒体计算机的交互性还表现为人与人通过计算机进行的相互交流和计算机与计算机的信息交互，使计算机成为了人类亲密的"朋友"及方便又易于使用的现代工具。

5）非线性。这里的"非线性"指多媒体计算机的一种时空技术特性。时间本来是一维的，从过去、现在到将来，顺序发展，不可逆转。但对于多媒体计算机中的信息，人们却可以打破时间顺序，前、中、后灵活选择、自由支配，更重要的是，所有这些都能够即时完成。空间本来是三维的、统一的，但是人们在多媒体计算机中搜寻、观看和使用信息时，可以打破空间统一的格局，从整体、从局部、从不同角度选择信息，可对其进行放大、缩小，可以观看一个点，也可以观看展开的全过程，所有这些也都可以即时完成。

6）高智能。多媒体计算机具有人的某些智慧和能力，特别是思维能力。它会综合，会分析，会判断，会决策，能听懂人们说的话，能识别人们写的字，能从事复杂的数学运算，能记忆海量数字化信息，能虚拟现实中的人和事物。当今发达国家正在联合研制和开发一种具有人类大脑部分功能的神经网络个人计算机和用蛋白质及其他大分子组成的生物计算机，这些计算机具有非凡的运算能力、记忆能力、识别能力和学习能力，有些能力（如运算能力和记忆能力）是天才的人脑也无法企及的。

随着社会的发展，多媒体计算机的应用越来越广泛，它在办公自动化、计算机辅助工作、多媒体开发、通信和教育宣传等领域发挥着重要作用。

1.5 编码

1.5.1 数的编码表示

1. 机器数和真值

在计算机中，由于只有 0 和 1 两种数值形式，为了表示数学上的正数和负数，因此需要将数的符号用 0 和 1 进行编码。字长为 8 位、16 位、32 位、64 位的计算机都把一个数的最高位定义为符号位，用 0 表示正，1 表示负，其余位仍表示数值。通常把符号数字化了的数称为机器数，而把原来带有正负号的数称为真值数。例如（8 位机中）十进制正数 13，其二进制数为 +0001101，在计算机中表示为 00001101；十进制负数 -13，其二进制数为 -0001101，在计算机中表示为 10001101。

2. 原码、反码、补码及运算

数在计算机内采用符号数字化后，计算机就可以识别和表示符号位了。但若将符号位同时和数值参加运算，由于两个操作数符号的问题，有时会产生错误的结果。为了解决此类问题，在机器数中引入了原码、反码和补码的概念。

为了简单起见，我们在 8 位机中以整数为例进行说明。对于一个整数 N（正数、负数均可），规定如下：

原码：用机器数的最高位做符号位，其余位数表示数的绝对值；通常书写时用$[N]_原$表示 N 的原码。

反码：正数的反码与原码相同，负数的反码是对该数的原码除符号位外的各位取反，即 0 变为 1，1 变为 0；通常书写时用$[N]_反$表示 N 的反码。

补码：正数的补码与原码相同，负数的补码是该数的原码符号位不变，其他位按位取反，然后在最末位加 1；通常书写时用$[N]_补$表示 N 的补码；在补码表示方法中，数字 0 有唯一的编码，即$[+0]_补 = [-0]_补 = 00000000$。

例如，在 8 位机中，$[22]_原=00010110$；$[-22]_原=10010110$

$$[22]_反=00010110；[-22]_反=11101001$$
$$[22]_补=00010110；[-22]_补=11101010$$

计算机系统规定，任何两个数之间的算术运算都是通过其补码求和来实现的，符号位也参与求和运算。

例如，6-9 = 6+(-9) 的运算如下：

```
    0 0 0 0 0 1 1 0        6 的补码
 +  1 1 1 1 0 1 1 1        -9 的补码
 ────────────────────
    1 1 1 1 1 1 0 1        运算结果为-3 的补码
```

运算结果补码为，11111101，符号位为 1，即负数。已知负数的补码，要求其实际值，只要将数值位再求一次补就可得其原码：10000011，再转换为十进制数，即为-3，运算结果正确。

又如，-6-9=-6+(-9)的运算如下：

```
    1 1 1 1 1 0 1 0        -6 的补码
 +  1 1 1 1 0 1 1 1        -9 的补码
 ────────────────────
  1 1 1 1 1 0 0 0 1        运算结果为-15 的补码
```

将运算结果丢弃高位 1，得补码为 11110001，由此求得其原码为 10001111，即-15。

由此可见，利用数的补码可方便地实现正、负数的加法运算，规则简单。也就是说，减法可以通过加法来实现（在 CPU 的运算器中只有累加器，即加法器，而没有减法器）。在数的有效范围内，符号位如同数值一样参加加法运算，也允许最高位的进位（被丢失），所以使用较广泛。

1.5.2　字符编码

1. 西文字符编码

目前计算机中用得最广泛的字符集及其编码是由美国国家标准局（ANSI）制定的 ASCII 码（American Standard Code for Information Interchange，美国标准信息交换码），它已被国际标准化组织（ISO）定为国际标准。ASCII 码用 7 位二进制数表示一个字符，因此共可以表示 128（2^7）个字符，并且规定用一个字节的低 7 位表示字符编码，最高位恒为 0（用作奇偶校验）。表 1-9 所列为 ASCII 码，其中不同的 ASCII 值表示的意义如下：0～32 及 127（共 34 个）是控制字符或通信专用字符，如控制符 LF（换行）、CR（回车）、FF（换页）、DEL（删除）、

BEL（振铃）等，通信专用字符 SOH（文头）、EOT（文尾）、ACK（确认）等；33～126（共94 个）是字符，其中 48～57 为 0～9 十个阿拉伯数字，65～90 为 26 个大写英文字母，97～122 为 26 个小写英文字母，其余 32 个为一些标点符号、运算符号等。

表 1-9　ASCII 码

低 4 位	高 4 位															
	0000		0001		0010		0011		0100		0101		0110		0111	
	十进制	字符	十进制	字符	十进制	字符	十进制	字符	十进制	字符	十进制	字符	十进制	字符	十进制	字符
0000	0	NULL	16	DLE	32	空格	48	0	64	@	80	P	96	`	112	p
0001	1	SOH	17	DC1	33	!	49	1	65	A	81	Q	97	a	113	q
0010	2	STX	18	DC2	34	"	50	2	66	B	82	R	98	b	114	r
0011	3	ETX	19	DC3	35	#	51	3	67	C	83	S	99	c	115	s
0100	4	EOT	20	DC4	36	$	52	4	68	D	84	T	100	d	116	t
0101	5	ENQ	21	NAK	37	%	53	5	69	E	85	U	101	e	117	u
0110	6	ACK	22	SYN	38	&	54	6	70	F	86	V	102	f	118	v
0111	7	BELL	23	ETB	39	'	55	7	71	G	87	W	103	g	119	w
1000	8	BS	24	CAN	40	(	56	8	72	H	88	X	104	h	120	x
1001	9	HT	25	EM	41	)	57	9	73	I	89	Y	105	i	121	y
1010	10	LF	26	SUB	42	*	58	:	74	J	90	Z	106	j	122	z
1011	11	VT	27	ESC	43	+	59	;	75	K	91	[	107	k	123	{
1100	12	FF	28	FS	44	,	60	<	76	L	92	\	108	l	124	|
1101	13	CR	29	GS	45	-	61	=	77	M	93	]	109	m	125	}
1110	14	SO	30	RS	46	.	62	>	78	N	94	^	110	n	126	~
1111	15	SI	31	US	47	/	63	?	79	O	95	_	111	o	127	DEL

从表 1-9 中可以看出常用字符的 ASCII 码值大小的规律，一般是数字的 ASCII 码值小于字母的。在数字中，ASCII 码值的大小按数字顺序递增，0 的 ASCII 码值最小，9 的 ASCII 码值最大；在字母中，ASCII 码值的大小按字母顺序递增，大写字母的 ASCII 码值比小写字母的小，A 的 ASCII 码值最小，z 的 ASCII 码值最大。其中，字符 0、A、a 的 ASCII 码值的十进制分别为 48、65、97，十六进制分别为 30H、41H、61H。

2. 中文字符的编码

我国用户在使用计算机时，一般都要处理汉字信息。汉字信息处理过程是将中文信息以外码形式输入计算机；由中文操作系统中的输入处理程序把外码转换成计算机能识别的国标码及内码进行存储；然后由输出处理程序将内码转换成字形码输出，如图 1-42 所示。

图 1-42　汉字信息处理过程

可见，汉字信息在计算机中都以内码形式进行统一存储和处理，内码是唯一的，与所用的输入方法和中文操作系统无关，所以可以在不同应用程序之间进行信息交流。

（1）汉字输入码。汉字输入码（也称外码）是指从键盘上输入汉字时采用的编码。目前，汉字外码的编码方案很多，按编码方法的不同可分为以下四大类：

1）拼音码，如全拼输入法、双拼输入法、紫光拼音法等。

2）字形码，如五笔字型输入法、表形码等。

3）音形码，如微软拼音 ABC、自然码等。

4）数字码，如区位码、电报码、内码等。

不同的汉字输入方法有不同的外码，但内码只能有一个。好的输入方法应具备规则简单、操作方便、容易记忆、重码率低、速度快等特点。

（2）汉字国标码。我国于 1980 年发布了《信息交换用汉字编码字符集（基本集）》（GB 2312－1980）（也称国标码），是中文的国际标准编码。GB 2312－1980 字符集收集了 7445 个汉字、字母、图形等符号，其中纯汉字 6763 个。根据汉字使用频度分为两级：一级汉字 3755 个〔为常用字，按拼音字母顺序排列，同音字以笔形横、竖、撇、点（捺）、折为序〕；二级汉字 3008 个（次常用字，按偏旁部首排列）。

由于汉字数量大，因此需要使用两个字节对汉字进行编码。规定两个字节的最高位用来区分 ASCII 码，这样国标码用两个字节的低 7 位对汉字进行编码，形式如下：

ASCII 码：　│　0　　ASCII 码低 7 位

国标码：　│　0　　国标码第一字节低 7 位　　　0　　国标码第二字节低 7 位

一个字节只能有 128-34=94 种状态用于汉字编码（34 是指 34 种控制字符），两个字节可以表示 94×94=8836 种状态。在基本集中，汉字是按规则排列成 94 行和 94 列的矩阵，形成汉字编码表，其行号称为区号，列号称为位号，第一个字节表示汉字在国标字符集中的区号，第二个字节表示汉字在国标字符集中的位号。每个汉字在 94×94 的矩阵中都有一个固定的区号和位号，即区位码，这个码是唯一的，不会有重码字。将其换算成十六进制的区位码再加上 2020H，就得到国标码。即

$$国标码（十六进制）＝区位码（十六进制）＋2020H$$

例如，汉字"大"的区号为 20，位号为 83，即"大"的区位码为 2083（0823H），因此"大"的国标码为 0823H+2020H=2843H。

（3）汉字机内码。汉字机内码简称内码，是汉字在计算机内部存储、处理、传输时使用的唯一编码。前面讲过国标码是用两个字节（高位为 0）来表示的，为便于计算机能正确区分汉字字符与英文字符，将国标码加上 8080H（即将两字节的最高位 0 都置为 1，以示区别 ASCII 码），就得到相应汉字的机内码。即

$$机内码（十六进制）＝国标码（十六进制）+8080H$$

或

$$机内码（十六进制）＝区位码（十六进制）+A0A0H$$

例如，汉字"大"的机内码为 2843H+8080H=A8C3H 或 0823H+A0A0H=A8C3H。

（4）汉字字形码。汉字字形码（又称汉字字模）是汉字输出码，用于汉字的显示或打印。汉字字形码通常有两种表示方式：点阵表示方式和矢量表示方式。

用点阵表示字形时，汉字字形码指的就是汉字字形点阵的代码。根据输出汉字的要求不同，点阵数也不同。简易型汉字为 16×16 点阵，提高型汉字为 24×24 点阵、32×32 点阵、48×48 点阵、64×64 点阵等。图 1-43 所示为宋体"人"字的 64×64 点阵字形，有笔划的位置用 1 表示，无笔划的位置用 0 表示，一个网格位置占一个位，按从左到右、从上到下用 64×64 个二进制位表示出来的代码就是其字形码。点阵规模越大，字形越清晰、越美观，但占用存储空间也就越大。

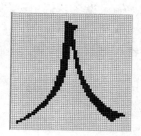

图 1-43　宋体"人"字的 64×64 点阵字形

如果用 16×16 点阵来表示一个汉字，则存储该汉字需要 256 位的存储空间，共需要 256/8=32B，两级汉字需占用 32×6763/1024KB 的存储空间。存储一个 24×24 汉字需要 576 位，共 576/8=72B。因此，字模点阵只能用来构成"字库"，而不能用于机内存储。字库中存储了每个汉字的点阵代码，当显示输出时才检索字库，输出字模点阵得到字形。

矢量表示方式存储的是描述汉字字形的轮廓特征，当要输出汉字时，通过计算，由汉字字形描述信息生成所需大小和形状的汉字点阵。由于矢量化字形描述与最终文字显示的大小、分辨率无关，因此可产生高质量的汉字输出。

点阵显示方式和矢量显示方式的区别是，前者编码、存储方式简单，无须转换即可直接输出，但字形放大后的效果差；矢量显示方式的特点正好与点阵显示方式相反。

一个完整的汉字信息处理都离不开从输入码到机内码，由机内码到字形码的转换。虽然汉字输入码、机内码、字形码目前并不统一，但是只要在信息交换时使用统一的国家标准，就可以达到信息交换的目的。我国于 2000 年 3 月颁布的国家标准《信息技术　信息交换用汉字编码字符集　基本集的扩充》（GB 18030－2000）收录了 2.7 万多个汉字。它彻底解决了邮政、户政、金融、地理信息系统等迫切需要的人名、地名所用汉字，也为汉字研究、古籍整理等领域提供了统一的信息平台基础。

习题一

单选题

1. 第四代计算机以（　　　）为基本逻辑元件。
　　A．电子管　　　　　　　　　　　　B．晶体管
　　C．大规模、超大规模集成电路　　　D．中、小规模集成电路

2. 世界上第一台电子计算机是 1946 年在美国研制成功的，该机的英文缩写是（　　　）。

 A．ENIAC   B．EDVAC   C．EDSAC   D．MARK

3. 下列（　　）是 64 位微处理器。

 A．ZILOG Z80 B．Intel 80386 C．Intel 80286 D．Intel Pentium

4. 读写速度最快的是（　　　）。

 A．内存   B．磁带   C．U 盘   D．硬盘

5. 计算机硬件系统的五大基本组成部分是（　　　）。

 A．运算器、控制器、存储器、输入设备、输出设备

 B．运算器、控制器、键盘、输入设备、输出设备

 C．运算器、控制器、键盘、音箱、打印机

 D．运算器、控制器、存储器、键盘、打印机

6. 下列不是输入设备的是（　　　）。

 A．键盘   B．打印机   C．鼠标   D．话筒

7. 存储器容量的基本单位是（　　　）。

 A．字位   B．字节   C．字码   D．字长

8. 微型计算机硬件系统中最核心的部件是（　　　）。

 A．主板   B．CPU

 C．内存储器   D．I/O 设备

9. 微型计算机中运算器的主要功能是进行（　　　）。

 A．算术运算   B．逻辑运算

 C．算术和逻辑运算   D．初等函数运算

10. Windows 7 属于（　　　）。

 A．操作系统软件   B．应用软件

 C．语言软件   D．工具软件

11. 下列不属于操作系统软件的是（　　　）。

 A．DOS   B．Word   C．Linux   D．NetWare

12. 下列不属于系统软件的是（　　　）。

 A．操作系统   B．编译程序 C．纠错程序   D．会计系统

13. Bit 的意思是（　　　）。

 A．二进制位   B．字长   C．字节   D．字

14. 用计算机进行资料检索工作属于计算机应用中的（　　　）。

 A．数据处理   B．科学计算

 C．实时控制   D．人工智能

15. 计算机能直接识别的语言是（　　　）。

 A．高级程序语言   B．汇编语言

 C．机器语言   D．C 语言

16. 用计算机高级语言编写的程序通常称为（　　　）。

 A．汇编程序   B．目标程序

 C．源程序   D．二进制代码程序

17. 电子计算机的发展过程经历了四代，其划分依据是（ ）。

   A．计算机体积   B．计算机速度

   C．构成计算机的电子元件   D．内存容量

18. 在计算机内，一切信息存取、传输都按（ ）处理。

   A．ASCII 码   B．二进制码   C．十六进制   D．BCD 码

19. 存储 10 个 24×24 汉字图形码需要的存储空间为（ ）。

   A．74B   B．320B   C．720B   D．72KB

20. 硬盘是计算机的（ ）。

   A．中央处理器   B．内存储器   C．外存储器   D．控制器

21. "财务管理"软件属于（ ）。

   A．工具软件   B．系统软件   C．字处理软件   D．应用软件

22. 下列存储器中，存取速度最慢的是（ ）。

   A．软盘   B．硬盘   C．光盘   D．内存

23. 计算机采用二进制不是因为（ ）。

   A．物理上容易实现   B．规则简单

   C．逻辑性强   D．人们的习惯

24. 以下十六进制数的运算，（ ）是正确的。

   A．1+9=A   B．1+9=B   C．1+9=C   D．1+9=10

25. 以下字符中，ASCII 码值最小的是（ ）。

   A．A   B．空格   C．0   D．h

26. 要关闭正在运行的程序窗口，可以按（ ）组合键。

   A．Alt+Ctrl   B．Alt+F3   C．Ctrl+F4   D．Alt+F4

27. 固定在计算机主机箱体上，连接计算机各种部件，起桥梁作用的是（ ）。

   A．CPU   B．主板   C．外存   D．内存

28. 微型计算机中，CPU 的 Pentium Ⅲ 866 配置的数值 866 表示（ ）。

   A．CPU 的型号是 866   B．CPU 的时钟主频是 866MHz

   C．CPU 的高速缓存容量为 866KB   D．CPU 的运算速度是 866MIPS

29. 在计算机的性能指标中，内存储器容量指的是（ ）。

   A．ROM 容量   B．RAM 容量

   C．ROM 和 RAM 容量总和   D．CD-ROM 容量

30. 人们使用银行卡在自动取款机上取款属于计算机应用领域的（ ）。

   A．科学计算   B．过程控制   C．人工智能   D．数据处理

第 2 章　Windows 7 操作系统

2.1　Windows 7 系统概述

2.1.1　操作系统的作用与功能

操作系统是计算机的核心管理软件，是随着计算机系统性能结构的变化和计算机应用范围的日益扩大而形成和发展的。操作系统是用于管理和控制计算机硬件与软件资源的计算机程序，是直接运行在"裸机"上的最基本的系统软件，任何其他软件都必须在操作系统的支持下才能运行。

操作系统是连接用户和计算机的桥梁，同时是连接计算机硬件和其他软件的桥梁。操作系统的功能包括管理计算机系统的硬件、软件及数据资源，控制程序运行，改善人机界面，为其他应用软件提供支持等，具体如下：中央处理器 CPU 的管理，操作系统会根据一定的策略将处理器交替地分配给系统内等待运行的程序；存储器管理，负责把内存单元分配给需要内存的程序以便让它执行，在程序执行结束后将它占用的内存单元收回以便再使用；文件系统（信息）管理向用户提供了一个创建、撤消、读写、打开和关闭文件等功能的文件系统；外部设备管理，分配和回收外部设备以及控制外部设备按用户程序的要求进行操作；进程的控制管理，任何执行的程序都是以进程为标准执行单位，通过调整复数进程及分时比例，实现最大限度利用计算机资源。

2.1.2　操作系统的分类

操作系统种类繁多，通常有以下几类。

1. 单用户操作系统

单用户操作系统的主要特征是，计算机系统中一次只能支持运行一个用户的程序，该用户独占整个计算机系统资源，如 DOS、OS/2、Windows 操作系统。

2. 批处理操作系统

系统操作员将多个程序组成一批作业，系统运行后自动、依次执行每个作业，如 DOS/VSE 操作系统。

3. 分时操作系统

一台主机连接了若干个近程或远程终端，每个用户可在各自终端以交互方式控制作业运行。主机采用分时操作，即将 CPU 的时间资源划分成若干个片段，轮流为每个终端用户服务。由于时间片划分十分微小，每个用户使用时并不会意识到有别的用户存在，因此分时系统显示了多路性、交互性、独占性和及时性的特征，如 UNIX 操作系统。

4. 实时操作系统

实时操作系统要求计算机迅速处理数据，立即响应用户请求。其特征是对响应时间有要求的快速处理。该系统主要用于工业控制、武器制导、各类订购等实时数据处理场合，如 VxWorks 操作系统。

5．网络操作系统

网络操作系统是按照网络体系结构、协议标准进行网络管理和通信、可保证系统安全并进行资源共享的软件，通常运行在网络服务器上。其目的是使网络中的各台计算机能互相进行信息交换和共享资源。如 Linux、Windows Server、Novell NetWare 等操作系统。

2.1.3　Windows 7 系统简介

Microsoft 公司推出的 Windows 各种版本的操作系统都以直观的操作界面、强大的功能使众多的计算机用户能够方便、快捷地使用计算机，为人们的工作和学习提供了很大的便利。

Microsoft 公司于 2009 年 10 月发布了新一代操作系统——Windows 7，作为单用户多任务操作系统。它继承了 Windows XP 的实用和 Windows Vista 的华丽，同时降低了对硬件性能的要求，系统的安全可靠性和性能得到了大大提升。

Windows 7 可以在现有计算机平台上表现出卓越的性能体验，1.2GHz 双核处理器、1GB 内存、支持 WDDM 1.0 的 DirectX 9 显卡就能够让 Windows7 顺畅运行并满足用户日常使用需求。

面对当今配备 8～12GB 物理内存、四核多线程处理器，Windows XP 已无力支持，Windows 7 是第二代具备完善支持 64 位的操作系统，其全新的架构可以将硬件的性能发挥到极致。

2.1.4　Windows 7 系统的新特性

Windows 7 围绕针对用户个性化的设置、娱乐视听的设置、应用服务的设置、用户易用性的设置以及笔记本电脑的特有设置等方面，新增了很多特色功能。其中最具特色的有 Jump List（跳转列表）功能菜单、Windows Live Essentials、轻松实现无线连网、轻松创建家庭网络及 Windows 触控技术等。

（1）Jump List（跳转列表）方便用户迅速通过"开始"菜单程序或任务栏上的程序按钮打开最近处理过的文档。IE 浏览器的快速跳转列表能够让用户很快找到自己经常访问的网站。通过 Jump List，用户可以"锁定"要收藏或者经常访问的文件。

（2）强大的综合娱乐平台和媒体库（Windows Media Center）可以让用户轻松管理计算机硬盘上的音乐、图片和视频，使计算机成为一款可定制化的个人电视。只要将计算机与网络连接或是插上一块电视卡，就可以随时随处享受 Windows Media Center 上丰富多彩的互联网视频内容或者高清的地面数字电视节目。

（3）Windows Touch 使 Windows 7 用户可以通过触摸支持触控的屏幕对计算机进行控制。在配置有触摸屏的硬件上，用户可以通过指尖实现拖动、下拉、选择项目的动作，也可通过触摸在网站内进行横向、纵向滚动。

2.1.5　Windows 7 系统的基本操作

1．Windows 7 系统的启动

连接好计算机各硬件部分，安装好 Windows 7 操作系统软件，就可以准备开机启动了。

启动 Windows 7 的操作见 1.2.1 中介绍的启动计算机步骤。

出现登录界面时，选择登录用户并输入登录密码，按 Enter 键或者单击文本框右侧的▶按钮，即开始加载个人设置（若为单一用户，未设登录密码，则略去该步），如图 2-1 所示。当出现了图 2-2 所示的界面（Windows 7 的桌面），表示 Windows 7 系统启动成功，可以使用计算机了。

图 2-1　Windows 7 登录界面

图 2-2　Windows 7 启动后的桌面

2．Windows 7 系统的关闭

关闭 Windows 7 的操作见 1.2.1 中介绍的关闭计算机步骤。关于关机还有一种特殊情况，被称为"非正常关机"，就是当用户在使用计算机的过程中突然出现"宕机""花屏""黑屏"等情况，不能通过"开始"菜单关闭计算机时，用户可持续地按主机机箱上的电源开关按钮几秒，片刻后主机会关闭，然后关闭显示器的电源开关就可以了。

除"关机"操作（图 2-3）外，还可通过切换用户、注销、锁定、重新启动、睡眠和休眠等操作退出 Windows 7 操作系统，如图 2-4 所示。

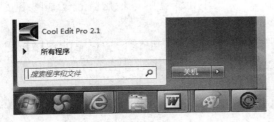

图 2-3　关闭 Windows 7

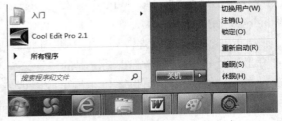

图 2-4　选择退出 Windows 7 的方式

（1）切换用户：在不影响已登录用户设置和运行程序状态下，系统快速回到"用户登录界面"，等待用户选择新的用户账户登录 Windows 7 系统。

（2）注销：关闭当前用户账户和运行的程序，系统回到"用户登录界面"，等待用户选择新的用户账户登录 Windows 7 系统。

（3）锁定：当用户需要暂时离开又不想停止当前操作，同时不希望其他用户使用计算机时，让系统进入锁定状态，恢复时需输入用户密码方能返回操作界面。

（4）重新启动：关闭当前用户账户和运行的程序，系统重新启动计算机。

（5）睡眠：选择此选项后，系统将当前对话保存在内存中，计算机转入低功耗状态，当再次使用计算机时，在桌面上移动鼠标即可将计算机恢复到睡眠前的状态。

（6）休眠：选择此项后计算机将当前状态保存在硬盘上，并将计算机上所有的部件断电，进入休眠状态，因此休眠更省电；如果用户要将计算机从休眠状态中唤醒，则按下主机上的 Power 按钮，启动计算机并再次登录，系统将恢复到休眠前的工作状态。

2.2　初识 Windows 7

2.2.1　Windows 7 桌面

启动 Windows 7 操作系统后，用户看到的整个屏幕界面就是 Windows 7 桌面。桌面包括桌面背景、桌面图标和任务栏三部分，如图 2-5 所示。

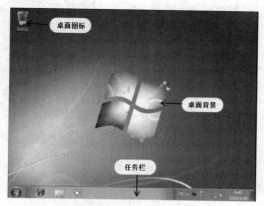

图 2-5　Windows 7 桌面的组成

1. 桌面背景

桌面背景指 Windows 桌面的背景图案，称为桌布或者墙纸。图 2-5 中所示是 Windows 7 安装后默认的桌面背景。用户可以根据自己的喜好更改桌面的背景图案。

2. 桌面图标

桌面是用户和计算机进行交流的窗口。桌面图标由多个形象的小图片和说明文字组成，图片是它的标识，文字则表示它的名称或功能。双击图标就能够快速启动和打开相应的程序或文件。

3. 任务栏

任务栏是位于桌面底端的水平长条。与桌面不同的是，桌面可以被打开的窗口覆盖，而任务栏几乎始终可见。它主要由"开始"按钮、程序按钮区、通知区域和"显示桌面"按钮四部分组成，如图 2-6 所示。

"开始"按钮　　程序按钮区域　　　　　　　　　　　通知区域　　"显示桌面"按钮

图 2-6　任务栏的组成

（1）"开始"菜单。"开始"菜单是计算机程序、文件夹和设置的主通道，在"开始"菜单中几乎可以找到所有应用程序，方便用户进行各种操作。"开始"菜单由固定程序列表、常用程序列表、所有程序列表、搜索框、启动菜单和关机按钮区等组成，如图 2-7 所示。

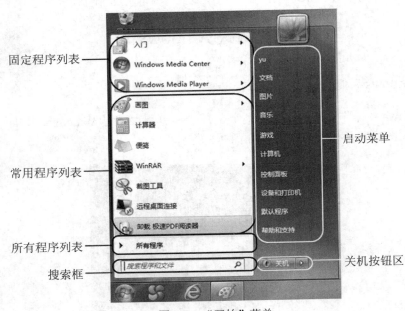

图 2-7　"开始"菜单

1）固定程序列表。该列表中的程序固定显示在"开始"菜单中，通过它可以快速地打开其中的应用程序。在此列表中默认的固定程序只有两个，分别是"入门"和 Windows Media Center。用户可以根据自己的需要在"固定程序"列表中添加常用的程序。

2）常用程序列表。在常用程序列表中默认存放 7 个常用的系统程序，有"计算器""截图工具""画图"和"便笺"等。随着用户频繁使用某些程序，在该列表中会列出 10 个使用次数最多的应用程序。如果超过了 10 个，系统会按照使用时间的先后顺序依次顶替。用户也可以根据需要设置常用程序列表中显示程序个数的最大值，Windows 7 默认的上限值是 30 个。

3）所有程序列表。用户在所有程序列表中可以查到系统中安装的所有应用程序。打开"开始"菜单，单击"所有程序"选项上的"右箭头"按钮，即可显示所有"应用程序菜单"。"应用程序菜单"分为"应用程序"和"程序组"两种。区分方法如下：菜单中为文件夹图标的项是"程序组"，为应用程序图标的项是应用程序。单击程序组，即可弹出应用程序列表。例如单击"维护"程序组，即可弹出"备份和还原""创建系统修复光盘"等应用程序列表。

4）搜索框。利用搜索框查找计算机上的项目是最便捷的方法之一。在搜索框中输入将要查找的项目，系统将遍历用户的程序以及个人文件夹（包括"文档""图片""音乐""桌面"以及其他常见位置），这种查找方式不需要知道该项目的确切位置。它还可以搜索用户的电子邮件、已保存的即时消息、约会和联系人等。

5）启动菜单。启动菜单位于"开始"菜单的右窗格中，启动菜单中列出了一些经常使用的 Windows 程序链接，例如"文档""计算机""控制面板""设备和打印机"等，用户通过启动菜单可以快速打开相应程序进行操作。

6）关机按钮区。关机按钮区包含"关机"按钮和"关闭选项"按钮。单击"关闭选项"按钮，弹出"关闭选项"列表，其中包含"切换用户""注销""锁定""重新启动""休眠""睡眠"等选项，如图 2-3 和图 2-4 所示。

（2）程序按钮区。程序按钮区主要放置已打开的程序窗口的最小化按钮。用鼠标指针指向程序按钮，可预览已打开文件或程序的缩略图；单击缩略图，即可打开相应的窗口。在任一个程序按钮上右击，则会弹出列表（Jump List）。用户可以将常用程序"锁定"到"任务栏"上，以方便访问；还可以根据需要通过拖曳操作重新排列任务栏上的程序按钮。

（3）通知区域。通知区域位于任务栏的右侧，除了系统时钟、音量、网络和操作中心等一组系统图标之外，还包括一些正在运行的程序图标，或提供访问特定设置的途径。将鼠标指针指向通知区域图标，会看到该图标的名称或某个设置的状态。有时通知区域中的图标会显示小的弹出窗口（称为通知），向用户通知某些信息。同时，用户可以根据自己的需要设置通知区域的显示内容。

（4）"显示桌面"按钮。在任务栏的最右侧为既方便又常用的"显示桌面"按钮。其作用是快速地将所有已打开的窗口最小化，这样查找桌面文件就会变得很方便。若鼠标指针指向该按钮，所有已打开的窗口就会变成透明，显示桌面内容，鼠标移开，窗口则恢复原状；单击该按钮则可将所有打开的窗口最小化。如希望恢复显示这些已打开的窗口，则只要再次单击"显示桌面"按钮，所有已打开的窗口又会恢复为显示的状态。

2.2.2　Windows 7 窗口

当用户打开程序、文件或者文件夹时，其都会显示在称为窗口的框架中。在 Windows 7 中，几乎所有操作都是通过窗口来实现的。因此，了解窗口的基本知识和操作方法是非常重要的。

1. Windows 7 窗口的组成

在 Windows 7 中，虽然各窗口的内容不相同，但所有窗口有一些共同点。窗口始终显示在桌面上，大多数窗口都具有相同的基本组成部分。下面以"计算机"窗口为例介绍 Windows 7 窗口的组成。双击桌面上的"计算机"图标，弹出"计算机"窗口，如图 2-8 所示。"计算机"窗口由"标题栏""控制按钮区""地址栏""搜索栏""菜单栏""工具栏""导航窗格""细节窗格""状态栏""工作区""滚动条"等部分组成。

（1）标题栏。标题栏显示窗口标题，Windows 7 中部分窗口标题栏为空。单击"标题栏"最左侧，弹出下拉列表，选择列表项，完成窗口"移动""最小化""最大化""还原""关闭"等操作，拖动"标题栏"可移动窗口。

（2）控制按钮区。控制按钮区有 3 个窗口控制按钮，分别为"最小化"按钮、"最大化"按钮或"向下还原"按钮和"关闭"按钮。

（3）地址栏。地址栏显示文件和文件夹所在的路径，通过它还可以访问 Internet 中的资源。

（4）搜索栏。将要查找的项目名称输入"搜索栏"文本框中即可进行搜索。窗口"搜索栏"的功能和"开始"菜单中"搜索"框的功能相似，只不过在此处只能搜索当前窗口范围内的目标。可以添加搜索筛选器，以便能更精确、更快速地搜索所需的内容。

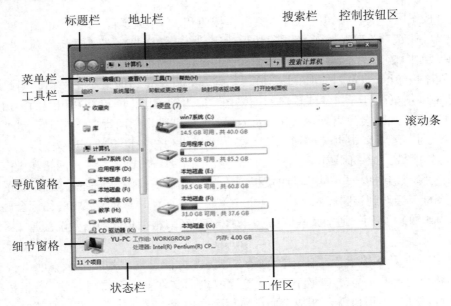

图 2-8　"计算机"窗口

（5）菜单栏。一般来说，菜单可分为快捷菜单和下拉菜单两种。在窗口"菜单栏"中存放的就是下拉菜单，每项都是命令的集合，用户可以通过选择其中的菜单命令项进行相应操作。例如：选择"查看"菜单命令，打开"查看"下拉菜单，选择菜单中的命令执行相关操作。在Windows 7 菜单上有一些特殊的标志符号，代表了不同的意义。下面介绍各符号的意义。

1）✓标识。当某个菜单项之前标有 ✓ 标识时，说明该菜单项正在被使用，再次选择该菜单项，标识就会消失。如图 2-9 中"状态栏"菜单项前面有 ✓ ，表示此时窗口中状态栏是显示的，再次选择该项使菜单项前面 ✓ 的标识消失，即可将状态栏隐藏起来。

2）● 标识。菜单中某些项是作为一个组集合在一起的，选项组中的某个菜单项前面有 ● 标识时，表示正在执行该选项操作。如图 2-9 中"中等图标"菜单项前有 ● 标识，说明窗口内的所有图标以"中等图标"来显示。

3）▸ 标识。当某个菜单项后面出现 ▸ 标识时，表明这个菜单项还有下级子菜单。如在图 2-9 中将鼠标移到"排序方式"菜单项后面的 ▸ 标识上，就会弹出"排序方式"子菜单。

4）灰色菜单项标识。当某个菜单项为灰色显示时，说明此菜单项目当前无法使用。

5）⋯标识。某个菜单项后面出现⋯ 标识，表示选择该菜单项会弹出一个对话框。如在图 2-9 中单击"选择详细信息"菜单项，就会弹出"选择详细信息"对话框，如图 2-10 所示。

（6）工具栏。工具栏位于菜单栏的下方，存放着常用的形象化的工具命令按钮，单击工具命令按钮，用户可以方便快捷地使用这些工具。

（7）导航窗格。导航窗格位于窗口的左边区域，在 Windows 7 操作系统中导航窗格一般包括 ▸☆ 收藏夹 、 ▸📚 库 、 ▸🖥 计算机 和 ▸📶 网络 四部分。单击前面的"箭头"按钮 ▹ 可以打开相应的列表，选择列表项，打开相应的窗口，方便用户随时准确地查找相应的内容。

（8）工作区。工作区位于窗口的右侧，是整个窗口中最大的矩形区域，用于显示窗口中的操作对象和操作结果。工作区中内含"预览窗格"，用于预览所选文件，单击工具栏中的"隐藏预览窗格"按钮，可关闭预览窗格。

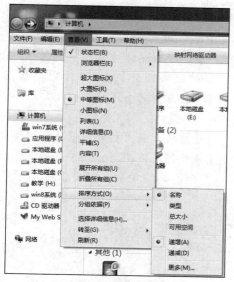
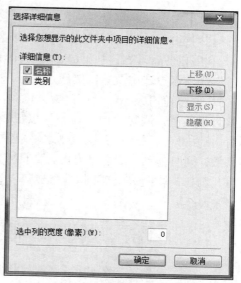

图 2-9　菜单中的标识符　　　　　　　　　图 2-10　"选择详细信息"对话框

（9）细节窗格。细节窗格位于窗口的下方，用来显示选中对象的详细信息。例如要显示"本地磁盘 C:"的详细信息，只需单击"本地磁盘 C:"，就会在窗口下方显示它的详细信息。当用户不需要显示详细信息时，可以将细节窗格隐藏起来：单击"工具"栏上的 组织▼ 按钮，在弹出的下拉列表中单击  菜单项即可。

（10）状态栏。状态栏位于窗口的最下方，显示当前窗口的相关信息和被选中对象的状态信息。

（11）滚动条。当窗口中显示的内容太多而无法在一个屏幕内显示时，会出现水平滚动条或垂直滚动条。用户可以单击窗口滚动条两端的箭头按钮或者拖动滚动条查看整个信息。

2．Windows 7 窗口的操作

窗口是 Windows 7 环境中的基本对象，窗口的操作也是使用 Windows 7 最基本的操作。

（1）打开窗口。这里以打开"控制面板"窗口为例，用户可以通过以下方法将其打开。单击"开始"按钮，在弹出的启动菜单中选择"控制面板"命令；双击桌面上的"控制面板"图标；或鼠标指针指向"控制面板"图标并右击，从弹出的快捷菜单中选择"打开"菜单项，都可以快速地打开该窗口。

（2）关闭窗口。当不再使用某个窗口时，需要将其关闭以节省系统资源。下面以打开的"控制面板"窗口为例，用户可以通过以下几种方法将其关闭。

1）利用"关闭"按钮。单击"控制面板"窗口右上角的"关闭"按钮▨即可将其关闭。

2）利用"文件"菜单。在"控制面板"窗口的菜单栏上选择"文件"→"关闭"菜单项，即可将其关闭。

3）利用任务栏上的程序按钮。右击任务栏上窗口对应的程序按钮，在弹出的快捷菜单中选择"关闭窗口"命令，即可将其关闭。

4）利用标题栏。

● 在窗口标题栏上右击，在弹出的快捷菜单中选择"关闭"命令，即可将其关闭。

● 单击窗口标题栏最左侧，在弹出的快捷菜单中选择"关闭"命令，即可将其关闭。

● 双击窗口标题栏最左侧，即可将其关闭。

5）利用组合键。在打开的窗口中，按 Alt+F4 组合键，即可将其关闭。

6）利用任务管理器。按 Ctrl+Alt+Delete 组合键，单击"启动任务管理器"选项。在"应用程序"选项卡中选中要关闭的应用程序，单击下方的"结束任务"按钮，即可将其关闭。

（3）调整窗口大小。当窗口最大化时，单击标题栏右方"向下还原"按钮，可以将窗口调整为设定值，同时"向下还原"按钮自动变成了"最大化"按钮。此时将鼠标指针移到窗口边缘，待鼠标指针变成"水平双箭头""竖直双箭头"或"斜向双箭头"时按住鼠标左键不放，同时拖动（沿水平方向、竖直方向、对角方向）鼠标，即可分别手动改变窗口的水平宽度、窗口的垂直高度或同时调整窗口水平、垂直两个方向的大小，如图 2-11 所示。

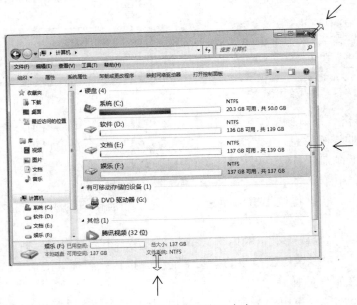

图 2-11　手动调整窗口大小

单击标题栏右方"最大化"按钮，可以将窗口调整为最大化状态；单击窗口标题栏右方"最小化"按钮，可将窗口最小化，缩为任务栏上的程序按钮。

（4）移动窗口。

1）用鼠标指针指向窗口标题栏，按下鼠标左键的同时鼠标拖动，可调整窗口位置。若窗口为最大化状态，则拖动其标题栏时，窗口变为设定值大小并移动至目标位置。

2）窗口为设定值大小时，将鼠标指针指向窗口标题栏并右击，从弹出的快捷菜单中选择"移动"命令，此时鼠标指针变成❖形状，按键盘上的方向键移动窗口到合适的位置，然后单击鼠标或按 Enter 键即可。

（5）排列窗口。当桌面上打开的窗口过多时，会显得杂乱无章，此时用户可以通过设置窗口的显示形式对窗口进行排列。

在"任务栏"的空白处右击，在弹出的快捷菜单中包含了显示窗口的 3 种排列形式，即"层叠窗口""堆叠显示窗口"和"并排显示窗口"，用户可以根据需要选择其中一种对桌面上的窗口进行排列，如图 2-12 所示。

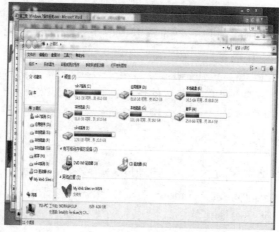

（a）层叠窗口

（b）堆叠显示窗口

（c）并排显示窗口

图 2-12　窗口显示的 3 种排列形式

（6）切换窗口。在 Windows 7 系统环境下可以同时打开多个窗口，但是当前活动窗口只能有一个。因此用户在操作的过程中经常需要在不同的窗口间进行切换。切换窗口的方法有以下几种。

1）利用 Alt+Tab 组合键。要在多个打开的程序中快速地切换到需要的窗口，可以通过 Alt+Tab 组合键实现。在 Windows 7 中利用该方法切换窗口时，会在桌面中间显示预览小窗口，可以通过 Tab 键在预览小窗口中选择想切换的窗口，松手后桌面即会切换至要显示的窗口。

2）利用 Alt+Esc 组合键。用户也可以通过 Alt+Esc 组合键在窗口之间切换。这种方法可以直接在各窗口之间切换，而不会出现预览小窗口。

3）利用 Ctrl 键。如果用户想打开同类程序中的某个程序窗口，例如打开"任务栏"上多个 Word 文档程序中的某个，则可以按住 Ctrl 键，同时重复单击"Word 程序图标"按钮 ，就会弹出不同的 Word 程序窗口，直到找到想要的程序窗口后停止单击即可。

4）利用程序按钮区。每运行一个程序，就会在"任务栏"上的程序按钮区中出现一个相应的程序图标按钮。将鼠标指针指向"任务栏"中某个程序图标按钮，就会显示该程序打开的所有内容的小预览窗口。例如将鼠标指针指向 Internet Explorer 浏览器图标，就会弹出打开的网页，然后将鼠标指针移动到需要的预览窗口上，就会在桌面上显示该内容的界面，单击该预览窗口即可快速打开该窗口。

5）利用 Alt、Tab、Enter 键。按住 Alt 键，单击任务栏中需要切换的程序按钮，任务栏中该按钮的上方就会显示该程序打开的所有文件预览窗口；然后松开 Alt 键，按下 Tab 键，窗口就会在该类程序的几个文件间切换，选定后按下 Enter 键即可。

2.2.3　Windows 7 菜单

一般程序都包含有许多运行的命令，其中很多命令存放在菜单里，因此菜单可以看作由多个命令按类别集合在一起而构成。Windows 7 操作系统中的菜单可以分为两类：一类是普通菜单，即下拉菜单；另一类是快捷菜单。

1.　普通菜单

为了使用户更加方便地使用菜单，Windows 7 将菜单统一放在窗口的菜单栏中。选择菜单栏中的某个菜单即可弹出它包含的普通菜单项。

2.　快捷菜单

用户只要在文件或文件夹、图标、桌面空白处、窗口空白处、"任务栏"空白处等区域右击，即可弹出一个快捷菜单，其中包含对选中对象的一些操作命令。

2.2.4　Windows 7 对话框

对话框是人机交流的媒介，当用户对某个对象进行操作时，有时会自动弹出一个对话框，对操作给出进一步的说明和提示。

1.　对话框的组成

可以将对话框看作一个特殊窗口，与普通的 Windows 窗口有相似之处，但是它比一般的窗口更加简洁直观，对话框的尺寸是不可以改变的，并且用户只有在完成了对话框要求的操作后才能进行下一步操作。

Windows 7 对话框由标题栏、选项卡及命令按钮组成。

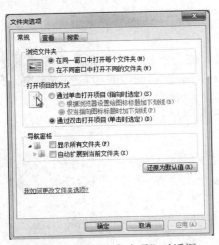

图 2-13　"文件夹选项"对话框

（1）标题栏。标题栏位于对话框的最上方，系统默认是深蓝色的，它的左侧是该对话框的名称，右侧是对话框的"关闭"按钮，如图 2-13 所示的"文件夹选项"对话框。

（2）选项卡。选项卡位于标题栏的下方，每个对话框通常都有多个选项卡，用户可以通过在不同选项卡之间切换来查看和设置相应的信息。如图 2-13 所示的"文件夹选项"对话框由"常规""查看"和"搜索"三个选项卡组成。

选项卡中通常有文本框、组合框、列表框、数值微调框、单选按钮、复选框等对象。它们的作用如下所述。

文本框：用于输入文本信息，以作为下一步操作的必要条件。用户可以输入新的文本信息，也可以对原有信息进行修改或者删除操作。

组合框：用于多种项目选择，单击其旁边的下拉按钮，将弹出列表内容供用户进行选择操作。

列表框：用于在罗列的一组多个选项中进行选择，完成用户需要的操作。

数值微调框：用于输入数值，也可通过其旁边的调节按钮递增或递减数值。

单选按钮：用于在一组互相排斥的值中进行选择，用户只能从该组选项中选中一项。

复选框：选中（框内有√）的对象才有效，可同时选中多个。

（3）命令按钮。当用户完成对系统或程序的设置后，通过命令按钮进行确认并关闭对话框，也可取消所进行的设置操作。

2．对话框的操作

对话框的基本操作包括移动和关闭对话框，以及在对话框中各选项卡之间的切换。

（1）移动对话框。

1）鼠标移动对话框：鼠标指针指向对话框的标题栏，按下鼠标左键不放，然后将对话框拖到合适位置释放即可。

2）键盘移动对话框：鼠标指针指向对话框的标题栏并右击，从弹出的快捷菜单中选择"移动"命令，此时鼠标指针变成✛形状，按键盘上的方向键移动对话框到合适的位置，然后单击鼠标或按 Enter 键即可。

（2）关闭对话框。

1）单击对话框中的"确认"按钮，可在关闭对话框的同时保存在对话框中所进行的修改。

2）如果要取消所进行的改动，则可以单击"取消"按钮或者直接在标题栏上单击"关闭"按钮，还可以在键盘上按 Esc 键退出对话框。

（3）选项卡之间的切换。

1）直接单击选项卡进行切换。

2）先选择一个选项卡，此时该选项卡上出现一个虚线框，然后按键盘上的左右方向键来切换各选项卡。

3）用 Ctrl+Tab 组合键从左到右进行各选项卡的选择切换，而 Ctrl+Shift+Tab 组合键为反向顺序进行各选项卡的选择切换。

2.3　Windows 7 的个性化设置

Windows 7 的个性化设置指用户通过更改 Windows 7 系统的主题、颜色、声音、桌面背景、屏幕保护程序、字体大小和用户账户图片及为桌面选择特定的小工具等，使系统更加符合使用者的习惯。

2.3.1　外观的个性化设置

1．更改桌面主题

桌面主题就是 Windows 7 桌面各模块的风格，是一种对桌面的表达和诠释方式，具有个性化特征。它是不同风格的桌面背景、操作窗口、系统按钮，以及活动窗口和自定义颜色、字体等的组合体。

　　在桌面上右击，在弹出的快捷菜单中单击"个性化"菜单项，弹出"个性化"窗口，如图 2-14 所示。在"更改计算机上的视觉效果和声音"下面列出了"我的主题"，即当前主题和系统提供的供用户进行个性化设置的 7 个 Aero 主题、6 个基本和高对比度主题，用户可根据自己的喜好选择其中之一，单击即可。

图 2-14　"个性化"窗口

　　2. 更改桌面背景

　　（1）用系统自带的桌面背景。Windows 7 系统中自带了包括建筑、人物、风景和自然等很多精美漂亮的背景图片，用户从中挑选自己喜欢的图片作为桌面背景即可。在图 2-14 所示的窗口中单击"桌面背景"图标，在弹出的"桌面背景"窗口中选择其中一个或多个图片作为桌面背景，选择多个图片背景则以幻灯片方式显示。桌面背景有 5 种显示方式，分别为填充、适应、拉伸、平铺和居中。用户可以在"桌面背景"窗口左下角的"图片位置"下拉列表中选择适合自己的选项，然后单击"保存修改"按钮，关闭"个性化"窗口即可。

　　（2）将自定义的图片设置为桌面背景。在图 2-14 所示的窗口中单击"桌面背景"图标，在弹出的"桌面背景"窗口中单击"图片位置"下拉列表框后面的浏览按钮，弹出"浏览文件夹"对话框。在"浏览文件夹"对话框中找到背景图片所在的文件夹，单击"确定"按钮。返回"桌面背景"窗口，可以看到将要选择的图片已在"图片位置"下边的列表框中列出。从列表框中选择需要作为桌面背景的图片，然后单击"保存修改"按钮，关闭"个性化"窗口即可。另外，用户也可以直接找到自己喜欢的图片，鼠标指针指向该图片并右击，从弹出的快捷菜单中选择"设置为桌面背景"菜单项，即可将该图片设置为桌面背景。

　　3. 更改桌面图标

　　（1）添加桌面图标。为了方便应用，用户可以在桌面添加一些桌面图标。

　　1）添加系统图标。进入刚装好的 Windows 7 操作系统时，桌面上只有一个"回收站"图标,"计算机"和"控制面板"等系统图标被放在了"开始"菜单中。用户可以在图 2-14 所示的窗口左方窗格中单击"更改桌面图标"链接,弹出"桌面图标设置"对话框,如图 2-15 所示。根据自己的需要在"桌面图标"下的复选框中选择需要添加到桌面上的系统图标。依次单击"应用"和"确定"按钮,关闭"个性化"窗口,即可完成系统图标的添加。

图 2-15　"桌面图标设置"对话框

2)添加应用程序快捷方式。快捷方式是 Windows 提供的一种快速启动程序、打开文件或文件夹的方法,是应用程序的快速连接。将常用应用程序的快捷方式放置在桌面,形成桌面图标方便用户使用。如添加"画图"程序快捷方式:选择"开始"→"所有程序"→"附件"菜单项,弹出程序组列表,光标指向程序组列表中的"画图"程序,然后右击,从弹出的快捷菜单中选择"发送到"→"桌面快捷方式"菜单项,此时桌面上已经新增加了一个"画图"快捷方式。还可以在桌面空白处右击,在弹出的快捷菜单中单击"新建"→"快捷方式"菜单项,打开"创建快捷方式"对话框。在"请输入对象的位置"下方的文本框中输入"画图"程序所在的路经和文件名,或单击"浏览"按钮,在弹出的"浏览文件或文件夹"窗口中找到"画图"程序所在的文件夹和文件名,单击"画图"应用程序,然后依次单击"确定""下一步"和"完成"按钮,完成添加"画图"程序快捷方式的操作。

(2)排列桌面图标。用户不断地添加桌面图标会使桌面变得很凌乱,此时可以通过排列桌面图标进行整理。可以按照"名称""大小""项目类型"和"修改日期"4 种方式排列桌面图标。

在桌面空白处右击,弹出快捷菜单,单击"排序方式"菜单项,在其下级菜单中可以看到 4 种排列方式,选择其中一种排列方式即可。

(3)更改桌面图标的标识。

1)利用系统自带的图标进行更改。Windows 7 系统中自带了很多图标,用户可以从中选择自己喜欢的进行更改。打开图 2-15 所示的"桌面图标设置"对话框,在"桌面图标"选项卡中的列表框中选择要更改标识的桌面图标项,然后单击"更改图标"按钮,弹出"更改图标"对话框,从"从以下列表选择一个图标"列表框中选择一个自己喜欢的图标,然后单击"确定"按钮即可。

如果用户希望把更改过的图标还原为系统默认的图标，在"桌面图标设置"对话框中单击"还原默认值"按钮即可。

2）利用自己喜欢的图标进行更改。如果系统自带的图标不能满足需求，则用户可以将自己喜欢的图标设置为桌面图标的标识。打开图 2-15 所示的"桌面图标设置"对话框，在"桌面图标"选项卡中的列表框中选择要更改标识的桌面图标项，然后单击"更改图标"按钮。在弹出的"更改图标"对话框中单击"查找此文件夹中的图标"右侧的"浏览"按钮，弹出"更改图标"对话框，从中选择自己喜欢的并且准备好的图标文件，然后单击"打开"按钮。返回"更改图标"对话框，可以看到选择的图标已经显示在"从以下列表中选择一个图标"列表框中。选择该图标，再单击"确定"按钮，返回"桌面图标设置"对话框，然后依次单击"应用"和"确定"按钮即可。

（4）更改桌面图标名称。有时用户根据需要可更改桌面图标名称。鼠标指针指向需更名的桌面图标并右击，从弹出的快捷菜单中选择"重命名"菜单项，此时该图标的名称处于可编辑状态，输入新的名称，然后按 Enter 键或者在桌面空白处单击即可。

用户也可以通过 F2 功能键来快速完成图标重命名操作。首先选中要更改名称的图标，然后按下 F2 功能键，此时图标名称成为可编辑状态，输入新的名称即可。

用户还可以选中要更改名称的图标，然后单击图标的名称，此时图标名称成为可编辑状态，输入新的名称即可。

（5）删除桌面图标。为了使桌面整洁美观，便于管理，常常删除一些平时不常用的图标。

1）删除到"回收站"。回收站主要用于存放用户删除的文档资料，存放在回收站的文件可以恢复。

- 利用右键快捷菜单删除。鼠标指针指向桌面上要删除的快捷方式图标并右击，在弹出的快捷菜单中单击"删除"菜单项，在弹出的"确认删除快捷方式"对话框中单击"是"按钮即可。此时双击桌面上的"回收站"图标，打开"回收站"窗口，可以看到删除的快捷方式图标已经在窗口中。
- 利用 Delete 键删除。选中要删除的桌面快捷方式图标，按下 Delete 键，即可弹出"确认删除快捷方式"对话框，然后单击"是"即可。
- 利用鼠标拖动删除。选中要删除的桌面快捷方式图标，拖动该图标到"回收站"，此时会出现"移动到回收站"提示，释放鼠标即可。

2）彻底删除。彻底删除桌面图标的方法与删除到"回收站"的方法类似，只不过在选择"删除"菜单项或者按下 Delete 键的同时需要按下 Shift 键，此时会弹出"删除快捷方式"对话框，提示"您确定要永久删除此快捷方式吗？"，然后单击"是"按钮即可。彻底删除的文档资料一般不能恢复。

4. 更改屏幕保护程序

当用户在指定的时间内没有使用鼠标或者键盘进行操作时，系统会自动进入账户锁定状态并启动屏幕保护程序。运行屏幕保护程序的作用是减少电能消耗、保护计算机屏幕和保护个人的隐私，增强计算机的安全性。

（1）使用系统自带的屏幕保护程序。Windows 7 自带了一些屏幕保护程序，用户可以根据自己的喜好进行选择。打开图 2-14 所示的"个性化"窗口，单击"屏幕保护程序"选项，弹出"屏幕保护程序设置"对话框，如图 2-16 所示。

图 2-16　"屏幕保护程序设置"对话框

在"屏幕保护程序"组合框的下拉列表中列出了很多系统自带的屏幕保护程序选项,用户可选择其中一项,在上方的预览框中可以看到设置的效果,也可单击"预览"按钮观察屏幕效果。在"等待"微调框中设置等待的时间,若在设置时间内计算机无任何操作,系统就会自动地启动屏幕保护程序。用户也可以选中"在恢复时显示登录屏幕"复选框,表示计算机恢复操作时需进行用户登录。最后单击"应用"和"确定"按钮,完成设置。

（2）使用个人图片创建屏幕保护程序。用户可以使用保存在计算机上的个人图片来创建自己的屏幕保护程序,也可以从网站下载屏幕保护程序。在图 2-16 所示的"屏幕保护程序"组合框中的下拉列表中选择"照片"选项,再单击右边的"设置"按钮,弹出"照片屏幕保护程序设置"对话框,如图 2-17 所示。单击"浏览"按钮,弹出"浏览文件夹"对话框,如图 2-18所示。在该对话框中选择存有创建屏幕保护的个人图片文件夹后,依次单击"确定"按钮和"保存"按钮退出对话框,最后单击"应用"和"确定"按钮,完成设置。如果选择的文件夹包含有多张图片,则屏幕保护以幻灯片形式放映,在"照片屏幕保护程序设置"对话框中还可以设置放映速度和图片的放映顺序。

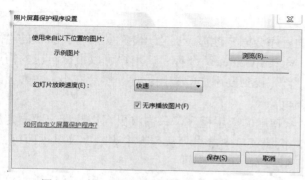

图 2-17　"照片屏幕保护程序设置"对话框

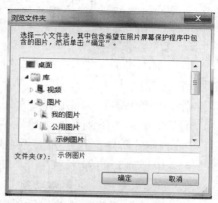

图 2-18　"浏览文件夹"对话框

2.3.2 "开始"菜单的个性化设置

Windows 7 系统"开始"菜单采用了全新的设计，用户为了快速找到要执行的程序，完成相应的操作，可以对其进行相应的设置，使"开始"菜单更加符合自己的使用习惯。

1. 更改"开始"菜单属性

Windows 7 只有一种默认的"开始"菜单样式，不能更改，但是用户可以对其属性进行相应的设置。

鼠标指针指向"开始"按钮并右击，在弹出的快捷菜单中选择"属性"菜单项，弹出"任务栏和开始菜单属性"对话框，切换到"开始菜单"选项卡，如图 2-19 所示。

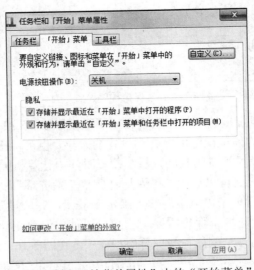

图 2-19　"任务栏和开始菜单属性"中的"开始菜单"选项卡

要自定义链接、图标和菜单在"开始"菜单中的外观和行为，可单击"自定义"按钮进行相应设置。

"电源按钮操作"下拉列表中列出了 6 项按钮操作选项，用户可以选择其中一项，更改"开始"菜单中的"关闭选项"按钮。

用户在"隐私"下的复选框中，可选择是否存储并显示最近在"开始菜单"或"任务栏"中打开的程序或项目，具体如图 2-19 所示。

2. 更改"开始菜单"固定程序列表

（1）添加程序。"固定程序"列表中的程序会固定地显示在"开始"菜单中。默认的"固定程序"列表中只有"入门"和 Windows Media Center 两个程序。用户可以根据自己的需要将常用的程序添加到"固定程序"列表中。首先找到要添加的应用程序，然后右击，在弹出的快捷菜单中单击"附到开始菜单"菜单项即可。

（2）删除程序。用户如果想删除不经常使用的应用程序，只需将鼠标指针指向"固定程序"列表中要删除的程序并右击，在弹出的快捷菜单中单击"从列表中删除"菜单项即可。

3. 更改"开始"菜单启动项

在"开始"菜单右侧的启动项窗格中列出了部分 Windows 项目链接，用户可以单击这些链接快速打开窗口进行相应操作。

　　在 Windows 7 系统中有 4 个默认库（文档、音乐、图片和视频），也可以新建库用于其他集合。默认情况下，文档、图片和音乐显示在该菜单中。用户可以在这个启动窗格中添加或者删除这些项目链接，也可以自定义其外观。在图 2-19 所示的"开始菜单"选项卡中单击"自定义"按钮，弹出"自定义开始菜单"对话框，对列表框中的选项进行勾选或改变显示方式，完成自定义链接、图标和菜单在"开始"菜单中的外观和行为设置。

2.3.3　"任务栏"的个性化设置

1. 更改按钮显示方式

　　在图 2-20 所示对话框的"任务栏"选项卡中，任务栏按钮的显示方式有 3 种，分别是"始终合并、隐藏标签""当任务栏被占满时合并"和"从不合并"，用户可以选择其中一种显示方式。若要使用小图标显示，则选中"使用小图标"复选框，若要使用大图标显示，取消勾选该复选框即可，如图 2-20 所示。

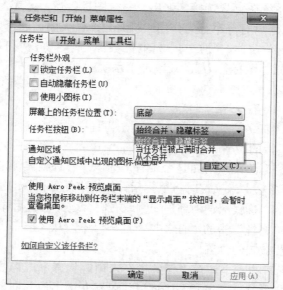

图 2-20　"任务栏和开始菜单属性"中的"任务栏"选项卡

　　"始终合并、隐藏标签"选项：是系统的默认设置。此时每个程序显示为一个无标签的按钮，即使打开某个程序的多个项目时也是一样。

　　"当任务栏被占满时合并"选项：该设置将每个程序显示为一个有标签的按钮，当"任务栏"变得很拥挤时，具有多个打开项目的程序会重叠为一个程序按钮，单击该按钮可显示打开的项目列表。

　　"从不合并"选项：该设置使某个程序无论打开多少个窗口，这些窗口相应的按钮都不会重叠，随着打开的程序和窗口越来越多，按钮会缩小，并且最终在"任务栏"中滚动。

　　在"任务栏"上重新排列和组织程序图标按钮，使其按照用户喜欢的顺序显示。要重新排列"任务栏"上程序图标按钮的顺序，只需按住鼠标左键并拖动鼠标，将程序图标按钮从当前位置拖到"任务栏"上的其他位置即可。

2. 更改通知区域的显示方式

默认情况下，通知区域位于"任务栏"的右侧，它除了包含时钟、音量等标识之外，还包含一些程序图标，这些程序图标提供有关传入的电子邮件、软件更新、网络连接等事项的状态和通知。安装新程序时，有时将此程序的图标添加到通知区域中。

（1）更改图标和通知的显示方式。当通知区域布满杂乱的图标时，可以选择将某些图标始终保持为可见状态，而其他图标保留在隐藏区，通过单击鼠标访问这些隐藏图标。还可以自定义可见的图标及其相应的通知在"任务栏"中的显示方式。在图 2-20 所示的"任务栏"选项卡中，单击"自定义通知区域中出现的图标和通知"旁边的"自定义"按钮，弹出"通知区域图标"窗口。在该窗口的列表框中列出了各个图标及其显示方式，每个图标都有"显示图标和通知""隐藏图标和通知"和"仅显示通知"3 种显示方式。用户根据需要进行选择后，依次单击"确定"按钮，关闭窗口和对话框，即完成更改图标和通知的显示方式。

（2）打开和关闭系统图标。"时钟""音量""网络""电源""操作中心"5 个图标是系统图标，用户可以根据需要将其打开或者关闭。按上面的操作方法在打开的"通知区域图标"窗口中单击"打开或关闭系统图标"链接，弹出"系统图标"窗口。在窗口中间的列表框中有 5 个系统图标的"行为"，用户对每个行为作出"打开"或"关闭"选择后，单击"确定"按钮，然后依次关闭"系统图标"窗口、"通知区域图标"窗口和"任务栏和开始菜单属性"对话框，完成该项操作。若想还原"图标行为"，则单击"系统图标"窗口左下角的"还原默认图标行为"链接即可。

3. 调整"任务栏"位置和大小

用户可以通过调整"任务栏"的位置和大小，为程序按钮创建更多的空间。

（1）调整"任务栏"的位置。鼠标指针指向"任务栏"的空白处并右击，在弹出的快捷菜单中观察"锁定任务栏"菜单项前面是否带有 ✓ 标识，若有则被锁定，只有在未锁定状态下才能进行位置调整。"任务栏"未锁定时将鼠标指针指向"任务栏"的空白区域，按住鼠标左键不放，拖动"任务栏"至屏幕底部、顶部、左侧或右侧合适的位置后释放即可；也可在图 2-20 所示"任务栏和开始菜单属性"中的"任务栏"选项卡中，从"屏幕上的任务栏位置"下拉列表中选择"任务栏"需要放置的位置。

（2）调整"任务栏"的大小。在"任务栏"未锁定状态下，将鼠标指针指向"任务栏"上方边界处，此时鼠标指针变成 ⇕ 形状，然后按住鼠标左键不放并向上拖动，拖曳至合适的位置后释放即可。

2.3.4　调整屏幕分辨率

屏幕分辨率指的是屏幕上显示的文本和图像的清晰度。分辨率越高，显示的对象越清晰，同时屏幕上的对象越小，因此屏幕中可以容纳更多的项目。分辨率越低，在屏幕上显示的对象越少，但尺寸越大。

鼠标指针指向桌面空白处并右击，在弹出的快捷菜单中选择"屏幕分辨率"命令，打开"屏幕分辨率"窗口，如图 2-21 所示。在"分辨率"下拉列表框中，将滑块移动到所需的分辨率处，然后单击"应用"按钮，在弹出的"显示设置"对话框（图 2-22）中单击"保留更改"按钮即可。若单击"还原"按钮，则保持以前的分辨率不变。

图 2-21　"屏幕分辨率"窗口

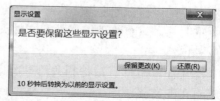

图 2-22　"显示设置"对话框

2.4　应用程序的启动与退出

2.4.1　应用程序的启动

在启动某应用程序时，可以先在桌面上创建其快捷方式，直接从桌面上启动，也可以使用"开始"菜单进行启动。下面分别介绍这两种方法。

1．利用桌面快捷方式

如果桌面上有应用程序的快捷方式，则双击要启动的程序的图标，即可方便地启动该程序。例如，双击桌面上的"腾讯 QQ"快捷方式，打开"腾讯 QQ"登录窗口。

2．利用"开始"菜单

选择"开始"→"所有程序"命令，出现"所有程序"的子菜单，子菜单左侧带有文件夹图标，表示还有下一级的级联菜单，找到要启动的应用程序图标，单击即可完成操作。

2.4.2　应用程序的退出

当不再使用应用程序时，应及时将其关闭，以节省系统资源。关闭应用程序有以下几种方法：

（1）双击应用程序窗口左上角的应用程序图标。

（2）单击应用程序窗口左上角的应用程序图标，在弹出的菜单中选择"关闭"命令。

（3）选择应用程序菜单"文件"→"退出"命令。

（4）单击应用程序窗口右上角的"关闭"按钮 ✖。

（5）按 Alt+F4 组合键。

（6）按 Ctrl+Alt+Delete 组合键，单击"启动任务管理器"选项，在"应用程序"选项卡中选中要退出的应用程序，单击下方的"结束任务"按钮。

2.5　文件与文件夹的管理

2.5.1　文件与文件夹

操作系统中大部分数据都以文件的形式存储在磁盘上，用户对计算机的操作实际上就是对文件的操作，而这些文件的存放场所就是各个文件夹。因此文件和文件夹在操作系统中是至关重要的，只有管理好文件和文件夹，才能熟练地应用计算机。

1.　文件

文件就是具有某种相关信息的集合。文件可以是一个应用程序，也可以是由一段文字组成的文本文档。

（1）文件名。文件名一般包括文件主名和扩展名两部分。文件名的书写方式为"文件主名.扩展名"。文件主名用于标识和区分不同的文件，由汉字、英文字母、数字和一些特殊符号（如!、@、#、$、%、&、_、空格等）组成，但不允许使用\、/、:、*、?、"、<、>、|等字符，因为这些字符在计算机中有特殊用途。Windows 7支持长文件名，其长度不超过255个字符。如pictures.bmp就是文件名，pictures为文件主名，bmp为扩展名，表示该文件为图形文件。

（2）文件的类型。文件名中的扩展名用来说明文件的类型，操作系统就是通过扩展名来识别文件类型的。Windows 7将文件分成了许多类型，以便于区分和管理。常见文件类型及其在系统中的作用见表2-1。

表2-1　常见文件类型及其在系统中的作用

文件类型	在系统中的作用
系统文件（.sys）	记录了一些系统信息，指挥操作系统完成特定的工作，不可删除
系统配置文件（.ini）	记录Windows控制软件和硬件的基本信息，不可删除
批处理文件（.bat）	包含一系列计算机命令，批量完成计算机的工作
可执行文件（.exe）	用于启动某个应用程序
动态链接库文件（.dll）	操作系统控制应用程序的专用文件，不可随意删除
浏览器文件（.htm）	上网时，大部分文件都是此类文件，用来存储网上信息
纯文本文件（.txt）	以ASCII码的形式保存文件内容，用来显示文本
Word文件（.docx）	是文本编辑工具Word的专用文本文件
位图文件（.bmp）	是Windows专用图形文件

文件的种类很多，运行方式各不相同。不同的文件其图标也不同，只有安装了相应的软件才会显示正确的图标。很多文件是用于系统工作或支持各种应用程序工作的，它们不能直接执行。

（3）文件的属性。右击某个文件，在弹出的快捷菜单中选择"属性"命令，打开该文件的"属性"对话框，图2-23所示为"全国计算机等级考试一级MS Office考试大纲.docx属性"对话框。

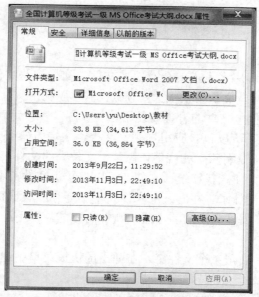

图 2-23　"全国计算机等级考试一级 MS Office 考试大纲.docx 属性"对话框

该对话框主要包含一些文件的基本信息，如文件的类型、位置、大小、占用空间、创建时间和属性等。文件的属性有以下几种。

1）只读：选中该项后，文件被设置为只读，即文件加了写保护。在这种状态下，只能读文件而不能写文件。系统文件一般都被设置成隐藏只读，以免其中的内容被修改而影响系统正常运行。

2）隐藏：如果将文件设置为隐藏属性，一般状态下就看不到该文件了，也是对文件的一种保护措施。

单击"属性"右侧的"高级"按钮，弹出"高级属性"对话框，如图 2-24 所示。

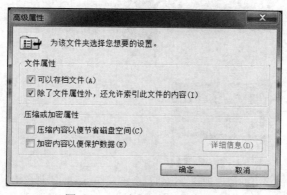

图 2-24　"高级属性"对话框

3）存档：默认状态下，该属性被自动选中。设置了存档属性后，表示该文件应该被存档，有些程序用此选项来确定哪些文件需要进行备份。

4）索引：具有该属性的文件的内容可以被索引，用于快速搜索。

5）压缩：具有该属性的文件被压缩，以节约存储空间。

6）加密：具有该属性的文件被加密，其他账户打不开该文件且只能在 NTFS 文件系统中存在。

2. 文件夹

计算机内安装的应用程序多了，就会有很多文件，如果这些文件都放在一个文件夹中，势必会造成混乱，给管理这些文件带来很大麻烦。我们可以利用文件夹解决该问题，通过文件夹可以对文件进行分组，便于文件的管理和使用。

在一个文件夹中，除了可以包含应用程序、文档、快捷方式等文件外，还可以包含其他文件夹，这些文件夹叫作子文件夹。相应地，包含子文件夹的文件夹叫作父文件夹。为了能对各文件进行有效的管理，方便查找和统计文件，可以将一类文件集中地放置在一个文件夹内，这样就可以按照类别存储文件了。在同一个文件夹中不能存放名称相同的文件或文件夹。

（1）文件夹的命名。文件夹的命名方式与文件的相同，只不过文件夹没有扩展名，所以比文件命名要简单。

（2）文件夹的属性。右击某个文件夹，在弹出的快捷菜单中选择"属性"命令会打开一个文件夹的"属性"对话框。

文件夹与文件的常规属性类似，主要显示文件夹的名称、大小、位置、创建的时间和属性等。文件夹也可以被设置成与文件相同的属性。

2.5.2　文件与文件夹的显示

用户可以通过改变文件和文件夹的显示方式来查看文件，以满足实际需要。

1. 更改文件与文件夹的显示方式

双击要打开的文件夹，在弹出的文件夹窗口工具栏"更改您的视图"按钮右侧单击下箭头按钮，在弹出的下拉列表中列出了 8 种文件与文件夹视图的显示方式，如图 2-25 所示。拖动列表框左侧滑块上下移动选择切换显示方式，选定后释放鼠标即可。

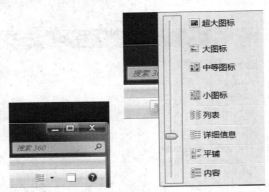

图 2-25　"更改您的视图"按钮及 8 种文件与文件夹视图的显示方式

单击文件夹窗口工具栏中的"组织"按钮，在弹出的菜单中选择"文件夹和搜索"选项，打开"文件夹选项"对话框，如图 2-26 所示；也可以打开文件夹窗口"工具"菜单，选择"文件夹选项"命令，打开"文件夹选项"对话框。切换到"查看"选项卡，单击"文件夹视图"下的"应用到文件夹"按钮，最后单击"确定"按钮，文件夹使用的视图显示方式就会应用到所有此类型的文件夹。

图 2-26　"文件夹选项"对话框

2. 显示隐藏文件和文件夹

　　选择图 2-26 所示"文件夹选项"对话框的"查看"选项卡，在"高级设置"列表框中的"隐藏文件和文件夹"选项下单击"显示隐藏的文件、文件夹和驱动器"单选按钮，最后单击"应用"和"确定"按钮，即可将属性设置为"隐藏"的文件和文件夹显示出来。

2.5.3　文件与文件夹的基本操作

1. 新建文件和文件夹

　　（1）新建文件。

　　1）利用菜单新建文件。先在选定的存放新建文件窗口空白处右击，再选择快捷菜单中的"新建"命令，在弹出的菜单列表中选择想要新建的文件类型，然后在新建的文件图标下处于编辑状态的文件名处输入文件名，最后在空白处单击或按 Enter 键即可；也可以在窗口菜单中执行"文件"→"新建"命令来新建文件。菜单系统会将经常使用的文件类型添加到此菜单中，若想在菜单中增加未有的文件类型，则可在 Windows 数据库（一个用于存储系统和应用程序设置信息的注册表）中完成操作。

　　2）利用应用程序新建文件。启动应用程序，在打开的窗口中进行相关操作（也可不进行操作），选择"文件"菜单中的"保存"或"另存为"命令，输入文件名，即可完成。

　　（2）新建文件夹。

　　1）利用菜单新建文件夹。与右键快捷菜单新建文件方法相似，只是在"新建"菜单项中选择"文件夹"命令，输入文件夹名，在空白处单击或按 Enter 键即可；也可以在窗口菜单中执行"文件"→"新建"→"文件夹"命令来新建文件夹。

　　2）利用工具按钮新建文件夹。在选定的存放新建文件夹窗口工具栏上单击"新建文件夹"按钮，输入文件夹名，在空白处单击或按 Enter 键即可。

2. 选择与打开文件或文件夹

　　一般通过单击选中文件或者文件夹。但在实际工作中，经常要选择多个文件，有些是连续的而有些是不连续的，这样就要配合使用鼠标和键盘。

（1）选择单个文件或文件夹。单击需选择的文件或文件夹即可。

（2）选择多个连续的文件或文件夹。先单击第一个要选择的对象，然后按住 Shift 键，单击最后一个要选择的对象，这样就全部选中从第一个对象到最后一个对象连续在一起的文件或文件夹。或按住鼠标左键，在要选择的文件或文件夹上面拖动，直到拖出的矩形框将所选文件或文件夹全部包围后，释放鼠标即可。

（3）选择多个不连续的文件或文件夹。先单击第一个要选择的文件或文件夹，然后按住 Ctrl 键，分别单击其他需要选择的文件或文件夹即可。

（4）选择全部对象。如要一次选择一个窗口中的所有文件和文件夹，只需要按 Ctrl+A 组合键即可；或在窗口菜单中执行"编辑"→"全选"命令；或用鼠标拖动进行全选；也可以单击第一个文件，然后按住 Shift 键，再单击最后一个文件。

（5）打开文件。先启动用来编辑文件的软件，然后执行菜单"打开"命令，打开选择的文件；也可直接双击要打开的文件；或先选定文件，再执行窗口菜单"文件"→"打开"命令；或鼠标指针指向要打开的文件并右击，在弹出的快捷菜单中执行"打开"命令。

（6）打开文件夹。双击需打开的文件夹即可。

3. 文件或文件夹更名

（1）单击进行文件或文件夹更名。单击需更名的文件或文件夹，即选中该文件或文件夹，再单击文件或文件夹名，此时文件或文件夹名处于可编辑状态，直接输入新的名称，在空白处单击或按 Enter 键即可。

（2）利用右键快捷菜单进行文件或文件夹更名。鼠标指针指向需要更名的文件或文件夹并右击，弹出快捷菜单，选择"重命名"命令，此时文件或文件夹名处于可编辑状态，直接输入新的名称，在空白处单击或按 Enter 键即可。

（3）利用工具栏按钮上的"组织"下拉列表进行文件或文件夹更名。在打开的文件夹窗口中选定需要更名的文件或文件夹，单击窗口工具栏中的"组织"按钮，在打开的下拉列表中选择"重命名"命令，此时文件或文件夹名处于可编辑状态，直接输入新的名称，在空白处单击或按 Enter 键即可。

在上述（2）和（3）操作中，若一次选择多个文件或文件夹，则在选择"重命名"命令后，第一个被选择的文件或文件夹名处于可编辑状态，此时直接输入新的名称，在空白处单击或按 Enter 键，被选择的所有文件或文件夹名就都被更名了。

4. 复制、移动文件或文件夹

（1）复制文件或文件夹。复制文件或文件夹是指在保留原文件或文件夹的情况下，再创建一个或多个与原文件或文件夹内容相同的副本。

1）利用右键快捷菜单复制文件或文件夹。打开将要复制文件或文件夹的窗口，选中要复制的文件或文件夹并右击，弹出快捷菜单，执行"复制"命令，打开要存放副本的磁盘或文件夹窗口并右击，弹出快捷菜单，执行"粘贴"命令即可。

2）利用工具栏上的"组织"下拉列表复制文件或文件夹。打开要复制文件或文件夹的窗口，选中要复制的文件或文件夹，单击工具栏上的"组织"按钮，在弹出的下拉列表中执行"复制"命令，打开要存放副本的磁盘或文件夹窗口，然后单击"组织"按钮，在弹出的下拉列表中执行"粘贴"命令即可。

3）利用鼠标拖动复制文件或文件夹。

● 在同一个磁盘中进行复制：打开将要复制文件或文件夹的窗口，选中要复制的文件或文件夹，按住 Ctrl 键的同时按住鼠标左键不放，将选中的文件或文件夹拖到存放副本的文件夹窗口，此过程在鼠标指针处会出现"复制到目的处"的提示信息，最后释放鼠标和 Ctrl 键即可。

● 在不同磁盘中进行复制：打开将要复制文件或文件夹的窗口，选中要复制的文件或文件夹，将其拖到将要存放副本的磁盘中的文件夹窗口，此过程会出现"复制到目的处"的提示信息，最后释放鼠标即可。

4）利用组合键复制文件或文件夹。打开将要复制文件或文件夹的窗口，选中要复制的文件或文件夹，按 Ctrl+C 组合键进行复制，打开要存放副本的磁盘或文件夹窗口，按 Ctrl+V 组合键进行粘贴即可。

（2）移动文件或文件夹。移动文件或文件夹是将文件或文件夹从一个位置移动到另一个位置。移动文件或文件夹的操作方法与复制文件或文件夹的方法基本相同，只是将"复制"命令更换为"剪切"命令；同一磁盘间移动，将选中的文件或文件夹直接拖向目的位置，不同磁盘间移动，拖动时按下 Shift 键；将相应复制方法中的 Ctrl+C 组合键更换为 Ctrl+X 组合键即可。

5．删除和恢复文件或文件夹

为了节省磁盘空间，可以删除一些没有用处的文件或文件夹。有时删除后发现有些文件或文件夹中还有一些有用的信息，则要对其进行恢复操作。

（1）删除文件或文件夹。删除文件或文件夹的操作方法与删除桌面图标的操作方法基本相同，只是将桌面图标更换为任何磁盘或文件夹中的文件或文件夹即可。还可以利用磁盘或文件夹窗口中的"工具栏"→"组织"→"删除"选项删除文件或文件夹。

（2）恢复"回收站"的文件或文件夹。打开"回收站"，选中要恢复的文件或文件夹并右击，在弹出的快捷菜单中执行"还原"命令，或者单击"工具栏"中的"还原此项目"按钮，此时被还原的文件就会重新回到原来存放的位置。

6．查找文件和文件夹

计算机中的文件和文件夹会随着时间的推移而日益增多，想从众多文件中找到所需的文件或文件夹是件非常麻烦的事情。为了省时省力，可以使用搜索功能查找文件或文件夹。

（1）使用"开始"菜单上的搜索框。用户可以使用"开始"菜单上的搜索框来查找存储在计算机的文件、文件夹、程序和电子邮件等。

单击"开始"按钮，在弹出的"搜索程序和文件"文本框中输入想要查找的信息。例如想要查找计算机中所有关于图像的信息时，只要在文本框中输入"图像"，与所输入文本相匹配的项就会显示在"开始"菜单上。搜索结果中显示的是已建立索引的文件，Windows 7 系统对计算机上的大多数文件都会自动建立索引。

（2）使用文件夹或库中的搜索框。文件夹或库中的搜索框位于窗口的顶部右侧，它根据输入的文本在选定的区域内筛选当前的搜索对象。先在窗口中的导航窗格选择搜索范围，接着在"搜索"文本框中输入要查找的内容，输入完毕将自动进行筛选，最后将搜索到的文件或文件夹在窗口中列出。

如果用户想要基于一个或多个属性来搜索文件，则可在搜索时使用搜索筛选器指定属性。在文件夹或库中的"搜索"框中，用户可以添加搜索筛选器来更加快速地查找指定的文件或文件夹。"添加搜索筛选器"给出了"种类""修改日期""类型"和"名称"选项，通过指定搜索范围，能使搜索更加快捷和准确。图 2-27 所示为"添加搜索筛选器"及各选项对话框，用户可根据需要进行选择。

图 2-27　"添加搜索筛选器"及各选项对话框

7. 压缩和解压缩文件或文件夹

为节省磁盘空间，用户可以对一些文件或文件夹进行压缩，压缩文件占据的存储空间较小，而且便于传输。Windows 7 操作系统中置入了压缩文件程序，因此用户无须安装第三方的压缩软件（如 WinRAR 等），就可以对文件进行压缩和解压缩。

（1）压缩文件或文件夹。鼠标指针指向要压缩的文件或文件夹并右击，弹出快捷菜单，选择"发送到"→"压缩（zipped）文件夹"命令，弹出"正在压缩"窗口，压缩结束自动关闭该窗口并显示压缩的文件或文件夹。

（2）解压缩文件或文件夹。鼠标指针指向被压缩的文件或文件夹并右击，弹出快捷菜单，选择"全部提取"命令，弹出"提取压缩（zipped）文件夹"对话框。在"文件将被提取到这个文件夹"文本框中，输入文件的存放路径和文件名，如果勾选"完成时显示提取的文件"复选框，则在提取完文件后可以查看所提取的内容。单击"提取"按钮，弹出"正在复制项目"对话框，文件提取完毕自动弹出存放提取文件的窗口。

8. 加密文件和文件夹

Windows 7 中加入了加密文件系统，通过它对文件或文件夹进行加密，将信息以加密格式进行存储，其他用户不可访问。加密是 Windows 提供的用于保护信息安全的重要措施。

（1）加密文件和文件夹。鼠标指针指向要加密的文件或文件夹并右击，弹出快捷菜单，单击"属性"菜单项，在弹出的"文件或文件夹属性"对话框中，切换到"常规"选项卡，单击属性右侧的"高级"按钮，弹出"高级属性"对话框，如图 2-24 所示。选中"压缩或加密属性"组合框中的"加密内容以便保护数据"复选框，单击"确定"按钮，返回"文件或文件夹属性"对话框，再单击"应用"按钮，在弹出的"确认属性更改"对话框中，选中"将更改应用于此文件夹、子文件夹和文件"单选框，如图 2-28 所示。单击"确定"按钮，再次返回"文件或文件夹属性"对话框，依次单击"应用"和"确定"按钮，弹出"应用属性"对话框，此时开始对所选的文件或文件夹进行加密。加密完成后"应用属性"对话框自动关闭并返回文件夹窗口，此时可以看到被加密的文件或文件夹的名称已经呈绿色显示，表明文件或文件夹已被成功加密。

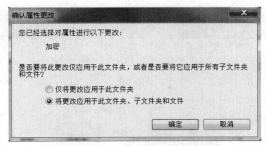

图 2-28　"加密警告"对话框

（2）解密文件和文件夹。用户想去掉文件或文件夹的加密，首先选中要解密的文件或文件夹。打开图 2-24 所示的"高级属性"对话框，取消勾选"压缩或加密属性"下的"加密内容以便保护数据"复选框，单击"确定"按钮。返回"文件或文件夹属性"对话框，单击"应用"按钮，弹出"确认属性更改"对话框，选中"将更改应用于此文件夹、子文件夹和文件"单选项，单击"确定"按钮，再次返回"文件或文件夹属性"对话框，然后单击"确定"按钮，弹出"应用属性"对话框，此时开始对文件夹进行解密。解密完成后"应用属性"对话框自动关闭，所选文件或文件夹即恢复为未加密状态。

2.5.4　Windows 资源管理器

资源管理器是 Windows 操作系统提供的资源管理工具。我们可以通过资源管理器查看计算机上的所有资源，能够清晰、直观地对计算机上的文件和文件夹进行管理。

1. 打开资源管理器

资源管理器在 Windows 7 中随处可见，可以说用户打开任何一个磁盘、文件和文件夹都是在资源管理器当中进行的。打开资源管理器常用下列几种方法：

（1）鼠标指针指向"开始"菜单并右击，弹出快捷菜单，执行"打开 Windows 资源管理器"命令即可。

（2）执行"开始"→"所有程序"→"附件"→"Windows 资源管理器"命令即可。

（3）单击任务栏中"Windows 资源管理器"图标按钮即可。

（4）双击桌面上的"计算机"图标即可。

（5）使用 Windows+E 组合键即可。

2. 资源管理器功能与作用

为了更好地组织、管理及应用系统资源，为用户带来更高效的操作，整个计算机的资源被划分为四大类：收藏夹、计算机、网络和库。

（1）收藏夹。收藏夹内一般收藏有用户最近下载或者经常访问的文件或文件夹。使用收藏夹能方便快速地找到或打开这些下载或访问过的文件。

1）收藏夹窗口。在资源管理器中打开图 2-29 所示的"收藏夹"窗口，在系统默认状态下收藏夹内有"下载""桌面""最近访问"3 个类型的快捷方式。

2）将文件夹添加到收藏夹。首先在资源管理器中找到要添加的文件夹，选中该文件夹，将它直接拖到左侧窗格上的"收藏夹"图标上，放开鼠标即可；或将它直接拖曳到收藏夹窗口文件列表中，放开鼠标即可。在"收藏夹"管理中，删除"收藏夹"中的文件夹不会删除磁盘中具体存放该文件夹的所有信息。

图 2-29　"收藏夹"窗口

（2）计算机。"计算机"为用户提供了访问计算机上的磁盘驱动器、CD 或 DVD 驱动器及连接到计算机的其他外部设备等功能。

1）在资源管理器的导航窗格"计算机"中依次单击"磁盘驱动器"和下面的"文件夹"，就能在导航窗格"计算机"中树型显示展开的文件夹，在文件列表区显示当前单击的文件夹中的所有文件和文件夹。

2）右击"计算机"中的磁盘驱动器或文件和文件夹，在弹出的快捷菜单中可选择执行查看磁盘属性以及格式化磁盘或文件和文件夹等相关操作。用户经常进行的文件和文件夹操作大多数都是在资源管理器的"计算机"中进行的。

（3）网络。"网络"为用户提供了查看网络上的计算机和设备的功能。当用户的计算机已连接网络，可以打开"网络"窗口，查看当前已添加到网络的共享计算机或设备，如图 2-30 所示。

图 2-30　"网络"窗口

（4）库。库是 Windows 7 系统推出的一个有效的文件管理模式。随着文件数量和种类的增加，加上用户行为的不确定性，原有的文件管理方式往往会造成文件存储混乱、重复文件多等情况，其管理已经无法满足用户的实际需求。"库"并非传统意义上的用来存放用户文件的文件夹，它具备了方便用户在计算机中快速查找所需文件的作用。

用户可以将计算机上任何一个文件夹包含到库中，相当于将该文件夹在库中建立链接。只要单击库中的链接，就能快速打开添加到库中的文件或文件夹，而无论它们原来深藏在本地计算机或局域网中的什么位置，用户只需在库中对相应文件或文件夹进行操作和管理，这样使得文件或文件夹的操作变得更为方便和快捷。

1）打开库。打开 Windows 7 资源管理器，单击导航窗格中的"库"即可打开"库"窗口，如图 2-31 所示。

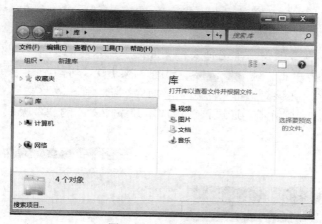

图 2-31　"库"窗口

2）新建库。在 Windows 7 中，默认库有"视频""图片""文档"和"音乐"，用户还可以根据个人需要新建库，新建库与其他库并列。新建库的方法如下：

● 打开"库"，选择菜单栏的"文件"→"新建"→"库"命令，在"新建库"文本框中输入库名即可，如图 2-32 所示。

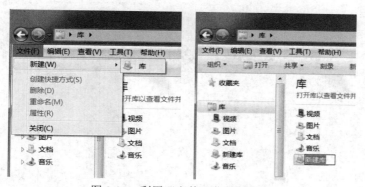

图 2-32　利用"文件"菜单新建库

● 打开"库"，鼠标指针指向窗口空白处并右击，弹出快捷菜单，选择"新建"→"库"命令，在"新建库"文本框中输入库名即可，如图 2-33 所示。

图 2-33　利用右键菜单新建库

● 打开"库"，单击工具栏中的"新建库"按钮，在"新建库"文本框中输入库名即可。

3）将文件或文件夹添加入库。

● 单击将要添加入库的文件夹并右击，弹出快捷菜单，单击"包含到库中"下级的子库即可。

● 打开"库"，在导航窗格中选择要将文件夹添加入库的子库名，例如"视频库"，在窗口工作区上方单击"位置"链接，如图 2-34 所示，打开"视频库位置"对话框，如图 2-35 所示。在该对话框中单击"添加"按钮，弹出"将文件夹包括在'视频'中"窗口，如图 2-36 所示。通过该窗口选定要添加入库的文件夹，单击"包括文件夹"按钮即可。

图 2-34　"视频库"窗口中的"位置"链接

图 2-35　"视频库位置"对话框

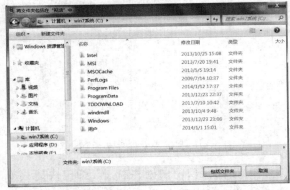

图 2-36　"将文件夹包括在'视频'中"窗口

4）删除库。

● 打开"库"窗口，在导航窗格中右击要删除的子库，弹出快捷菜单，选择"从库中删除位置"命令即可。

● 打开"库"窗口，单击要删除的对象所在的子库，单击"位置"链接，弹出"库位置"对话框，在对话框中选中要删除的"库"，单击"删除"按钮，最后单击"确定"按钮即可。删除子库后，该子库中的文件和文件夹仍在磁盘原位置并没受到任何影响，仅是从库中断开了链接。

2.6　Windows 7 系统工具的应用

2.6.1　控制面板

控制面板是 Windows 系统中的重要设置工具，用户通过查看或操作控制面板中的选项进行基本的系统设置和控制。

1. 启动控制面板

可通过以下两种方式启动控制面板。

（1）执行"开始"→"控制面板"菜单命令，弹出"控制面板"窗口，如图 2-37 所示。

图 2-37　"控制面板"窗口

（2）双击桌面上的"计算机"图标，在打开的"计算机"窗口工具栏单击"打开控制面板"，弹出"控制面板"窗口。

2. 控制面板显示方式

Windows 7 系统的控制面板默认以"类别"的形式来显示功能菜单，分为系统和安全、用户账户和家庭安全、网络和 Internet、外观和个性化、硬件和声音、时钟语言和区域、程序、轻松访问等类别，每个类别下会显示该类的具体功能选项。

除了"类别"，Windows 7 还提供了"大图标"和"小图标"的查看方式，只需单击控制面板右上角"查看方式"旁边的下三角按钮，从弹出的列表中就可以选择自己喜欢的显示方式。

3. 控制面板的使用

（1）鼠标、键盘的个性化设置。鼠标和键盘是操作计算机的两个最基本的输入设备，用户可以根据自己的习惯进行个性化设置。

　　1）更改鼠标的设置。在图形界面中，鼠标是用户操作计算机的重要设备，为了方便使用，可以进行一些相应的设置。打开"控制面板"窗口，在"查看方式"下拉列表中选择"小图标"选项，如图 2-38 所示。

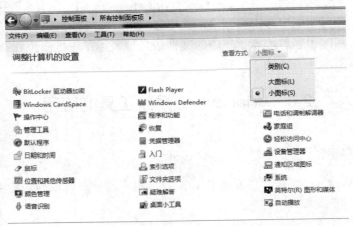

图 2-38　"控制面板"的"小图标"选项

　　单击"控制面板"中的"鼠标"图标，弹出"鼠标 属性"对话框。分别切换到"鼠标键""指针""指针选项"和"滑轮"选项卡，如图 2-39 所示。

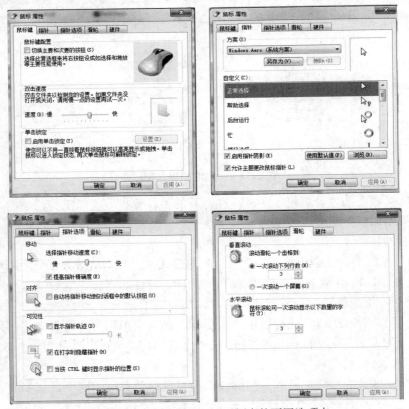

图 2-39　"鼠标 属性"对话框中的不同选项卡

用户可根据使用习惯设置鼠标左右键功能、显示鼠标指针轨迹的快慢、鼠标指针样式、鼠标指针移动速度、鼠标滚轮滚动时移动字符的多少等项目。

2）更改键盘的设置。打开图 2-38 所示的"控制面板"窗口，单击"键盘"图标，弹出"键盘 属性"对话框，如图 2-40 所示。

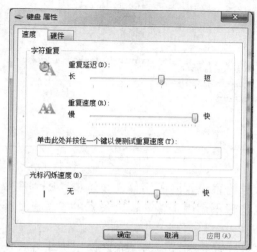

图 2-40　"键盘 属性"对话框

在"速度"选项卡中，通过拖动滑块可以设置字符的"重复延迟"和"重复速度"的长短和快慢。输入相同的字符，当按下键不松手可改变第二个字符出现时与第一个字符的时间间隔和以后字符出现的快慢。在调整的过程中，用户可以在"单击此处并按住一个键以便测试重复速度"文本框中进行测试。在"光标闪烁速度"区域可以拖动滑块来设置光标闪烁的快慢。

（2）字体的个性化设置。用户可以对字体进行设置；可以设置添加字体；可以设置预览、显示和隐藏计算机上安装的字体以及删除不需要的字体。

1）字体设置。打开图 2-38 所示的"控制面板"窗口，在"小图标"查看方式下，单击"字体"图标，弹出"字体"窗口，如图 2-41 所示。在左侧窗格中选择"字体设置"命令，打开"字体设置"窗口，如图 2-42 所示。

图 2-41　"字体"窗口

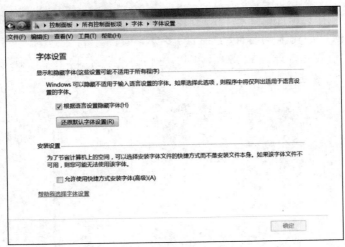

图 2-42　"字体设置"窗口

勾选图 2-42 中的"根据语言设置隐藏字体"复选框，则程序中仅列出适用于语言设置的字体，因为 Windows 可以隐藏不适用于输入语言设置的字体。如果想更改设置，则直接单击下面的"还原默认字体设置"按钮。

在图 2-42 所示的"安装设置"区域勾选"允许使用快捷方式安装字体（高级）"复选框，则可以选择只安装字体文件的快捷方式而不安装文件本身，这样可大大节省计算机的存储空间。

2）添加字体。为了满足用户的需求，常常需要在 Windows 7 中自行安装新的字体。在"字体"窗口中右击需要安装的字体，弹出快捷菜单，单击"安装"或者"作为快捷方式安装"菜单项，即可添加字体。

还可以打开"计算机"→"本地磁盘(C:)"→"Windows 文件夹"→"Fonts 文件夹"窗口，直接将需要安装的字体拖曳到该窗口中。

3）预览、隐藏和删除字体。Windows 7 提供了字体预览、隐藏和删除功能。

在图 2-41 所示的"字体"窗口中可以看到里面有的字体图标是突出显示的，这种字体是用户可用的字体。而有的字体图标是灰色的、隐藏起来的，这种字体是不可用的。鼠标指针指向其中需操作的字体并右击，弹出快捷菜单，选择"预览""显示""隐藏""删除"命令即可进行相应的操作。

4）设置字体大小。为了使屏幕的字体看起来更加清晰，可以对字体的大小进行设置。打开图 2-41 所示的"字体"窗口，选择左侧窗格中的"更改字体大小"命令，弹出"显示"窗口，该窗口中有 3 种按照百分比设置字体大小的选项，用户可以根据自己的需要选择相应的选项，并通过右侧的"预览"框看到设置的效果。

2.6.2　查看计算机硬件配置信息

计算机硬件由许多不同功能的模块化的电子部件组合而成。计算机的工作性能与硬件配置紧密相关。因此，用户有必要了解自己使用的计算机的硬件设备，清楚其配置和档次。

1. 利用"系统"进行查看

（1）打开图 2-38 所示的"控制面板"窗口，单击"系统"图标，打开"系统"窗口，如图 2-43 所示。

图 2-43　"系统"窗口

（2）右击桌面上的"计算机"图标，在弹出的快捷菜单中选择"属性"命令，打开"系统"窗口。在该窗口的"查看有关计算机的基本信息"中可查看计算机的基本信息。

2. 利用"设备管理器"进行查看

设备管理器是一种管理工具，使用设备管理器可以查看和更改设备属性、更新设备驱动程序、配置设备和卸载设备。

（1）在图 2-43 所示的"系统"窗口中单击导航窗格中的"设备管理器"链接，打开"设备管理器"窗口，如图 2-44 所示。

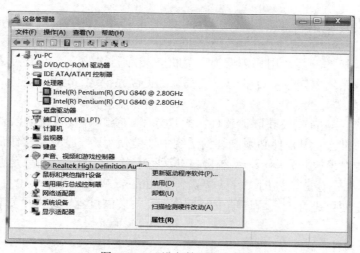

图 2-44　"设备管理器"窗口

（2）打开图 2-38 所示的"控制面板"窗口，单击"设备管理器"图标，打开"设备管理器"窗口。

默认情况下，"设备管理器"窗口按照已安装设备的类型来显示硬件设备，从中可了解各硬件设备名称、型号等信息，并可对这些设备进行相关操作。

3．利用"性能信息和工具"进行查看

Windows 7 系统中内嵌了用来测定硬件性能的工具，它通过运行一组测试程序完成对硬件工作性能的测定。由测出的每个主要硬件部件的得分，获得整体的 Windows 体验指数。该指数标志着计算机硬件和软件配置的性能，分数越高表示计算机性能越好。

（1）在图 2-43 所示的"系统"窗口中，单击导航窗格中的"性能信息和工具"链接，打开"性能信息和工具"窗口，如图 2-45 所示。

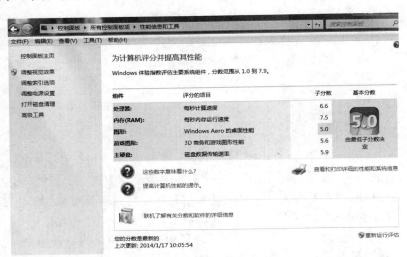

图 2-45　"性能信息和工具"窗口

（2）在图 2-38 所示的"控制面板"窗口中单击"性能信息和工具"图标，打开"性能信息和工具"窗口。

2.6.3　安装和卸载应用软件

为了扩展计算机的功能，用户需要为计算机安装应用软件。当不需要这些应用软件时，可以将它们从操作系统中卸载，以节约系统资源，提高系统运行速度。

1．安装应用软件

要安装应用软件，首先要获取该软件，用户除了购买软件安装光盘以外，还可以从软件厂商的官方网站下载。应用软件必须安装到系统中才能使用。一般应用软件都配置了自动安装程序，将软件安装光盘放入光驱后，系统会自动运行它的安装程序。如果是存放在本地磁盘中的应用软件，则需要在存放软件的文件夹中找到 Setup.exe 或 Install.exe（也可能是软件名称等）安装程序，双击它便可进行应用程序的安装操作。在安装的过程中跟随"安装向导"进行相应的设置和选择即可。

2．卸载应用软件

（1）大多数应用软件会自带卸载命令。安装好软件后，卸载命令放置在"开始"→"所有程序"中。卸载时执行该命令即可完成应用软件的卸载。

（2）在图 2-38 所示的"控制面板"窗口中单击"程序和功能"图标，弹出"程序和功能"

窗口，如图 2-46 所示。在"名称"下拉列表中选择要删除的程序，然后单击"卸载/更改"按钮，按向导提示进行操作即可卸载应用软件。

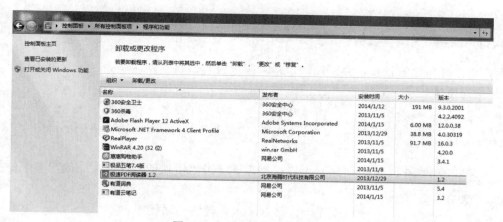

图 2-46　"程序和功能"窗口

2.6.4　以管理员身份运行程序

Windows 7 的管理员用户对计算机具有完全使用权限，包括安装一些应用软件，修改系统时间，执行影响该计算机上其他用户的操作等。如果用户是以标准用户登录系统的，但在运行某些应用程序时需要获得管理员权限，此时可以以管理员身份运行程序，方法如下：

右击要运行的程序启动图标，在弹出的快捷菜单中执行"以管理员身份运行"命令，然后根据提示进行操作即可，如图 2-47 所示。

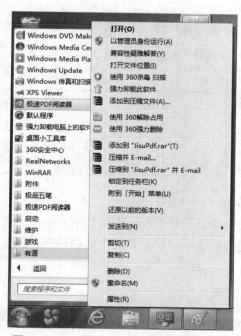

图 2-47　"以管理员身份运行"应用程序

2.7　Windows 7 附件小程序

2.7.1　便笺

用户可以使用便笺记录待办事项、电话号码等内容，将它贴在桌面，随时提醒自己。

1．启动便笺程序

图 2-48　"便笺"程序界面

单击"开始"→"所有程序"→"附件"→"便笺"菜单项，即可启动便笺程序。"便笺"程序界面如图 2-48 所示。

2．新建便笺

用户可以根据需要通过"新建便笺"在桌面放置多个便笺。

（1）单击"+"（新建便笺）按钮创建新便笺。

（2）按 Ctrl+N 组合键创建新便笺。

3．调整便笺大小

将鼠标指针移至便笺窗口边或角处，至光标呈"双箭头"状，按下左键并拖动使便笺窗口放大或缩小。

4．更改便笺颜色

鼠标指针指向便笺文本区并右击，弹出快捷菜单，在菜单中选择喜欢的颜色即可。

5．输入便笺文本和格式化便笺文本

当出现闪烁的光标时，即可输入文本。当需要格式化文本、添加项目符号、生成列表或更改文本大小时，可以使用键盘组合键来完成操作。

（1）选中要更改的文本。

（2）使用表 2-2 中的组合键格式化便笺中的文本。

表 2-2　用组合键格式化便笺中的文本

格式化类型	组合键	格式化类型	组合键
使文本为粗体	Ctrl+B	放大文本	Ctrl+Shift+>
使文本为斜体	Ctrl+I	缩小文本	Ctrl+Shift+<
使文本带有下划线	Ctrl+U	使文本成为带项目符号的列表	Ctrl+Shift+L（再次按此组合键可切换到编号列表）
删除文本的下划线	Ctrl+T		

6．删除便笺

用完便笺后，可以将其删除以清理桌面，方法如下：单击"便笺"程序界面上的"关闭"按钮，在弹击的"删除便笺"对话框中单击"是"按钮即可；还可以通过按 Ctrl+D 组合键删除便笺。

2.7.2　Tablet PC 输入面板

Tablet PC 输入面板是 Tablet PC 的一个组件，帮助用户使用手写板或者触摸键盘输入文本字符。

1．启动 Tablet PC 输入面板

单击"开始"→"所有程序"→"附件"→Tablet PC→"Tablet PC 输入面板"菜单项即可启动 Tablet PC 输入面板，如图 2-49 所示。

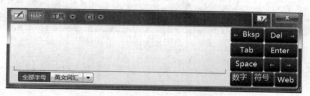

图 2-49　Tablet PC 输入面板

2．Tablet PC 输入面板简介

Tablet PC 输入面板包括功能按钮、视频演示按钮和控制键面板 3 部分。

（1）功能按钮。功能按钮包括"书写板"按钮、"触摸键盘"按钮、"语言选择"按钮、"全部字母"按钮和"英文词汇"按钮等。

1）"书写板"按钮。单击该按钮可以切换到书写板界面，在此界面中可以使用鼠标输入汉字。在书写板界面中单击"工具"按钮，从弹出的下拉菜单中可以对书写板进行设置，如图 2-50 所示。

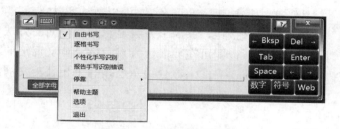

图 2-50　书写板设置选项

选择"自由书写"菜单项，可以隐藏书写板界面中的字符格，这样用户可以不受字符格的限制而自由书写。

选择"停靠"菜单项，在展开的菜单中可以设置书写板的停靠位置。

2）"触摸键盘"按钮。单击该按钮可以切换到触摸键盘界面，在此界面中可以通过单击相应的按钮输入字符，如图 2-51 所示。

在触摸键盘界面中单击"工具"按钮，从弹出的下拉菜单中选择"显示扩展的键盘"菜单项，就会显示扩展的触摸键盘界面，如图 2-52 所示。

图 2-51　触摸键盘界面

图 2-52　扩展的触摸键盘界面

3）"语言选择"按钮。单击"语言选择"按钮，从弹出的下拉菜单中可以对输入法进行设置，如图 2-53 所示。

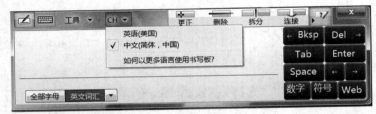

图 2-53　"语言选择"选项

4）"全部字母"按钮。单击"全部字母"按钮，使其呈按下状态，此时书写板可以识别用户输入的所有字符。

5）"英文词汇"按钮。单击"英文词汇"按钮，使其呈按下状态，此时书写板只能识别用户输入的英文和各类符号，若输入汉字，书写板则将其识别为英文字符。

（2）视频演示按钮。视频演示按钮主要包括"更正""删除""添加空间""删除空间""拆分""连接"等按钮。

1）"更正"按钮。单击该按钮，界面上方会显示更正视频，从中可以了解更正错误字符的方法。

2）"删除"按钮。单击该按钮，界面上方会显示删除字符的视频，即显示如何在要删除的字符上画横线。

3）"添加空间"按钮。单击该按钮，即可在界面上方显示添加空间的方法。

4）"删除空间"按钮。单击该按钮，界面上方会显示删除空间的方法。

5）"拆分"按钮。单击该按钮，即可在界面上方显示拆分英文词汇的方法。

6）"连接"按钮。单击该按钮，界面上方会显示连接两个相邻英文词汇的方法。

3. 输入文字

（1）利用"书写板"面板输入文字。

1）启动文档编辑程序，如"记事本"。

2）打开 Tablet PC 输入面板，切换到"书写板"面板。

3）单击"全部字母"按钮，使书写板可以识别输入的所有字符并在"工具"按钮菜单中作好相关选择。

4）在输入区用鼠标写入输入的文字，书写完毕系统会自动识别用户输入的文本信息，并显示识别后的文本。

5）单击"插入"按钮，即可将其插入到记事本中。

（2）利用"触摸键盘"面板输入文字。

1）启动文档编辑程序，如"记事本"。

2）打开 Tablet PC 输入面板，切换到"触摸键盘"面板。

3）单击系统任务栏右侧的小键盘按钮，从弹出的下拉菜单中选择合适的中文输入法。

4）单击"触摸键盘"，输入的文本会自动出现在记事本中。

4. 退出 Tablet PC 输入面板

单击"工具"按钮，从弹出的下拉菜单中选择"退出"菜单项，即可退出 Tablet PC 输入面板。单击 Tablet PC 输入面板右上方的"关闭"按钮，只能将 Tablet PC 输入面板缩小至屏幕左侧。

2.7.3 数学输入面板

当用户使用计算机解决数学问题或准备创建数学表达式的文档或演示文稿时，选择数学输入面板可使该过程变得更容易、更自然。数学输入面板使用了内置的数学识别器来识别手写的数学表达式，然后将识别的数学表达式插入字处理程序或计算程序中。

数学输入面板在设计上可与 Tablet PC 一起使用，但也可以将其用于任何输入设备，如触摸屏、外部数字化器甚至鼠标。

1. 启动和关闭数学输入面板

单击"开始"→"所有程序"→"附件"→"数学输入面板"菜单项，即可启动数学输入面板程序。

单击菜单栏右侧的"关闭"按钮，即可关闭数学输入面板。

2. 数学输入面板介绍

数学输入面板主要由书写区域、预览区域、历史记录菜单、选项菜单、更正按钮和插入按钮等组成，如图 2-54 所示。

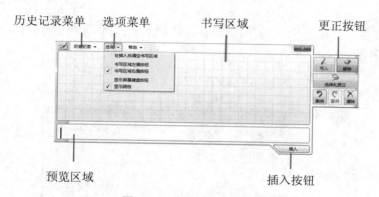

图 2-54 数学输入面板的组成

3. 输入数学表达式

（1）打开准备创建数学表达式的文档或演示文稿。

（2）启动数学输入面板。

（3）在书写区域书写格式正确的数学表达式，识别的数学表达式会显示在预览区域。

（4）单击"插入"按钮，将识别的数学表达式插入文档或演示文稿中。

4. 更正按钮的功能

（1）单击"笔"按钮，可在"书写"区域书写数学表达式。

（2）单击"擦除"按钮，鼠标指针划过被识别为错误的表达式部分时可将错误的数学表达式部分擦除。

（3）单击"选择和更正"按钮，鼠标指针围绕被识别为错误的表达式部分画一个圆，弹出选择列表，此时可选择列表中的某个选项。如果书写的内容不在列表选项中，则尝试重写选定的表达式部分。在写完整个表达式之后进行更正及多写入表达式两种情况下，系统进行正确识别的机会较大。

（4）单击"撤消"按钮，撤消本次输入操作。

（5）单击"重做"按钮，恢复被撤消的操作。

（6）单击"清除"按钮，清空"书写"区域和"预览"区域。

5."历史记录"菜单

"历史记录"保存了已经插入的数学表达式，利用"历史记录"菜单可以使用已经插入的表达式作为新表达式的基准。打开"历史记录"，单击要使用的表达式，选择的表达式显示在"书写"区域，用户可以在其中进行更改。更改之后，将再次识别该表达式，并且可以将其插入文档或演示文稿中。

2.7.4　画图程序

使用画图程序可以绘制、编辑图片以及为图片着色，还可以将文件和设计图案添加到其他图片中并对图片进行简单的编辑。

1. 画图程序的启动与关闭

单击"开始"→"所有程序"→"附件"→"画图"菜单项，即可启动画图程序。关闭画图程序与关闭应用程序的操作相同。

2."画图"窗口

"画图"窗口主要由标题栏、"画图"按钮、选项卡功能区、状态栏、滚动条和绘图区域组成，如图 2-55 所示。

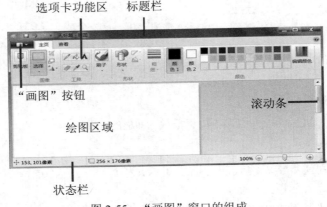

图 2-55　"画图"窗口的组成

（1）标题栏。标题栏由"画图程序图标""快速访问工具栏""文件名""窗口控制按钮"组成。

画图程序为了方便操作，将一些常用的菜单命令以按钮的形式存放在快速访问工具栏中，用户只需单击这些按钮就可以快速地执行相应的命令。

"保存"按钮用于保存当前打开或者正在编辑的图片。

"撤消"按钮用于撤消上一个操作。

"重做"按钮用于重做上一次操作，即重做上次被撤消的操作。按 **Ctrl+Y** 组合键可以快速进行重做操作。

单击快速访问工具栏旁边的"自定义快速访问工具栏"按钮，在弹出的下拉菜单中可以设置快速访问工具。还可以选择功能区的对象按钮，在弹出的右键菜单中选择"添加到快速访问工具栏"命令。

（2）"画图"按钮。单击"画图"按钮，可以在弹出的下拉菜单中进行图片的新建、打开、保存、另存为及打印等基本操作，还可以在电子邮件中发送图片、将图片设置为背景等其他操作。

（3）选项卡功能区。选项卡用于帮助用户完成各种图形的绘制、着色以及图片的编辑等操作。选项卡功能区主要包括"主页"和"查看"两个选项卡。

"主页"选项卡中包含"剪贴板""图像""工具""刷子""形状""粗细""颜色"等功能选项。

"查看"选项卡中可以进行图片的放大、缩小、100%以及全屏查看，并且可以在绘图区域显示标尺和网格线等。

（4）状态栏。状态栏位于窗口的最下方，显示当前窗口的相关信息和鼠标位置信息。

（5）滚动条。用户可以单击窗口滚动条两端的箭头按钮或者拖动滚动条查看整个窗口信息。

（6）绘图区域。绘图区域位于整个窗口中间，为用户提供画布。

2.7.5　截图工具

截图工具能帮助用户截取屏幕上任何对象，然后对其添加注释并对该图像进行保存或共享操作。

1．截图工具的启动与关闭

单击"开始"→"所有程序"→"附件"→"截图工具"菜单项，弹出"截图工具"窗口，如图 2-56 所示。

关闭"截图工具"与关闭应用程序的操作相同。

2．截图工具的使用

（1）首先打开要进行截图的图像。

（2）启动"截图工具"，单击"新建"按钮右侧的下三角按钮，从弹出的下拉菜单中选择截图方式。4 种截图方式如图 2-57 所示。

图 2-56　"截图工具"窗口

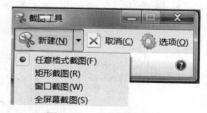

图 2-57　4 种截图方式

1）任意格式截图：围绕截图对象绘制任意格式的形状。

2）矩形截图：在对象的周围拖动鼠标形成一个矩形。

3）窗口截图：对选择的窗口或对话框进行截图。

4）全屏幕截图：对整个屏幕进行截图。

本例中选择"任意格式截图"选项。

（3）将鼠标指针指向将进行截图的起始位置，然后按住鼠标不放，拖曳选择要截取的图像区域。

（4）释放鼠标即可完成截图，此时在"截图工具"窗口中显示截取的图像，如图 2-58 所示。

图 2-58　截取的图像

（5）在截图工具窗口中可以对截图进行复制；使用画笔功能绘制图形或者书写文字；利用"荧光笔"绘制和书写具有荧光效果的图形和文字；用"橡皮擦"进行擦除等编辑操作。

（6）在菜单栏单击"文件"菜单项，选择"另存为"命令或按 Ctrl+S 组合键保存编辑后的截图。

（7）完成操作后关闭"截图工具"窗口。

2.7.6　计算器

计算器不仅具有标准计算器功能，而且集成了科学型计算器、编程计算器和统计信息计算器的高级功能。另外，还具有单位转换、日期计算和工作表计算等功能。

1. 计算器的打开与关闭

选择"开始"→"所有程序"→"附件"→"计算器"命令即可打开"计算器"窗口，如图 2-59 所示；也可以单击"开始"按钮，在弹出的"搜索程序和文件"文本框中输入"计算器"，然后按下 Enter 键打开"计算器"窗口。

使用"计算器"时，可以单击计算器按钮来进行计算，或者按 NumLock 键，在数字键盘上输入数字和运算符进行计算。通过"查看"菜单可以进行"计算器"的计算模式转换，如图 2-60 所示。

图 2-59　"计算器"窗口

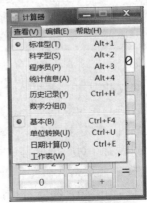

图 2-60　"查看"菜单

关闭"计算器"与关闭窗口的操作相同。

2．标准型计算器与科学型计算器

（1）标准型计算器。在处理一般数据时，使用"标准型计算器"即可。图 2-59 所示即为打开"计算器"时系统默认的"标准型计算器"。

（2）科学型计算器。当从事非常专业的科研工作时，要经常进行较为复杂的科学运算，可以单击菜单栏中的"查看"按钮，在弹出的菜单中选择"科学型计算器"命令即可打开"科学型计算器"窗口，如图 2-61 所示。

图 2-61　"科学型计算器"窗口

习题二

单选题

1．Windows 7 的桌面是指（　　　）。

  A．全部窗口　 B．启动 Windows 后的整个屏幕

  C．某个应用程序窗口　 D．一个活动窗口

2．在 Windows 7 中，下列有关窗口的标题栏的说法，正确的是（　　　）。

  A．一定有该窗口的标题　 B．可用于移动窗口的位置

  C．关闭窗口　 D．以上都可以

3．多窗口的切换可以通过（　　）进行。

  A．单击任务栏开始按钮　 B．关闭当前活动窗口

  C．按 Alt+Shift 组合键　 D．按 Alt+Tab 组合键

4．当窗口最大化后，单击"还原"按钮将使窗口（　　　）。

  A．恢复到原来的大小　 B．占满整个屏幕

  C．缩小成图标　 D．由用户自定义

5．在 Windows 7 的资源管理器窗口中，单击导航窗格中的一个文件夹，则可以（　　　）。

  A．删除文件夹　 B．选定当前文件夹，显示其内容

  C．创建文件夹　 D．弹出对话框

6．要同时选择多个不连续的文件或文件夹，可按住（　　）键，单击要选择的文件夹；要同时选择多个连续的文件或文件夹，可先单击一个文件或文件夹，然后按住（　　）键并单击最后一个文件或文件夹，选中这两个文件或文件夹之间的所有项目。

  A．Shift   B．Ctrl   C．Alt   D．Tab

7．在 Windows 7 中，任务栏的功能是（　　）。

  A．启动应用程序   B．显示系统的所有功能

  C．显示所有已打开的窗口图标 D．实现任务间的切换

8．下列有关 Windows 7 中的库的说法，正确的是（　　）。

  A．库是用于存放文件和文件夹的场所

  B．删除库中的文件夹会将该文件夹从磁盘中删除

  C．用户能够新建和删除库

  D．以上都正确

9．在 Windows 7 中，要实现粘贴操作，可以按（　　）组合键。

  A．Ctrl+C   B．Ctrl+V

  C．Ctrl+X   D．没有组合键

10．在启动程序或打开文档时，如果记不清某个文件或文件夹的位置，则可以使用 Windows 7 提供的（　　）功能。

  A．浏览   B．设置   C．还原   D．搜索

第3章　Word 2016 的应用

Word 2016 是 Microsoft 公司开发的 Office 2016 办公自动化套件中最常用的组件之一，是一款具有丰富的文字处理以及图、文、表格混排功能，且具有所见即所得、易学易用等特点的文字处理软件。本章主要介绍 Word 2016（以下简称为 Word）的基本概念，以及使用 Word 编辑文档、排版、设置版面、制作表格和绘制图形等基本操作。

3.1　Word 2016 概述

3.1.1　Word 2016 的启动与退出

1. 启动 Word 2016

（1）使用"开始"菜单启动。单击桌面左下角的"开始"按钮，或者按下 Windows 键，在弹出的"开始"菜单中选择"所有程序"命令，找到"Word 2016"并单击，便可启动 Word 2016，如图 3-1 所示。

图 3-1　从"开始"菜单启动 Word 2016

（2）利用快捷方式启动。用快捷方式启动 Word 有以下三种方法：

1）如果在桌面上有创建的 Word 的快捷方式，则双击图标，如图 3-2（a）所示，即可启动该程序。

2）在"资源管理器"或"计算机"窗口中找到图 3-2（b）（Word 2016 文档）或图 3-2（c）（Word 97-2003 文档）所示的的文件图标，双击即可。

（a）　　　　　　　　（b）　　　　　　　　（c）

图 3-2　Word 图标

3）如果 Word 2016 是最近经常使用的应用程序之一，则在 Windows 7 操作系统下，单击屏幕左下角的"开始"菜单按钮后，"Word 2016"会出现在"开始"菜单中，单击即可。

2．退出 Word 2016

当不再使用 Word 2016 时，可退出该应用程序，以减少对系统内存的占用。退出 Word 2016 可通过以下几种方法实现：

（1）单击 Word 2016 窗口右上角的"关闭"按钮 ⊠。

（2）在 Word 2016 窗口的标题栏空白处右击，在弹出的快捷菜单中选择"关闭"命令。

（3）单击打开"文件"选项卡，然后单击"关闭"选项。

（4）按 Alt+F4 组合键，逐一关闭所有打开的 Word 文档。

在退出 Word 时，如果文档输入或修改后尚未保存，那么 Word 会弹出一个对话框，询问是否保存更改，如图 3-3 所示。单击"保存"按钮将保存当前输入或修改的文档，且会弹出"另存为"对话框（有关保存文件参见 3.2.2）；若单击"不保存"按钮，则放弃当前输入的内容或所作的修改，退出 Word；若单击"取消"按钮，则取消这次操作，返回编辑状态。

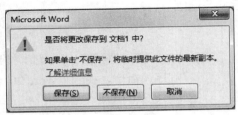

图 3-3　"保存"对话框

3.1.2　Word 2016 窗口的组成

启动后的 Word 2016 的主窗口如图 3-4 所示。窗口由快速访问工具栏、标题栏、控制按钮、功能区、文档编辑区、状态栏等部分组成。

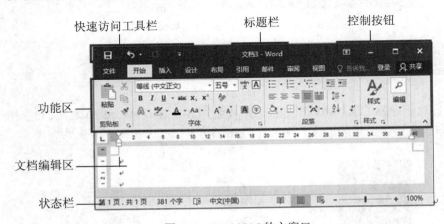

图 3-4　Word 2016 的主窗口

1．快速访问工具栏

快速访问工具栏默认位于 Word 2016 窗口的左上角。快速访问工具栏的作用是使用户能快速启动经常使用的命令。Word 2016 默认的快速访问工具栏包含"保存""撤消""恢复"和"自定义快速访问工具栏"4 个命令按钮。用户可以根据需要，添加自己常用的命令按钮，如要添加"打印预览和打印"命令按钮，可用下面的方法：

方法 1：单击"自定义快速访问工具栏"按钮 ⬇，在弹出的下拉列表中勾选"打印预览和打印"选项，如图 3-5（a）所示。

方法 2：选择"文件"→"选项"→"快速访问工具栏"命令，在"从下列位置选择命令"下拉列表框中选择"打印预览选项卡"命令，在下面的列表框中选择"打印预览和打印"命令，然后单击"添加"按钮将其添加到右侧的列表框中。设置完成后单击"确定"按钮，此时快速访问工具栏中即添加了"打印预览和打印"按钮，如图 3-5（b）所示。

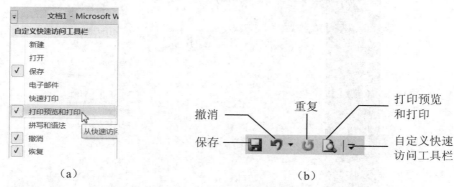

（a） （b）

图 3-5 "自定义快速访问工具栏"下拉列表与"快速访问工具栏"中的按钮

若要删除快速访问工具栏中的某个按钮，可使用鼠标在该按钮上右击，在弹出的快捷菜单中选择"从快速访问工具栏删除"命令即可。

2．标题栏和控制按钮

标题栏位于窗口的正上方，用于显示文档的名称和所使用软件的名称。控制按钮位于标题栏的右端，第一个按钮为"功能区显示选项"，单击后有"自动隐藏功能区""显示选项卡""显示选项卡和命令"3 个选项，单击相应选项可进行切换；后面 3 个按钮用来实现程序窗口的最小化、最大化或向下还原、关闭等操作。

3．功能区

功能区位于标题栏下方，几乎包含了用户使用 Word 2016 程序时需要的所有功能。完成各项功能的命令分别保存在 9 个选项卡中，即"文件""开始""插入""设计""布局""引用""邮件""审阅""视图"选项卡，如图 3-4 所示。

（1）功能选项卡简介。Word 2016 用各种功能选项卡（简称选项卡）取代了传统的菜单操作方式，窗口中看起来像菜单名称的就是功能选项卡的名称。除了上述 9 个默认的功能选项卡之外，当用户进行到某些操作时，Word 2016 会自动打开相应的功能选项卡。如进行插入图片操作时，会自动打开"图片工具"选项卡；进行页眉或页脚操作时，会自动打开"页眉或页脚工具"选项卡。

如果单击选项卡的名称，则会切换到与之相对应的功能区面板（"文件"选项卡除外）。每个功能区面板又有若干分组，每个组中有若干命令按钮。多数分组的右下角有 ⬛ 按钮（后文一律统称为"打开对话框"按钮 ⬇），单击该按钮会打开相应的对话框（或任务窗格）。有的分组右侧有按钮（即"其他"按钮），单击该按钮会打开下拉面板。功能区中的这些命令组涵盖了 Word 2016 的各种功能，可以使用其中的按钮、对话框、下拉面板来完成需要的操作。

（2）默认功能选项卡。

1）"文件"选项卡。在 Word 2016 中，"文件"选项卡位于 Word 2016 文档窗口的左上角。单击"文件"打开"文件"窗口，如图 3-6 所示。"文件"窗口分为 3 个区域，左侧区域为功能选项区，列出了与文档有关的操作选项，如"信息""保存""另存为""历史记录""打印""共享""导出""关闭""账户""反馈""选项"等，在左侧区域选择某个选项，例如"信息"，则在中间区域显示与"信息"相关的功能选项，右侧区域显示与文档有关的信息。

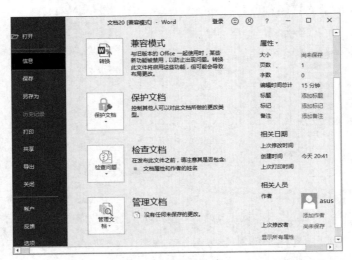

图 3-6　"文件"窗口

选择"文件"面板中的"选项"命令，可以打开"Word 选项"对话框。在"Word 选项"对话框中可以开启或关闭 Word 2016 中的许多功能或设置参数。在"文件"选项卡中选择不同的选项，中间和右侧区域显示的内容不同。

2）"开始"选项卡。"开始"选项卡通常包括"剪贴板""字体""段落""样式""编辑"等功能组，如图 3-7 所示。该选项卡主要用于对 Word 文档进行文字编辑和格式设置，是用户最常用的选项卡。

图 3-7　"开始"选项卡

3）"插入"选项卡。"插入"选项卡包括"页面""表格""插图""加载项""媒体""链接""批注""页眉和页脚""文本""符号"等功能组，主要用于在 Word 文档中插入各种元素。

4）"设计"选项卡。"设计"选项卡包括"文档格式"和"页面背景"功能组，主要用于文档主题的选择、主题格式的设置及页面背景设置。

5）"布局"选项卡。"布局"选项卡包括"页面设置""稿纸""段落""排列"等功能组，主要用于设置文档的页面格式。

6）"引用"选项卡。"引用"选项卡包括"目录""脚注""引文与书目""题注""索引""引文目录"等功能组，用于实现在 Word 文档中插入目录、引文、题注等比较高级的功能。

7）"邮件"选项卡。"邮件"选项卡包括"创建""开始邮件合并""编写和插入域""预览结果""完成"等功能组，该选项卡用于在 Word 文档中进行邮件合并等方面的操作。

8）"审阅"选项卡。"审阅"选项卡包括"校对""见解""语言""中文简繁转换""批注""修订""更改""比较""保护"等功能组，主要用于对 Word 文档进行校对和修订等操作，适用于多人协作处理 Word 长文档。

9）"视图"选项卡。"视图"选项卡包括"视图""显示""显示比例""窗口""宏"等功能组，主要用于帮助用户设置 Word 2016 操作窗口的查看方式、操作对象的显示比例等，以便于用户获得较好的视觉效果。

（3）"功能区显示"按钮。为了让文档编辑区更大，显示更多行文本，可以单击窗口右上角最小化按钮旁边的"功能区显示选项按钮" 🔲 来隐藏或显示功能区的选项卡和命令，如图 3-8 所示。

图 3-8　折叠功能区

4. 文档编辑区

文档编辑区是水平标尺以下和状态栏以上的一个屏幕显示区域，文档的输入以及各种编辑、排版操作都在这里进行。在文档编辑区可以打开一个文档，也可以打开多个文档，每个文档有一个独立窗口，并在 Windows 任务栏中有一个对应的文档按钮。

5. 状态栏

状态栏位于 Word 窗口的底端，用来显示当前文档的页数/总页数、字数、输入状态（插入/改写）等信息。状态栏的右端有视图切换工具栏和显示比例控制栏，前者用于选择文档的视图方式，后者用于调节文档的显示比例。

6. 标尺

标尺有水平标尺和垂直标尺两种。在草稿视图下只能显示水平标尺，只有在页面视图下才能显示水平和垂直两种标尺。在"视图"选项卡的"显示"功能组中勾选"标尺"选项，便会在编辑区的上方出现水平标尺，左侧出现垂直标尺。利用水平标尺可以设置制表位、改变段落缩进、调整版面边界及调整表格栏宽等。在页面视图中可以利用垂直标尺调整页的上、下边界，表格的行高及页眉和页脚的位置等。

7. 滚动条

滚动条分水平滚动条和垂直滚动条两种。使用滚动条中的滑块或按钮可滚动编辑区内的文档内容。

8．插入点

Word 启动后自动创建一个名为"文档1"的空白文档，在第一行第一列处有一个闪烁的黑色竖线（即光标），又称插入点，输入文本时，它指示下一个字符的位置。每输入一个字符，插入点自动向右移动一格。在编辑文档时，可以移动 I 形状的鼠标指针并单击来确定插入点的位置。在草稿视图下，还会出现一小段水平横条，称为文档结束标记。

3.1.3　Word 2016 的视图方式

所谓"视图"，简单说就是文档的显示方式。中文版 Word 2016 提供了 5 种视图，即阅读视图、页面视图、Web 版式视图、大纲视图和草稿。不同的视图从不同的角度、按不同的方式显示文档，并适应不同的工作需求。因此，采用合理的视图方式将极大地提高工作效率。

视图之间的切换可以使用"视图"选项卡中的"视图"功能组中的相应命令实现，如图3-9 所示。

图 3-9　视图切换按钮

1．阅读视图

阅读视图适合阅读长篇文章。阅读视图是用模拟阅读书本的方式让人感觉在翻阅书籍，不适合编辑文档。在阅读视图中，页面左下角将显示当前屏数和文档的总屏数。单击视图左侧的"上一屏"按钮◀或右侧的"下一屏"按钮▶，可进行屏幕显示的切换。

在阅读视图下，按 Esc 键即可返回页面视图；也可单击状态栏右侧的视图切换按钮进行相应的切换。

2．页面视图

页面视图是 Word 2016 默认的视图方式，在该视图中文档的显示与实际打印效果一致。页面视图主要用于版面设计，在页面视图下可以输入、编辑和排版文档，也可以处理页边距、文本框、分栏、页眉和页脚、图片和图形等。但页面视图方式占用较多的计算机资源。在页面视图中，若有表示分页的空白区域，将鼠标指针移动到页面的底部或顶部，变为时双击，则能隐藏页面两端的空白区域，在该区域再次双击，可以重新显示空白区域。

3．Web 版式视图

Web 版式视图是显示文档在 Web 浏览器中的外观。例如，文档将显示为一个不带分页符的长页，并且文本和表格将自动换行以适应窗口的大小。在 Web 版式视图中，可以像浏览器一样显示页面，可以看到页面的背景、自选图片或其他在 Web 文档及屏幕上查看文档时的常用效果。通过 Web 版式视图方式可以无须离开 Word 即可查看文档在 Web 浏览器中的效果。

4．大纲视图

大纲视图适合编辑文档的大纲，以便能审阅和修改文档的结构。在大纲视图中，可以折叠文档以便只查看到某级的标题或子标题，也可以展开文档查看整个文档的内容，如图 3-10 所示。大纲视图广泛用于 Word 2016 长文档的快速浏览和设置。

在大纲视图下，"大纲"工具栏替代了水平标尺。使用"大纲工具"组中的相应按钮可以方便地"折叠"或"展开"文档，对大纲中各级标题进行"上移"或"下移"及"提升"或"降低"等调整文档结构的操作。

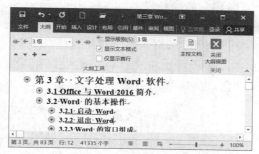

图 3-10　大纲视图

5．草稿

草稿取消了页面边距、分栏、页眉页脚和图片等元素，仅显示标题和正文，是最节省计算机系统硬件资源的视图方式。当然现在计算机系统的硬件配置都比较高，基本上不存在由于硬件配置偏低而使 Word 运行遇到障碍的问题。

3.2　Word 2016 的基本操作

3.2.1　创建文档

1．新建空白文档

启动 Word 2016 程序后，系统会自动创建一个名为"文档 1"（对应的默认磁盘文件名为 docl.docx）的空白文档，再次启动该程序，系统会以"文档 2""文档 3"……的顺序对新文档进行命名。

除了这种自动创建文档的方法外，当在编辑文档的过程中还需另外创建一个或多个新空白文档时，可以用以下 3 种方法来创建：

（1）执行"文件"→"新建"→"空白文档"命令。

（2）按 Alt+F 组合键打开"文件"选项卡后，再执行"新建"→"空白文档"命令（或按 N→L 键）。

（3）按 Ctrl+N 组合键。

2．根据模板新建文档

Word 2016 为用户提供了多种模板，这些模板（扩展名为 dotx）中保存了文档的格式，用户只需在其中填写自己所需的内容即可。利用这些模板，用户可快速创建各种带有格式的文档，根据模板创建文档的具体操作方法见 3.4.4。

3.2.2　保存文档

1．保存新建文档

文档输入完后，如果没有保存，则此文档的内容仅驻留在计算机的内存中。为了永久保存所建立的文档，必须将它保存起来。保存文档的常用方法有如下几种：

（1）单击快速工具栏中的"保存"按钮 。

（2）选择"文件"→"保存"命令。

（3）按 Ctrl+S 组合键。

若是第一次保存文档，则会弹出"另存为"窗格，在"另存为"窗格中单击"浏览"按钮，会弹出"另存为"对话框，在该对话框中选择文档要保存的位置，设置文件名以及保存类型，完成后单击"保存"按钮，如图 3-11 所示。

图 3-11　"另存为"对话框及文档保存类型

2. 保存已有的文档

打开并修改磁盘上已经存在的文件后，也需要及时保存，防止因断电、宕机或系统自动关闭等情况而造成信息丢失。已有文档与新建文档的保存方法相同，只是保存已有文档时，仅将对文档的更改保存到原文档中，因而不再弹出"另存为"对话框。

3. 另存文档

执行"文件"→"另存为"命令，可将文档保存为与之前不同的文件名、不同的保存位置或不同的保存类型，设置完成后单击"保存"按钮即可。

在"另存为"对话框的"保存类型"下拉列表框中，若选择"Word 97-2003 文档"选项，则可将 Word 2016 制作的文档另存为 Word 97-2003 兼容模式，从而可用早期 Word 版本打开并编辑文档。还可将文档保存为纯文本、网页、PDF 图片等格式的文件。

4. 自动保存文档

除了上述手动保存文档的功能外，Word 还提供了自动保存功能，即每隔一段时间会自动保存一次文档（图 3-12）。这项功能可以有效地避免因停电、宕机等意外情况造成的文档内容丢失。默认情况下，Word 会每隔 10 分钟自动保存一次文档，若想改变间隔时间，可选择"文件"选项卡中的"选项"命令，在弹出的"Word 选项"对话框的左侧选择"保存"选项，在对话框的右侧设置"保存自动恢复信息时间间隔"，单击"确定"按钮，Word 就会定时自动保存正在编辑的文档。

5. 文件保存路径

默认情况下，Word 文档的保存路径是 C:\Users\Administrator\Documents\，其中 Administrator 为当前登录系统的用户名，而在实际操作中，用户可能会选择其他保存路径。因此，根据需要，可将常用存储路径设置为默认保存位置。此项操作可通过选择"文件"选项卡中的"选项"命令，在弹出的"Word 选项"对话框中来完成，此处不再赘述。

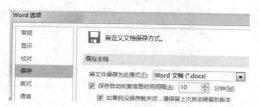

图 3-12　"Word 选项"窗口设置自动保存间隔

3.2.3　打开文档

当要查看、修改、编辑或打印已存在的 Word 文档时，首先应该打开它。文档可以是 Word 文档，也可以是 Word 软件兼容的其他非 Word 文档（如 WPS 文件、纯文本文件等）。下面介绍打开文档的方法。

1. 快速打开已存在的文档
- 双击带有 Word 文档图标的文件。
- 在要打开的文档图标上右击，然后在弹出的快捷菜单中选择"打开"命令。

2. 用"打开"对话框打开文档
- 单击"文件"选项卡，在列表中选择"打开"命令。
- 在弹出的"打开"界面双击"这台电脑"选项或单击"浏览"选项，如图 3-13 所示，在弹出的"打开"对话框中选择要打开的文档，单击"打开"按钮即可打开文档。

图 3-13　"打开"界面

提示：在"打开"对话框中选中需要打开的文档，然后单击"打开"按钮右侧的下三角按钮，在弹出的菜单中可选择文档的打开方式，如只读方式、副本方式等。

3. 打开最近使用过的文档

Word 会记录最近打开过的文档，供用户选择并快速打开。如果要打开的是最近使用过的文档，其操作方法如下所述：

单击"文件"选项卡中的"打开"选项，在"打开"界面选择"最近"选项（图 3-13），将在窗格右侧显示最近打开的文档列表，单击想要打开的文档即可。同时，对于"最近"列表中列出的最近使用的文档数目，也可以通过"选项"对话框进行设置，方法如下：选择"文件"→"选项"命令，在弹出的"Word 选项"对话框中单击"高级"选项，在"显示此数目的'最近使用的文档'"组合框中输入数字即可，如图 3-14 所示。

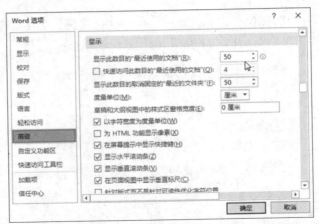

图 3-14   在"Word 选项"对话框中设置显示最近使用的文档数目

4．用快捷键打开文档

按 Ctrl+F12 组合键，弹出"打开"对话框，然后选择所要打开的文件打开即可；若按 Ctrl+O 组合键，将执行"文件"选项卡里的"打开"命令，界面上将列出最近打开过的文档。

3.2.4　关闭文档

对文档进行了各种编辑操作并保存后，如果确认不再对文档进行任何操作，可将其关闭，以减少所占用的系统内存。可用以下几种方法关闭文档：

（1）在要关闭的文档中单击窗口右上角的"关闭"按钮。

（2）在要关闭的文档中右击标题栏，选择快捷菜单中的"关闭"命令。

（3）在要关闭的文档中，切换到"文件"选项卡，然后选择左侧窗格中的"关闭"命令。

如果对文档进行了编辑、排版等操作而未进行保存，则关闭文件时，系统会弹出提示对话框，询问用户是否保存对文档所进行的修改，此时可进行如下操作：

- 单击"保存"按钮，可保存当前文档，同时关闭该文档。
- 单击"不保存"按钮，将直接关闭文档，且不会对当前文档进行保存，即放弃对当前文档所进行的更改。
- 单击"取消"按钮，将关闭该提示对话框并返回文档，此时用户可根据实际需要进行相应的操作。

3.3　Word 2016 文本的输入与编辑

Word 2016 具有强大的文本编辑功能，可以快速对文本进行各种编辑操作。下面介绍常用的基本编辑技术。

3.3.1　输入文本

1．定位插入点

启动 Word 后，在编辑区中不停闪动的竖线"｜"即为光标，也称插入点，光标所在的位置便是输入文本的位置。在文档中输入文本前，需要先定位插入点，其方法有以下几种。

（1）通过鼠标定位。

1）单击定位：要在文档中有文本的某处定位插入点，可将鼠标指针指向该处，当鼠标指针呈 I 形状时，单击即可。

2）双击定位：若需将光标定位于文档中文本之后的某空白处，可将鼠标指针移到该处，当鼠标指针呈 I 形状时双击即可，这就是所谓的"即点即输"功能。

（2）通过键盘定位。除了用鼠标定位插入点之外，还可以通过键盘移动键或组合键定位光标。常用定位光标插入点的移动键或组合键及其功能见表 3-1。

表 3-1　常用定位光标插入点的移动键或组合键及其功能

移动键或组合键	功能
↑、↓、←、→	光标上、下、左、右移动
Shift+F5	光标返回到上次编辑的位置
Home	光标移至行首
End	光标移至行尾
PageUp	光标向上滚过一屏
PageDown	光标向下滚过一屏
Ctrl+↑	光标移至上一段落的段首
Ctrl+↓	光标移至下一段落的段首
Ctrl+←	光标向左移动一个汉字（词语）或英文单词
Ctrl+→	光标向右移动一个汉字（词语）或英文单词
Ctrl+ PageUp	光标移至上页顶端
Ctrl+ PageDown	光标移至下页顶端
Ctrl+Home	光标移至文档起始处
Ctrl+End	光标移至文档结尾处

2．输入文本内容

定位好插入点后，切换到自己惯用的输入法，就可以输入相应的文本内容了。在输入文本的过程中，光标插入点会自动向右移动，当一行文本输入完毕后，插入点会自动转到下一行。在没有输满一行的情况下，若要开始新的段落，可按下 Enter 键进行换行，同时上一段的段末会出现带弯的箭头，即段落标记。

3．改写与插入

Word 默认是插入状态，即在输入文本时，文本内容会"插入"当前光标处。单击状态栏上的"插入"按钮或按 Insert 键，则当前输入状态转换为"改写"状态，输入的内容会覆盖光标后文档现有的内容。单击状态栏上的"插入/改写"按钮或按 Insert 键，即可在"插入"和"改写"状态之间切换。

4．插入符号

在输入文本时，可能要输入一些键盘上没有的特殊符号（如俄文、日文、希腊文字符，数学符号，图形符号等），除了利用汉字输入法的软键盘外，Word 还提供"插入符号"功能，具体操作步骤如下：

（1）将插入点移至目标位置，切换到"插入"选项卡，在"符号"分组中单击"符号"按钮，在打开的下拉列表的上方会列出最近插入过的符号，列表的下方是"其他符号"按钮，如图 3-15（a）所示。如果需要插入的符号位于列表框中，则单击该符号即可。

（2）如果未找到所需符号，则选择"其他符号"命令（或在插入点右击，从弹出的快捷菜单中选择"插入符号"命令），打开"符号"对话框，如图 3-15（b）所示。

（a）插入符号下拉列表

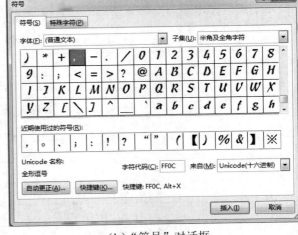

（b）"符号"对话框

图 3-15　插入符号下拉列表与"符号"对话框

（3）在"符号"对话框中选定所需插入的符号，然后单击"插入"按钮即可将所选择的符号插入文档的插入点处。

（4）单击"关闭"按钮，关闭"符号"对话框。

5．插入日期和时间

使用 Word 可以在文档任意位置直接插入当前的日期和时间，具体操作步骤如下：

（1）确定插入位置，将插入点移到要插入日期和时间的位置处。

（2）执行"插入"→"文本"→"日期和时间"命令，打开"日期和时间"对话框，如图 3-16（a）所示。

（3）在"语言"下拉列表框中选定语言，比如"中文（中国）"，在"可用格式"列表框中列出各种中文格式的日期形式，选定所需的格式。如果选中"自动更新"复选框，则插入的日期和时间会自动更新，否则保持插入时的日期和时间。

（4）单击"确定"按钮，即可在插入点处插入当前的日期和时间。

6．插入脚注和尾注

在编写文章时，有时需要对文章中的内容、名词或事件加以注释，可以用 Word 提供的插入脚注和尾注的功能。脚注和尾注都是注释，唯一的区别是，脚注位于每页的底端，而尾注位于文档的结尾处。插入脚注和尾注的操作步骤如下：

（1）将插入点移到需要插入脚注和尾注的文字之后。

（2）单击"引用"按钮，在"脚注"分组中单击右下角的 按钮，打开图 3-16（b）所示的"脚注和尾注"对话框。

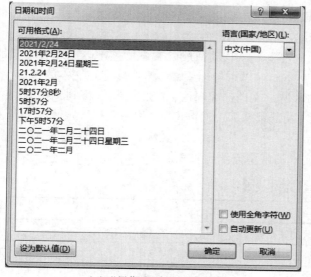

（a）"日期和时间"对话框

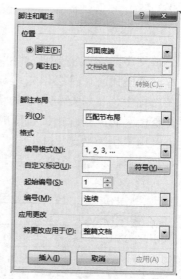

（b）"脚注和尾注"对话框

图 3-16　"日期和时间"对话框和"脚注和尾注"对话框

（3）在对话框中选定"脚注"或"尾注"单选项，设定注释的编号格式、自定义标记、起始编号和编号方式等。

如果要删除脚注或尾注，则只需在文中选定脚注或尾注后面的编号，然后按 Delete 键。

7. 插入另一个文档

利用 Word 插入文件的功能，可以将多个文档连接成一个文档。具体步骤如下：

（1）将插入点移至要插入另一个文档的位置。

（2）执行"插入"→"文本"→"对象"（右边▼）→"文件中的文字"命令，打开"插入文件"对话框。

（3）在"插入文件"对话框中选定所要插入的文档。

8. 插入数学公式

在 Word 文档中可以插入数学公式，方法如下：

（1）Word 2016 内置了一些数学公式，单击"插入"菜单项，在"符号"分组中单击"公式"选项，从打开的下拉面板中选择所需公式。

（2）当没有需要的公式时，选择面板底部的"插入新公式"命令，此时 Word 将自动切换到"公式工具－设计"选项卡，如图 3-17 所示，使用其中的相关命令编辑公式即可。

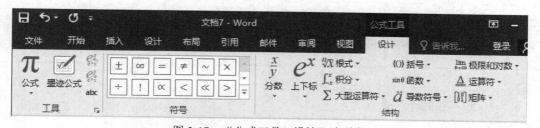

图 3-17　"公式工具－设计"选项卡

3.3.2　选定文本

编辑文本时常常需要先选定文本，比如要复制、移动或删除文本的某部分，或者为某部分文本设置格式时，都必须先选定这部分文本。可以用鼠标或键盘来实现选定文本的操作。

在文档中，鼠标指针显示为 I 形状的区域是文档的编辑区；当鼠标指针移到文档编辑区左侧的空白区时，鼠标指针将变成向右上方指的箭头，这个空白区称为文档选定区。文档选定区可以用于快速选定文本。

（1）用鼠标选定文本。用鼠标选定文本的常用方法见表 3-2。

表 3-2　用鼠标选定文本的常用方法

选取对象	操作方法
任意大小的文本区域	从要选定文本区的开始处按住并拖动鼠标使光标至结束处
字或词	双击该字或单词
一行文本	单击该行左侧的选定区
多行文本	在文本左侧的选定区中按住并拖动鼠标
大块文本区域	单击文本块起始处，按住 Shift 键再单击文本块的结束处
句子	按住 Ctrl 键，并单击句子中的任意位置
一个段落	双击段落左侧的选定区或在段落中任意行处连击三下
多个段落	在选定区按住并拖动鼠标
整个文档	三次单击选定区
矩形文本区域	先按住 Alt 键，再按住并拖动鼠标

（2）用键盘选定文档。当用键盘选定文本时，注意应首先将插入点移到所选文本区的开始处，然后按表 3-3 所列的组合键。

表 3-3　用键盘选定文本

组合键	功能
Shift + →	选定当前光标右边的一个字符或汉字
Shift + ←	选定当前光标左边的一个字符或汉字
Shift + ↑	选定到上一行同一位置之间的所有字符或汉字
Shift + ↓	选定到下一行同一位置之间的所有字符或汉字
Ctrl + Shift + Home	选定从当前光标到文档首的所有文本
Ctrl + Shift + End	选定从当前光标到文档尾的所有文本
Ctrl + A	选定整个文档

3.3.3　插入与删除文本

1. 插入文本

若需在文本的某个位置插入新的文本，在 Word 默认的插入方式下，只要将插入点移到需要插入文本的位置，输入新文本就可以了。插入时，插入点右边的字符和文字随着新的文字的输入逐一向右移动。但若在改写方式下，则插入点右边的字符或文字将被新输入的字符或文字所替代。

2. 删除文本

删除文本的方法如下：

（1）按 Backspace 键，删除光标前的字符，按一次删除一个字符或汉字。

（2）按 Delete 键，删除光标后的字符，按一次删除一个字符或汉字。

（3）选定要删除的内容，按 Delete 键或 Backspace 键。当删除多行（大块）的文本时，用这种方法更方便。

（4）选定要删除的内容之后，单击"剪切"按钮，或者按 Enter 键或任意键，也可以实现删除目的，但这是非正规的删除操作，不建议使用。

如果删除之后想恢复所删除的文本，那么只要单击快速访问工具栏的"撤消"按钮 即可。

3.3.4　复制与移动文本

在输入和编辑文档时，常常需要重复输入一些前面已经输入过的文本，或需要将某些文本从一个位置移到另一个位置，以调整文档的结构，此时使用复制和移动操作可以减少输入错误，提高效率。

1. 常规方法

复制操作与移动操作都需要先选定文本内容，在选定需要复制或移动的内容之后，可按表 3-4 所列的方法进行复制或移动。

表 3-4　复制与移动文本的方法

操作方式	复制	移动
选项卡	（1）切换到"开始"选项卡，在"剪贴板"选项组中单击"复制"按钮 （2）在目标位置单击，然后单击"粘贴"按钮	将"复制"操作步骤中的第（1）步改为单击"剪切"按钮
快捷键	（1）按 Ctrl+C 组合键 （2）在目标位置按 Ctrl+V 组合键	将"复制"操作步骤中的第（1）步改为按 Ctrl+X 组合键
鼠标	（1）如果要在短距离内复制文本，则按住 Ctrl 键，然后拖动选择的文本块 （2）到达目标位置后，先释放鼠标左键，再放开 Ctrl 键	在"复制"操作步骤中不按 Ctrl 键

2. 使用"剪贴板"选择粘贴对象

在 Word 中执行了"复制"或"剪切"命令（或按 Ctrl+C、Ctrl+X 组合键）后，即将选中的内容放入 Office 剪贴板，需要时可以打开剪贴板直接进行粘贴，方法如下：

（1）单击"开始"选项卡，在"剪贴板"分组中单击 按钮，打开"剪贴板"任务窗格，如图 3-18 所示。

（2）将光标定位到要粘贴文本的位置，然后在任务窗格的列表中单击需要粘贴的内容图标即可。

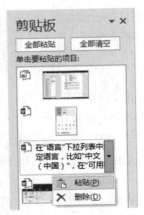

图 3-18　"剪贴板"任务窗格

3.3.5　查找和替换

如果想要知道某个字、词或句子是否出现在文档中以及出现的位置，可用 Word 的"查找"功能进行查找。当发现某个字或词全部输错了，可通过 Word 的"替换"功能进行替换，以免逐一进行修改，特别是在编辑长文档时，可达到事半功倍的效果。

1. 查找文本

（1）通过"导航"窗格查找文本。Word 2016 提供了"导航窗格"，可以查看文档结构，也可以对文档中的某些文本内容进行搜索，搜索到所需的内容后，程序会自动将其突出显示。操作步骤如下：

1）将光标定位到文档的起始处，切换到"视图"选项卡，选中"显示"分组内的"导航窗格"复选框，或切换到"开始"选项卡，在"编辑"选项组中单击"查找"按钮，或按 Ctrl+F 组合键，都可打开"导航"窗格。

2）在窗格上方的文本搜索框中输入要搜索的文本内容，如"Word"。

3）输入完毕搜索的内容后，Word 会自动在右侧的文本编辑区中列出包含查找文字的段落，同时会自动将搜索到的内容用彩色衬托突出显示，如图 3-19 所示。

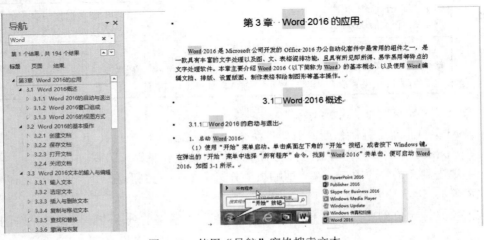

图 3-19　使用"导航"窗格搜索文本

在"导航"窗格中，若单击搜索框右侧的下三角按钮，在弹出的下拉菜单中选择"选项"命令，则可在弹出的"'查找'选项"对话框中为英文对象设置查找条件，如区分大小写、全字匹配等。

（2）使用"查找和替换"对话框查找文本。通过"查找和替换"对话框的查找功能不仅可以查找文档中某个指定的文本，还可以查找特殊符号（如段落标记、制表符等）。

在当前文档中查找文本的操作步骤如下：

1）单击"开始"选项卡，在"编辑"组中选择"替换"命令，或单击"查找"按钮右侧的下三角按钮，从下拉菜单中选择"高级查找"命令，都可打开"查找和替换"对话框，如图3-20 所示。

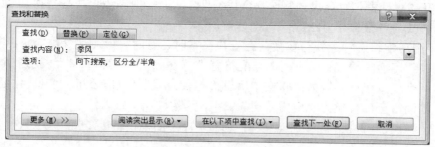

图 3-20　"查找和替换"对话框

2）在"查找"选项卡的"查找内容"输入框中输入要查找的文本。如果之前已经进行过查找操作，也可以从"查找内容"下拉列表框中选择。

3）单击"查找下一处"按钮开始查找，找到的文本突出显示；若查找的文本不存在，则将弹出含有提示文字"未找到结果"的对话框。

4）如果要继续查找，则再次单击"查找下一处"按钮；如果单击"取消"按钮，则对话框关闭，同时，插入点停留在当前查找到的文本处。

2. 替换文本

前述"查找"功能不仅是一种比"定位"更精确的定位方式，而且可以与"替换"密切配合，全面、快速地更正文档中出现的错词，极大地提高用户的编辑速度。例如将文档中的"计算机"替换成"电脑"，执行替换操作的步骤如下：

（1）选择"开始"→"编辑"→"替换"命令，或按 Ctrl+H 组合键，打开"查找和替换"对话框，此时默认打开"替换"选项卡，如图 3-21 所示。

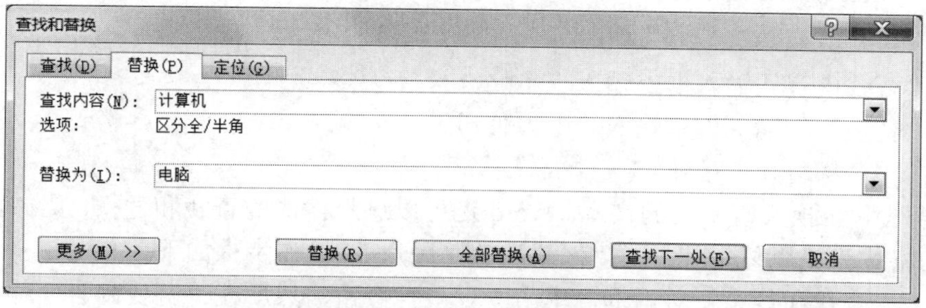

图 3-21　"查找和替换"对话框的"替换"选项卡

（2）在"查找内容"输入框中输入被替换的文本，此处输入"计算机"。

（3）在"替换为"输入框中输入替换文本，此处输入"电脑"。

（4）然后根据情况单击下列按钮之一：

1）"替换"按钮：替换找到的文本，继续查找下一处并定位。

2）"全部替换"按钮：Word 会自动替换所有找到的文本，即将文档中的"计算机"替换为"电脑"，不需要任何对话。

3）"查找下一处"按钮：不替换找到的文本，继续查找下一处并定位。

3. 高级查找与替换

除了上述常规的查找与替换功能外，Word 还可以通过单击"查找和替换"对话框中的"更多"按钮展开该对话框，为查找对象设置查找条件，从而实现高级查找与替换功能。下面介绍常用的高级查找与替换操作方法。

（1）使用通配符进行查找与替换。在查找文本时，有时只限制部分内容，而其他不限制的内容就可以使用通配符代替。常用的通配符有"*"和"？"，其中"*"表示多个任意字符，"？"表示一个任意字符。例如：将文中所有"电表公司""电信公司""电气化公司""电磁有限公司"等词组全部替换为"电力公司"，操作步骤如下：

1）打开"查找和替换"对话框，单击"更多"按钮，在"搜索选项"区域中勾选"使用通配符"复选框，如图 3-22 所示。

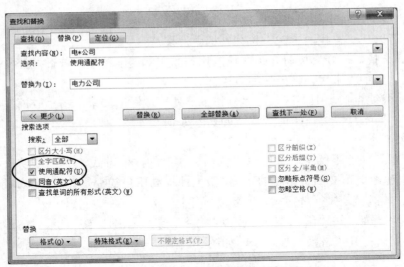

图 3-22　勾选"使用通配符"复选框

2）在"查找内容"输入框中输入"电*公司"。

3）在"替换为"输入框中输入"电力公司"。

4）单击"全部替换"按钮。

（2）查找和替换带有格式的文本。Word 还可以进行格式的查找和替换。比如，将"人民"全部替换为格式为"黑体""四号""倾斜"的"民众"，操作步骤如下：

1）打开"查找和替换"对话框，单击"更多"按钮，然后在"查找内容"输入框中输入"人民"。

2）在"替换为"输入框中输入"民众"。

3）将光标置于"替换为"输入框中或者选定"替换为"输入框中的"民众"，单击图 3-22 中左下角的"格式"按钮，弹出图 3-23（a）所示的下拉菜单，选择其中的"字体"命令，打开"字体"对话框，在该对话框中将字体设为"黑体""四号""倾斜"，单击"确定"按钮后返回"查找和替换"对话框。

4）单击"全部替换"按钮。

（3）查找与替换特殊字符。在编辑文档的过程中有时需要查找或替换一些特殊字符或标点符号，如制表符、分节符、段落标记等。例如，从网上下载的文章的段后常有 ↓ 状的"手动换行符"，在文中有时会干扰排版命令的执行，应将其全部替换为"段落标记"，操作步骤如下：

1）打开"查找和替换"对话框，单击"更多"按钮。

2）将光标定位在"查找内容"输入框中，然后单击图 3-22 中的"特殊格式"按钮，打开"特殊格式"下拉列表，如图 3-23（b）所示。在"特殊格式"下拉列表中选择"手动换行符"选项，此时"查找内容"输入框中自动产生"^l"字样。

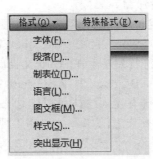
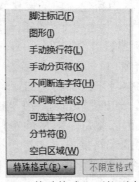

（a）"格式"下拉列表　　　（b）"特殊格式"下拉列表

图 3-23　"格式"和"特殊格式"下拉列表

3）将光标定位于"替换为"输入框，单击"特殊格式"按钮，在"特殊格式"下拉列表中选择"段落标记"选项，此时"替换为"输入框中自动产生"^P"字样。

4）单击"全部替换"按钮。

3.3.6　撤消与恢复

1. 撤消操作

在编辑文档的过程中，当出现一些误操作（如误删了一段文本、替换了不该替换的内容等）时，可利用 Word 提供的"撤消"功能来执行撤消操作，方法有以下几种：

（1）单击快速访问工具栏上的"撤消"按钮 ，可撤消上一步操作，继续单击该按钮，可撤消多步操作，直到满意为止或直到不能撤消为止。

（2）单击"撤消"按钮右侧的下三角按钮，在弹出的下拉列表中可选择撤消到某个指定的操作。

（3）按 Ctrl+Z 或 Alt+Backspace 组合键，可撤消上一步操作，继续按该组合键可继续进行撤消操作。

2．恢复操作

撤消某个操作后，可通过"恢复"功能取消之前的撤消操作。单击快速访问工具栏上的"恢复"按钮 ，可恢复被撤消的上一步操作，继续单击该按钮，可恢复被撤消的多步操作。

3．重复操作

在没有进行任何撤消操作的情况下，"恢复"按钮处会显示为"重复"按钮 ，单击该按钮可重复上一步操作。例如，输入"计算机"后，单击"重复"按钮可重复输入该词。再如，对某文本设置字号后，再选中其他文本，单击"重复"按钮，可对所选文本设置相同的字号。另外，也可按 Ctrl+Y 组合键或者 F4 键，快速重复上一步操作。

3.3.7　多窗口编辑技术

有时需要在文档的不同部分进行操作，比如一边看前面的内容一边修改后面的内容，或者几个部分都要改动又要相互参考，此时可用 Word 2016 的多窗口功能对同一文件进行编辑。

1．新建窗口

在文档编辑过程中新建窗口的操作步骤如下：

（1）单击"视图"选项卡"窗口"组中的"新建窗口"按钮。

（2）单击"新建窗口"按钮后，Word 默认把当前窗口的文档内容复制到新窗口中，并将新窗口设置为当前窗口。假定文件名为 ABC.docx，Word 会用 ABC.docx:1、ABC.docx:2、ABC.docx:3……的编号来区别新建的窗口，新的标题名会显示在 Word 文档的标题栏中。

（3）可将多个窗口进行排列，使 ABC.docx:1、ABC.docx:2、ABC.docx:3……中的每个文档对应一个窗口，可以将每个对应的窗口都显示在屏幕上，这样可以一边参看前面的某些部分，一边进行后面的编辑操作。多窗口排列整齐的操作方法如下：选择"视图"→"窗口"→"全部重排"命令，即可将所有文档窗口排列在屏幕上。若只有两个窗口，则用"并排查看"方式更好。

（4）用户可以在其中的任何一个文档窗口中对文档进行编辑操作，所进行的修改会同时反映到其他文档窗口中。各文档窗口间的内容可以进行剪切、粘贴、复制等操作。

（5）编辑操作完成后，关闭多余窗口，最后剩下的一个窗口文档标题名就会恢复为原来的文件名，同时保存所有窗口中的修改内容。

2．窗口的拆分

Word 的文档窗口可以拆分为两个子窗口，利用窗口拆分功能可以将一个大文档不同位置的两部分分别显示在两个子窗口中，方便编辑文档。拆分窗口的方法如下：单击"视图"选项卡"窗口"组中的"拆分"按钮 ，则当前文档中出现一条灰色水平线，并将文档从此处拆分为两个子窗口。此后，如果还想调整窗口大小，那么只要把鼠标指针移到此水平线上，当鼠标指针变成上下箭头时，拖动鼠标就可以随时调整窗口的大小。

如果要把拆分后的窗口合并为一个窗口，可执行"视图"→"窗口"→"取消拆分"命令，也可以移动鼠标指针到两个子窗口相邻的边界上，待鼠标指针变为双箭头形状时双击即可。

插入点（光标）所在的窗口称为工作窗口。将鼠标指针移到非工作窗口的任意位置并单击，就可以将它切换成为工作窗口。在这两个窗口中都可以对文档进行各种编辑操作。

3.4　Word 2016 的排版技术

文档输入完毕且修改、校对等编辑工作完成后，可以通过格式化来修饰文档，使文档层次分明，重点突出，方便阅读，也更加美观。对文档进行格式化通常也称排版。这里主要介绍对文档的字符与段落格式化，以及对版面进行设置。

3.4.1　设置字符格式

字符格式的设置包括对字体、字形、字号、字符间距、字符颜色以及一些特殊效果进行设置。Word 2016 默认的字体格式为汉字五号，宋体；西文五号，Times New Roman。

在字符输入之前或之后都可以对字符格式进行设置。输入前对其进行格式设置，之后输入的文本就具有前面设置的格式；对已输入的文字进行格式设置，则要先选定文本，再对其进行各种设置。

设置字符格式在"开始"选项卡的"字体"组中进行。"字体"组如图 3-24 所示。

图 3-24　"开始"选项卡的"字体"组

1. 设置字体、字形、字号和字符颜色

（1）设置字体。

方法 1：选定文本，单击"字体"组中的"字体"下拉按钮，打开"字体"下拉列表，如图 3-25 所示，选中所需字体即可。

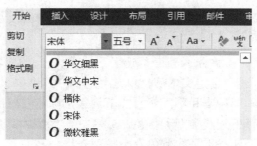

图 3-25　"字体"下拉列表（部分）

方法 2：选定文本后，单击"字体"组右下角的"打开对话框"按钮，打开图 3-26 所示的"字体"对话框，可以在其中设置字体。若文中既有中文又有英文，且中英文都需各自设置字体，则必须在"字体"对话框中进行设置。

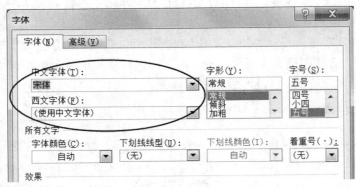

图 3-26　"字体"对话框（部分）

（2）设置字形。对于选定的文字，单击"字体"组中的"加粗""倾斜"按钮即可实现对字符进行加粗、倾斜的设置。在"字体"对话框的"字体"选项卡中有"字形"下拉列表，其中有更多关于字形的选择，如图 3-26 所示。

（3）设置字号。选定文本，单击"字体"组中的"字号"下三角按钮，打开"字号"下拉列表，如图 3-27 所示，单击所需字号即可。"字号"下拉列表中字号的单位有字号和磅两种，一种如"五号"等中文形式的字号，号数越大，实际字越小；还有一种用阿拉伯数字表示的字号，即磅值，数字越大，实际字越大。

（4）设置字符颜色。设置字符颜色也需要先选定文本，然后单击"字体颜色"按钮，在"字体颜色"面板（图 3-28）中进行设置。

图 3-27　"字号"下拉列表（部分）

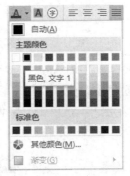

图 3-28　"字体颜色"面板

2. 给文本添加下划线、着重号、边框和底纹

（1）给文本添加下划线。选定文本后，单击"字体"组中的"下划线"按钮，即可给选定文本添加下划线。若需不同种类和不同颜色的下划线，则需要单击旁边的下三角按钮 ，打开"下划线"面板，选择下划线类型和颜色；或者打开"字体"对话框，在其中的"字体"选项卡里有"下划线线型"和"下划线颜色"下拉列表框，其中有与下划线相关的更多选择。

（2）给文本添加着重号。选定文本，打开"字体"对话框，在"字体"选项卡的"着重号"下拉列表框中为选定文本加上着重号。

（3）给文本添加边框和底纹。在文档中，有时为了让某些文本更加醒目地显示，可以为其添加底纹和边框，步骤如下：

1）选定要加边框和底纹的文本。

2）单击"设计"选项卡，在"页面背景"组（图 3-29）中单击"页面边框"按钮，打开"边框和底纹"对话框，如图 3-30 所示。

图 3-29　"设计"选项卡的"页面背景"组

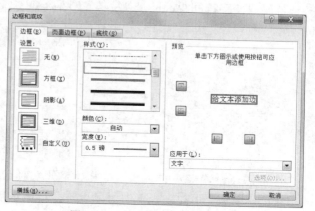

图 3-30　"边框和底纹"对话框

3）在"边框"选项卡的"设置"组中选定边框类型，在"样式"组中选定边框线型、颜色和宽度，在"应用于"下拉列表框中选择"文字"选项，在"预览"区域查看结果，最后单击"确定"按钮即可为选定文字添加边框。

4）单击"底纹"选项卡，在"填充"下拉面板（图 3-31）中可选择底纹的颜色；在"图案"项可以选择样式和样式的颜色（图 3-32）。同样地，在"应用于"下拉列表框中选择"文字"选项，在"预览"区域查看效果，最后单击"确定"按钮即可为选定文字添加底纹。图 3-33 所示为两段文字加上底纹后的效果。

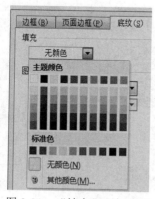

图 3-31　"填充"下拉面板

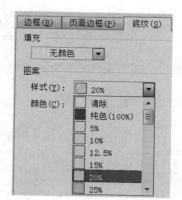

图 3-32　"图案"项的"样式"下拉面板

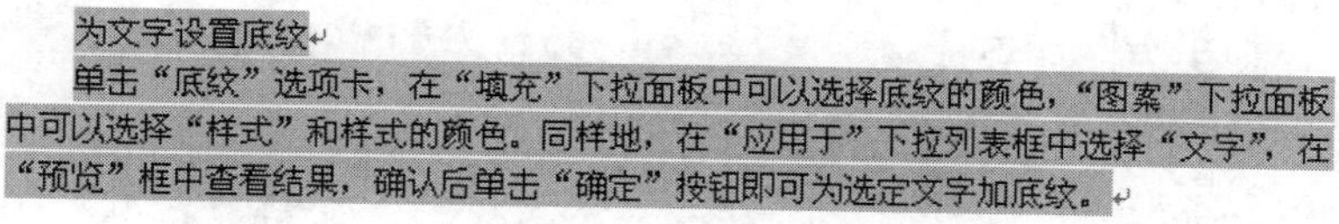

为文字设置底纹

单击"底纹"选项卡，在"填充"下拉面板中可以选择底纹的颜色，"图案"下拉面板中可以选择"样式"和样式的颜色。同样地，在"应用于"下拉列表框中选择"文字"，在"预览"框中查看结果，确认后单击"确定"按钮即可为选定文字加底纹。

图 3-33　两段文字加上底纹后的效果

5）若要取消边框或底纹，则需选中要取消设置的文本，在图 3-30 中的"设置"区域单击"无"按钮（取消边框），或者在图 3-31 所示的"填充"下拉面板中选择"无颜色"选项（取消底纹），再将图 3-30 中的"应用于"选择为"文字"，即可取消边框或底纹。

3. 改变字符间距

若要改变字符间距，可在"字体"对话框的"高级"选项卡中进行设置，如图 3-34 所示。

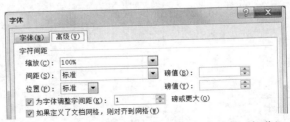

图 3-34　"字体"对话框的"高级"选项卡（部分）

选中需要设置格式的文本，打开"字体"对话框的"高级"选项卡，在"字符间距"选项组中的"缩放"下拉列表框中可以设置字符在水平方向的缩放；在"间距"下拉列表框中可以增大或减小字符之间的距离；在"位置"下拉列表框中可以增加或降低选定文字的高度。

4. 设置上标、下标

有时文本中还需要设置上标或下标，例如 H^2、H_2。设置方法如下：先输入 H2，然后选定 H 后的 2，在"开始"选项卡的"字体"组中打开"字体"对话框，在"字体"选项卡中勾选"上标"或"下标"复选框即可。常用的字符格式设置效果如图 3-35 所示。

图 3-35　常用的字符格式设置效果

5. 格式的复制和清除

（1）格式刷。格式刷是实现快速格式化的重要工具。格式刷可以将字符和段落的格式复制到其他文本上，使用方法如下：

1）选定已格式化好的文本块。

2）在"开始"选项卡的"剪贴板"组中，单击"格式刷"按钮 格式刷，鼠标指针变成一个带 I 字形的刷子 。

3）按住鼠标左键不放，刷过要格式化的文本，所刷过的文本就被格式化成刚才选定的文本格式，同时鼠标指针恢复常规形状。也可用鼠标在文档选定区进行操作。

4）多次使用格式刷。双击"格式刷"工具按钮，即可以反复在多处使用格式刷功能。若要停止使用格式刷功能，只要再次单击"剪贴板"组中的"格式刷"按钮即可。

（2）格式的清除。

1）应用"格式刷"，同样可以将不满意的格式清除为默认格式。选定 Word 默认格式的文本，将其格式用"格式刷"的形式复制到要清除格式的文本上，即可清除格式。用这种方法可以清除字符和段落格式，但不能清除页面格式。

2）选定文本后，按 Ctrl+Shift+Z 组合键，可以清除字符格式。

6. 字符格式化常用快捷键

字符格式化常用快捷键见表 3-5。

表 3-5　字符格式化常用快捷键

快捷键	作用
Ctrl+B	使字符变为粗体
Ctrl+I	使字符变为斜体
Ctrl+U	为字符添加下划线
Ctrl+Shift+>	增大字号
Ctrl+Shift+<	减小字号
Ctrl+]	逐磅增大字号
Ctrl+[	逐磅减小字号
Ctrl+=（等号）	应用下标格式（自动间距）
Ctrl+Shift++（加号）	应用上标格式（自动间距）
Ctrl+Shift+C	复制格式
Ctrl+Shift+V	粘贴格式

3.4.2　设置段落格式

段落格式主要包括段落的对齐方式，段落的缩进（左右缩进、首行缩进），行距与段落间距，段落的修饰，段落首字下沉等。对一个段落的格式进行设置时，不用选定整个段落，只需要将光标置于该段落内即可；但如果同时对多个段落进行设置，则在设置之前必须先选定需要设置的段落。下面的操作均以对多个段落进行设置为例进行描述。

1. 设置段落对齐方式

在 Word 2016 文档窗口中设置段落对齐方式，先选中需要设置对齐方式的段落，然后可分别用如下任意一种方式进行设置。

（1）在"开始"选项卡的"段落"组（图 3-36）中进行设置。选定文本，在"开始"选项卡的"段落"组中，分别单击"左对齐""居中对齐""右对齐"等按钮，可以设置各种对齐方式。

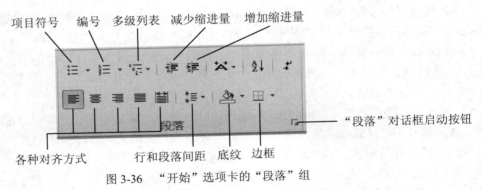

图 3-36　"开始"选项卡的"段落"组

（2）在"段落"对话框中进行设置。选定文本，在"段落"组中单击"段落"对话框启动按钮，在打开的"段落"对话框中单击"对齐方式"下三角按钮（图 3-37），在下拉列表框中选择所需对齐方式，然后单击"确定"按钮。

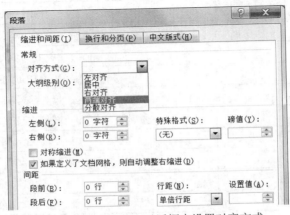

图 3-37　在"段落"对话框中设置对齐方式

2. 设置段落缩进

设置段落缩进就是设置文档正文内容与页边距之间的距离，有左缩进、右缩进、首行缩进、悬挂缩进等方式。以设置首行缩进为例，操作方法有以下两种。

（1）在"段落"对话框中进行设置。

1）选定需要设置段落缩进的文本段落。

2）在"开始"选项卡的"段落"组中单击"段落"对话框启动按钮打开"段落"对话框。

3）选择"缩进和间距"选项卡。

4）在"缩进"选项组中单击"特殊格式"下三角按钮，在下拉列表框中选择"首行缩进"选项，并设置缩进值。

5）单击"确定"按钮。

在"段落"对话框的"缩进和间距"选项卡的"缩进"选项组中还可设置左缩进和右缩进。

（2）在"水平标尺"上进行设置。

1）选定需要设置段落缩进的文本段落。

2）单击"视图"选项卡，在"显示"组中选中"标尺"复选框，文档窗口中会显示水平标尺和垂直标尺。水平标尺上的按钮如图 3-38 所示。

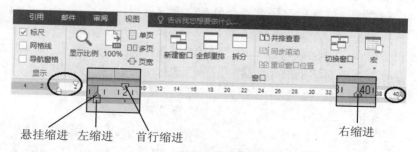

悬挂缩进　左缩进　　首行缩进　　　　　　　　　　右缩进

图 3-38　水平标尺上的按钮

3）光标指针指向"首行缩进"按钮按住鼠标左键拖动，即可改变首行缩进；光标指针指向其他缩进按钮，按住鼠标左键拖动，可以设置其他方式的缩进。

3. 设置行距与段落间距

（1）设置行距。行距就是指文档中行与行之间的距离。在 Word 2016 文档中可按如下方法设置行距：

方法 1：在"段落"对话框中进行设置。

1）选中需要设置行间距的文本。

2）在"开始"选项卡的"段落"组中单击"段落"对话框启动按钮，打开"段落"对话框。

3）选中"缩进和间距"选项卡。

4）单击"行距"下三角按钮，在"行距"下拉列表中包含 6 种行距类型，其含义见表 3-6。

5）在"行距"下拉列表中选择合适的行距，单击"确定"按钮。

表 3-6　各种行距及其含义

"行距"下拉列表	行距种类	含义
行距(N)： 单倍行距 单倍行距 1.5 倍行距 2 倍行距 最小值 固定值 多倍行距	单倍行距	行与行之间的距离为标准的 1 行；默认的行距即为单倍行距
	1.5 倍行距	行与行之间的距离为标准行距的 1.5 倍
	2 倍行距	行与行之间的距离为标准行距的 2 倍
	最小值	行与行之间使用大于或等于单倍行距的最小行值。如果用户指定的最小值小于单倍行距，则使用单倍行距；如果用户指定的最小值大于单倍行距，则使用指定的最小值
	固定值	行与行之间的距离使用用户指定的值，该值不能小于字体的高度
	多倍行距	行与行之间的距离使用用户指定的单倍行距的倍数值

方法 2：通过"行和段落间距"按钮进行设置。

选定需要设置行间距的文本，在"开始"选项卡的"段落"组中单击"行和段落间距"按钮，弹出下拉列表，如图 3-39 所示。单击列表中的数字，即表示选择相应的行距，单击"行距选项"也会弹出"段落"对话框。

（2）设置段落间距。段落间距是指段落之间的距离。在Word 2016中，用户可以通过多种渠道设置段落间距。常用方法如下：

方法1：通过"行和段落间距"按钮进行设置。

单击"行和段落间距"按钮，在打开的"行和段落间距"列表（图 3-39）中选择"增加段落前的空格"和"增加段落后空格"命令可以改变段落间距。

方法2：在"段落"对话框中进行设置。

选定需要设置段落间距的段落，单击"开始"按钮，在"段落"组中单击"段落"对话框启动按钮，在"段落"对话框的"缩进和间距"选项卡中输入"段前"和"段后"的数值，可以设置段落间距。

方法3：在"布局"选项卡的"段落"组中进行设置。

选定需要设置段落间距的段落，切换到"布局"选项卡，在"段落"组中调整"段前"和"段后"间距的数值，可以设置段落间距，如图 3-40 所示，还可以设置左缩进和右缩进。

图 3-39　"行和段落间距"下拉列表

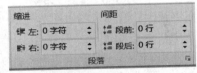

图 3-40　"布局"选项卡中的"段落"组

4. 边框和底纹

在 Word 中除了可以对文字设置边框和底纹以外，也可以给文档中的段落添加边框和底纹，从而使相关段落产生特殊效果。段落边框和底纹的设置方式如下：

（1）在"开始"选项卡的"段落"组中进行设置。

1）选定需要设置边框或底纹的段落。

2）单击"开始"选项卡，在"段落"组中单击"边框"按钮旁的下三角按钮 ，在弹出的下拉列表中选择合适的边框，单击即可设置边框；单击"底纹"按钮旁的下三角按钮 ，在弹出的底纹颜色面板中选择合适的颜色即可设置底纹。

（2）在"边框和底纹"对话框中进行设置。上述边框列表底部有"边框和底纹"命令，单击会打开"边框和底纹"对话框；或者单击"设计"选项卡，在其"页面背景"组中单击"页面边框"按钮也会打开"边框和底纹"对话框。在此对话框中设置边框和底纹的方法类似于为文字设置此种修饰，只需在"应用于"下拉列表框中选择"段落"选项即可。为"段落"设置底纹的效果如图 3-41 所示。

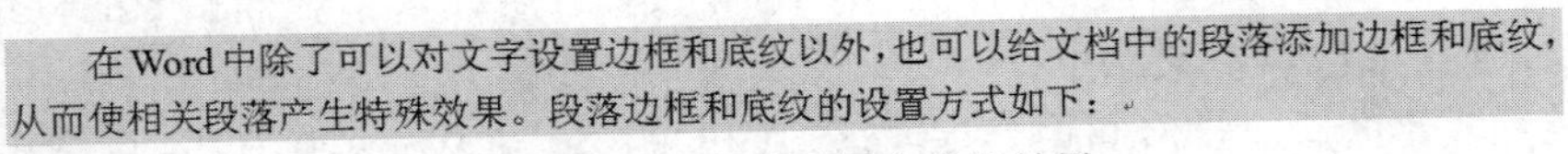

> 在 Word 中除了可以对文字设置边框和底纹以外，也可以给文档中的段落添加边框和底纹，从而使相关段落产生特殊效果。段落边框和底纹的设置方式如下：

图 3-41　为段落设置底纹的效果

5. 设置段落首字下沉

段落首字下沉可以使段落第一个字放大数倍，以增强文章的可读性。设置段落首字下沉的步骤如下：

（1）将光标定位到需要设置首字下沉的段落中。

（2）切换到"插入"选项卡，在"文本"分组中单击"首字下沉"按钮，在打开的"首字下沉"下拉菜单（图 3-42）中选择"下沉"或"悬挂"选项设置首字下沉或首字悬挂效果。

（3）如果需要设置下沉文字的字体或下沉行数等选项，可以在下沉菜单中选择"首字下沉选项"命令，打开"首字下沉"对话框，如图 3-43 所示。选中"下沉"或"悬挂"选项，并对"字体"和"下沉行数"等进行设置，完成后单击"确定"按钮即可。

（4）若需取消下沉，可将光标置于有首字下沉的段落，选择图 3-42 中的"首字下沉选项"命令，在弹出的对话框（图 3-43）中单击"无"按钮，再单击"确定"按钮即可。

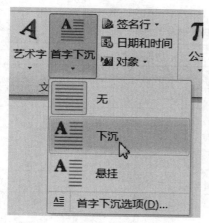

图 3-42　"首字下沉"下拉菜单

图 3-43　"首字下沉"对话框

6. 项目符号和编号

使用项目符号和编号可以使文档有条理、层次清晰、可读性强。项目符号使用的是符号，而编号使用的是一组连续的数字或字母，两者均出现在段落前。

（1）使用项目符号和编号。

1）选定要添加项目符号或编号的段落。

2）单击"开始"按钮，在"段落"分组中单击"项目符号"下三角按钮，在"项目符号"下拉列表中选中合适的项目符号，即可为所选段落添加项目符号；在"段落"分组中单击"编号"下拉三角按钮，在"编号"下拉列表中选中合适的编号，即可为所选段落添加编号。

3）添加了项目符号或编号的段落，当按下 Enter 键时会自动产生下一个编号。连续按两次 Enter 键将取消编号输入状态，恢复到 Word 常规输入状态。

（2）取消项目符号和编号。Word 中的自动编号和项目符号有时让人很烦恼，它会打乱整个文档的布局，可以关闭这个功能，方法是，依次选择"文件"→"选项"→"校对"→"自动更正选项"命令，打开"自动更正"对话框，单击"输入时自动套用格式"选项卡，如图 3-44 所示，取消选中"自动项目符号列表"和"自动编号列表"复选框，再单击"确定"按钮即可。

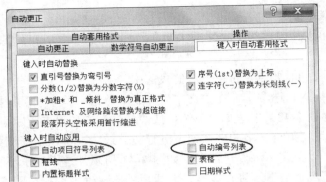

图 3-44　"自动更正"对话框中的"输入时自动套用格式"选项卡

7. 段落格式化常用的快捷键

段落格式化常用的快捷键及其功能见表 3-7。

表 3-7　段落格式化常用的快捷键及其功能

组合键	功能
Ctrl+J	文本两端对齐
Ctrl+L	文本左对齐
Ctrl+R	使光标所在行的文本右对齐
Ctrl+E	使光标所在行的文本居中
Ctrl+1	将选中的文本行距设置为"单倍行距"
Ctrl+2	将选中的文本行距设置为"2 倍行距"
Ctrl+5	将选中的文本行距设置为"1.5 倍行距"

3.4.3　版面设置

文档编辑、排版完成后还需对版面格式进行一些设置（也可以在其他任何时候进行，比如排版前），主要包括设置纸张大小、页边距，添加页眉、页脚、页码及进行分栏等，以美化页面外观。文档的页面设置将直接影响文档的最后打印效果。

1. 页面设置

在新建文档时，系统对页面设置（如纸型、页边距等）使用默认值，用户可以根据需要修改这些设置。切换到"布局"选项卡，与页面设置有关的功能大多在"页面设置"组中，如图 3-45 所示。

图 3-45　"布局"选项卡中的"页面设置"组

（1）定义纸张规格。单击图 3-45 中的"纸张方向"按钮，在其下拉面板中可以选择纸张横向或者纵向。

单击图 3-45 中的"纸张大小"按钮，在其下拉面板中可以选择纸张大小，也可以在面板底部单击"其他纸张大小"按钮，打开"页面设置"对话框，在其中的"纸张"选项卡（图 3-46）中自定义纸张的高度和宽度。

（2）设置页边距。一般地，打印文档时的边界与所选页的外缘总是有一定距离的，称为页边距。页边距分上、下、左、右 4 种。设置合适的页边距，既可规范输出格式，合理使用纸张，便于阅读，便于装订，也可美化页面。

单击图 3-45 中的"页边距"按钮，在其下拉面板中可以选择各种内置页边距，也可以单击面板底部的"自定义边距"按钮，打开"页面设置"对话框，在其中的"页边距"选项卡（图 3-47）中有"页边距"组，可以在其中自定义上、下、左、右页边距的值。

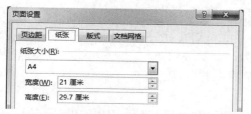

图 3-46　"页面设置"对话框的"纸张"选项卡

图 3-47　"页面设置"对话框的"页边距"选项卡

2. 分栏

为了便于阅读，有时需要对文本进行分栏，步骤如下：

（1）选定需要分栏的文本。

（2）单击"布局"选项卡，找到"页面设置"分组。

（3）单击"页面设置"组中的"分栏"按钮，在打开的"分栏"对话框中选择分栏样式，如图 3-48 所示。

（4）如果需要更多分栏，选择面板底部的"更多分栏"命令，打开"分栏"对话框，如图 3-49 所示，在其中可以设置分栏数、栏宽是否相等、栏间距、分隔线等。

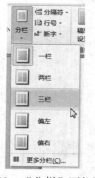

图 3-48　"分栏"下拉面板

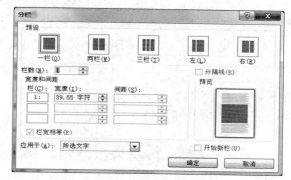

图 3-49　"分栏"对话框

3. 分页

Word 具有自动分页的功能，当文档满一页时系统会自动换到下一页，并在文档中插入一个软分页符。除了自动分页以外，还可以进行人工分页，插入的分页符为人工分页符或硬分页符。插入硬分页符，应先将光标移到需要分页的位置，然后通过以下任意一种方法实现。

（1）单击"插入"选项卡，在"页面"组中单击"分页"按钮，如图 3-50 所示。

（2）也可切换到"布局"选项卡，在"页面设置"组中单击"分隔符"按钮，在其下拉列表中选择"分页符"命令即可，如图 3-51 所示。

图 3-50　"页面"组

图 3-51　"分隔符"下拉列表中的"分页符"命令

（3）按 Ctrl+Enter 组合键完成分页。

4．设置页眉页脚

有时我们希望在每页的顶部或底部显示页码及一些其他信息，如文章标题、作者姓名、日期或某些标志。这些信息若在页的顶部，称为页眉；若在页的底部，称为页脚。

（1）插入页眉、页脚。

1）单击"插入"选项卡，找到"页眉和页脚"组（在"插入"选项卡的中部）。

2）在"页眉和页脚"组中单击"页眉"按钮，弹出的下拉面板如图 3-52 和图 3-53 所示。Word 2016 有许多内置页眉样式，可在面板中拖动滚动条单击选定内置页眉样式。

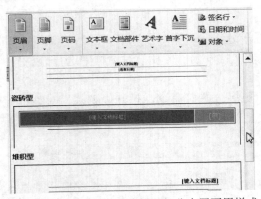

图 3-52　"页眉"下拉面板及部分内置页眉样式

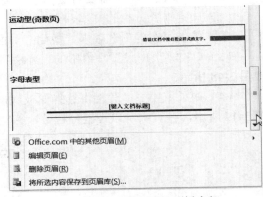

图 3-53　"页眉"下拉面板底部

3）选定一种页眉样式后，在页面上部插入页眉，光标自动定位于页眉中，如图 3-54 所示，可以在其中输入文字、插入图片、插入页码等。

图 3-54　虚线之上即页眉

4）此时自动打开"页眉和页脚工具—设计"选项卡，如图 3-55 所示。"导航"组中有页眉、页脚之间的切换按钮，单击"转至页脚"按钮，光标即自动定位于页脚处。插入页脚的方法与插入页眉的方法类似。

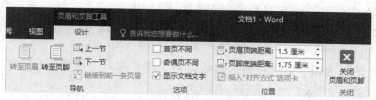

图 3-55　"页眉和页脚工具－设计"选项卡

5）单击"关闭"按钮或者双击页眉/页脚之外的区域，或者按 Esc 键，即可回到文档编辑状态。

（2）修改页眉/页脚。双击文档中的页眉/页脚，即可对其进行修改。

（3）设置页眉/页脚格式。输入页眉/页脚或双击页眉/页脚时，会自动打开"页眉和页脚工具－设计"选项卡，其中的"位置"分组中可以设置页眉（或页脚）顶端（或低端）距离，"选项"组中可设置奇偶页不同等格式。对页眉、页脚内容格式的设置与普通文本的相同。选定页眉/页脚内容后，切换到"开始"选项卡，在其中的"字体"组和"段落"组中可以像普通文本一样设置所需的格式。

（4）删除页眉和页脚。要删除页眉/页脚，只需把光标移到页眉/页脚区，选定所有页眉/页脚文本，按 Delete 键或选择"剪切"命令，即可删除页眉/页脚。

5．插入页码

为了便于阅读和整理文档，特别是一些长文档，需要在文档中插入页码。Word 2016 内置了许多美观的页码样式。插入页码的方法如下：

（1）切换至"插入"选项卡。

（2）单击"页眉和页脚"组中的"页码"按钮，在"页码"下拉菜单（图 3-56）中选择放置页码的位置，比如选择"页面底端"，然后在"页面底端"的内置样式中单击选择一种合适的格式，即可为全文添加页码，同时自动打开了"页眉页脚工具－设计"选项卡。

（3）如果对选定的内置页码样式不太满意，可以单击"页眉和页脚"组中的"页码"按钮，在其下拉面板中选择"设置页码格式"命令，打开"页码格式"对话框（图 3-57），可以在这里对页码格式进行设置。比如单击"编号格式"右边的下三角按钮，在其下拉列表中选择喜欢的编号格式；单击"起始页码"单选按钮，可在其后的输入框中输入起始页码（默认为1）。

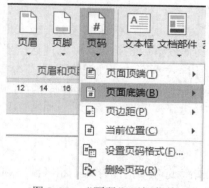

图 3-56　"页码"下拉菜单

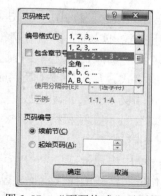

图 3-57　"页码格式"对话框

6．水印

在 Word 2016 中可以方便地为文档添加水印作为文档的背景，操作方法如下：

（1）切换至"设计"选项卡，选择"页面背景"组中的"水印"按钮，在其下拉列表中选择"自定义水印"命令，打开"水印"对话框，如图 3-58 所示。

（2）选中"图片水印"单选按钮，然后单击"选择图片"按钮，可以选择需要作为水印的图片。

（3）选中"文字水印"单选按钮，单击"文字"栏后面的下三角按钮，可在其下拉列表框中选择所需的水印文字；也可以在"文字"输入框中直接输入想作为水印的文字，如"内部资料，谢绝外传"字样。

（4）在"字体""字号""颜色"和"版式"选项中还可以作进一步设置。

（5）设置完成后，单击"确定"按钮返回编辑状态，即可看到设置的水印效果。图 3-59 所示为设置水印为文字"内部资料，谢绝外传"的效果。

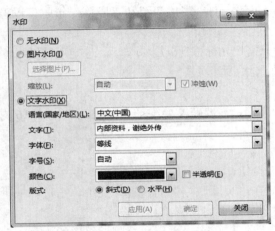

图 3-58　"水印"对话框

图 3-59　文字水印效果

3.4.4　快速格式化文本

1．应用样式

（1）样式的概念。样式是 Word 2016 的强大功能之一。样式实际就是多个排版命令的集合。通过使用样式可以在文档中对字符、段落和版面等进行规范、快速的设置，极大地提高工作效率。当定义一个样式后，只要把这个样式应用到其他段落或字符，就可以使这些段落或字符具有相同的格式。尤其是当排版完成后，如果对某种样式不满意，只需修改样式本身，文档中应用该样式的文本就会自动完成更改。样式中的各级标题即大纲，在大纲视图中可见，在导航视图中大纲会显示在左窗格中。

（2）使用样式。

方法 1：使用快速样式。

为了简化应用样式的操作步骤，Word 2016在"开始"选项卡的"样式"组（图 3-60）中提供了"快速样式"库。用户可以从"快速样式"库中选择常用的样式，操作步骤如下：

图 3-60　"开始"选项卡的"样式"组

1）选中需要应用样式的段落或文本块。

2）在"开始"选项卡的"样式"组中单击"其他"按钮，打开"快速样式"面板，里面有Word 2016的所有快速样式。

3）在打开的"快速样式"面板中将指针指向所需的快速样式，在Word 文档正文中可以预览应用该样式后的效果，单击选定的快速样式即可应用该样式。

方法 2：从样式窗格中选择样式。

1）选中需要应用样式的段落或文本块。

2）在"开始"选项卡的"样式"组中单击"打开样式窗格"按钮，打开"样式"窗格。此时"样式"窗格的外观如图 3-61（a）所示，但窗格中的内容可能各不相同，默认只显示本文档中的样式。

3）选择"样式"窗格底部的"选项"命令，打开"样式窗格选项"对话框。在"选择要显示的样式"下拉列表框中选择"所有样式"选项，如图 3-61（b）所示，此时，图 3-61（a）的样式窗格里会显示所有的样式，而不仅是本文档中的样式。

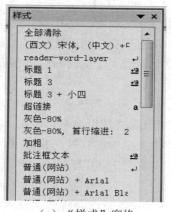

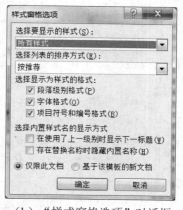

（a）"样式"窗格　　　　　　　　　　（b）"样式窗格选项"对话框

图 3-61　"样式"窗格（部分）及"样式窗格选项"对话框

4）从"样式"窗格中选择所需样式，选定的文本即可应用该样式。

（3）修改样式。有时某种样式不符合我们的需要，比如，标题 3 是宋体三号字，我们需要的是仿宋小四，此时可以修改样式。在 Word 2016 中修改样式的步骤如下：

1）在"开始"选项卡的"样式"组中单击"打开样式窗格"按钮。

2）在打开的"样式"窗格中指向准备修改的样式，在其右边会出现下三角按钮，单击该按钮，在打开的下拉菜单中选择"修改"命令，如图 3-62 所示，打开"修改样式"对话框，如图 3-63 所示。

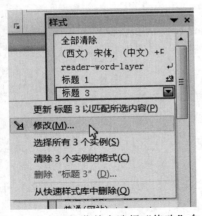

图 3-62　在下拉菜单中选择"修改"命令

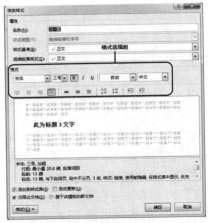

图 3-63　"修改样式"对话框

图 3-64　"格式"下拉列表

3）在该对话框中的"格式"选项组中可以重新定义该样式的格式。

4）单击对话框左下角的"格式"按钮，打开其下拉列表（图 3-64），选择其中的"字体"命令可以打开"字体"对话框，选择其中的"段落"命令可以打开"段落"对话框，对该样式的字符格式和段落格式可以在相应的对话框中调整更多选项。

（4）清除样式。对于已经应用了样式或已经设置了格式的 Word 2016 文档，用户可以随时将其样式或格式清除。可以通过以下两种方法清除 Word 2016 文档中的格式或样式：

方法 1：选中需要清除样式的文本块或段落。单击"开始"按钮，在"样式"组中单击"打开样式窗格"按钮 ，打开"样式"窗格。在样式列表中单击"全部清除"按钮即可清除所有样式和格式。

方法 2：选中需要清除样式或格式的文本块或段落，在"开始"选项卡中单击"样式"组中的"其他"按钮 ，并在打开的快速样式列表中选择"清除格式"命令。

无论文本是否应用样式，用上面两种方法都可以清除文本中的样式与格式（包括字符格式和段落格式，但不能清除分栏、页面边框等页面格式），将字符与段落还原成默认格式。

2. 模板

模板是指 Word 中内置的包含固定的字符、段落格式设置以及页面版式设置的模板文件，用于帮助用户快速生成特定类型的 Word 文档。Word 2016 的通用型空白文档模板名是 Normal，扩展名是 dotx，它的基本格式如下：

- 字体：中文为宋体，英文为 Times New Roman，字号：五号。
- 段落两端对齐，首行缩进 2 字符，单倍行距。
- 默认制表位为 2 字符。
- 纸张大小为 A4，上、下页边距均为 2.54 厘米，左、右页边距均为 3.17 厘米。

除此之外，Word 2016 还内置了多种文档模板，如博客文章模板、书法模板等。另外，Office 网站还提供了证书、奖状、名片、简历等特定功能模板。借助这些模板，用户可以创建比较专业的 Word 2016 文档。

在 Word 2016 中使用模板创建文档的步骤如下:

- 选择"文件"→"新建"命令。
- 在打开的"新建"面板中选择"博客文章""书法字帖"等 Word 自带的模板创建文档。
- 单击合适的模板(如"基本报表")后,即可根据"基本报表"模板创建文档。

Word 2016 除了自带的模板外,还有一些专业联机模板。用户可根据自己的需要创建联机模板文档,具体操作步骤如下:

- 在"文件"选项卡中选择"新建"命令,在打开的"新建"区域中,可根据需要选择模板,也可通过搜索选择合适的模板。比如,在搜索栏中输入"通知",会出现如图 3-65 所示的界面。

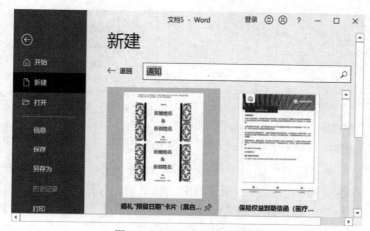

图 3-65　"通知"联机模板

- 在搜索结果中单击选择一种满意的模板,在预览界面中单击"创建"按钮进入下载界面,下载完毕后,用户只需要修改模板中的内容就能直接使用。

3.5　Word 2016 的表格处理

表格是日常办公文档经常使用的形式,因为表格简洁明了,是一种最能说明问题的表达形式之一。例如,我们制作通信录、课程表、报名表等就应该使用表格,这样既方便又美观。Word 2016 中文版提供了强大的表格功能,用户可以非常轻松地建立表格并进行相应的设置,制作出满足各种需求的复杂报表。

3.5.1　表格的建立

Word 2016 的表格由水平方向的"行"和垂直方向的"列"组成,行与列相交的方框称为单元格。在单元格中,用户可以输入文字、数字、符号以及图片等内容。在文档中添加表格有两种方式:自动插入表格和手动绘制表格。下面介绍一些与表格相关的操作。

1. 插入表格

将光标置文本中需要插入表格的位置,单击"插入"选项卡,在"表格"组中单击"表格"按钮,打开"表格"面板,如图 3-66 所示。用以下方法可在文档中插入表格:

（1）单击"表格区"。当鼠标指针悬停于面板中表格区的某个位置（图 3-66）时，表格区上方会显示如"5×5"字样，文本中插入点的下一行处即可见一个 5 列 5 行的表格，单击即可确定。

（2）通过"插入表格"对话框。在表格面板中选择"插入表格"命令，打开"插入表格"对话框，如图 3-67 所示，在其中输入所需行数和列数，单击"确定"按钮即可。

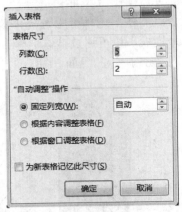

图 3-66　"表格"面板，鼠标悬停于 5 列 5 行处　　图 3-67　"插入表格"对话框

（3）手动绘制。在"表格"面板中选择"绘制表格"命令，此时鼠标指针变为一支笔的形状，按住鼠标左键并拖动可以用它在文档中绘制表格。表格绘制完成后按 Esc 键，或再次选择"插入"→"表格"→"绘制表格"命令，鼠标即恢复原来状态。用"绘制表格"命令可以独立绘制表格，也可与前两种方法结合进行，即用"插入表格"产生表格的基本框架，而用"绘制表格"修改局部结构。

（4）插入"快速表格"。选择"表格"面板底部的"快速表格"命令，在打开的面板中有 Word 2016 提供的快速表格样式，单击一种样式，即在光标处插入一个带有某些格式的表格（图 3-68），修改其中的文本即可。

2005 年地方院校招生人数			
学院	新生	毕业生	更改
	本科生		
Cedar 大学	110	103	+7
Elm 学院	223	214	+9
Maple 高等专科院校	197	120	+77
Pine 学院	134	121	+13
Oak 研究所	202	210	-8
	研究生		
Cedar 大学	24	20	+4
Elm 学院	43	53	-10
Maple 高等专科院校	3	11	-8
Pine 学院	9	4	+5
Oak 研究所	53	52	+1
总计	998	908	90

来源 虚构数据，仅作举例之用

图 3-68　插入"带副标题 2"的快速表格

2. 在表格中输入文本

在表格中输入文本与在文档中输入文本相同，把光标移到要输入文本的单元格，输入文本即可。如果输入的文本比当前单元格宽，则文本会自动折行，可增大该单元格所在行的高度，以保证始终把文本包含在单元格中。

在表格中进行操作时，经常要在表格中移动光标。表格中光标有多种移动方法，可以使用鼠标在单元格中直接单击，也可以使用表 3-8 所列的快捷键使光标在单元格间进行移动。

表 3-8　表格中光标移动的快捷键

快捷键	操作效果
↑	向上一行
↓	向下一行
Tab	（1）移至右边的单元格中。 （2）从最右边的单元格移至下一行左边的第一个单元格。 （3）选定光标所在单元格的内容
Shift+Tab	与 Tab 键的功能相反［除（3）外］
Alt+Home	移至当前行的第一个单元格
Alt+End	移至当前行的最后一个单元格
Alt+PageDown	移至当前列的最后一个单元格
Alt+PageUp	移至当前列的第一个单元格

3. 编辑表格内容

在正文中使用的插入、修改、删除、剪切、复制和粘贴等编辑命令大多可直接用于表格中。

3.5.2　表格的编辑

建立了表格之后，经常会根据需要对表格进行适当的调整，如增加或删除行、列，表格的合并、拆分等。表格中的主要编辑操作如下所述。

1. 表格中的选定操作

在编辑表格前，先学习表格中的选定操作。

（1）选定一个单元格。把鼠标指针移到该单元格的左侧，鼠标指针变成向右的黑色实心箭头，单击即可选定。

（2）选定一个单元格区域。单击要选定的最左上角的单元格，按住鼠标左键并拖动到要选择的最右下角的单元格。

（3）选定行。

1）把鼠标指针移到该行的左侧选定栏处，鼠标指针变成向右的空心箭头 时，单击即可选定一行；按住鼠标左键向下拖动，可以选定连续多行。

2）把鼠标指针移到该行某个单元格的左侧，鼠标指针变成向右的黑色实心箭头，双击即可选定该行。

（4）选定列。把鼠标指针移到该列的上边缘，鼠标指针变成向下的黑色实心箭头 时，单击鼠标即可选定一列；按住鼠标拖动，即可选定连续多列。

（5）选定不相邻的单元格、行、列、单元格区域。先单击要选定的第一个单元格，然后按住 Ctrl 键，再单击其他单元格，可以选定不相邻的单元格。用类似方法也可以选定多个不相邻的行、列和单元格区域。

（6）选定整个表格。

1）鼠标指针移到表格左边的选定栏，按住左键从第一行拖到最后一行。

2）把鼠标指针移到第一列的上边缘，鼠标指针变成向下的黑色实心箭头 ↓ 时，按住左键一直拖到最后一列（包括表格右边的回车符）。

3）在表格左上角有带方框的十字箭头标志 ⊞ 为表格全选标志，单击此标志即可。

4）将光标置于表格中，单击"表格工具－布局"选项卡，在其中的"表"组中单击"选择"按钮，在其下拉菜单中选择"选择表格"命令。

2. 表格中插入行或列的操作

（1）插入行。在表格中插入行可以通过下列方式进行：

1）利用 Enter 键：将光标置于某行的后面（回车符处），按 Enter 键，即可在该行的后面插入一个与之完全相同的空行。

2）利用 Tab 键：将光标置于最后一行的最后一个单元格，按 Tab 键。

3）利用"复制"命令：选定一行或多行，执行"复制"命令，然后将光标置于某行的第一个单元格内，执行"粘贴"命令，可在该行前面插入刚才选定的行数，其中包含这些行所具有的格式和内容。

4）利用"表格工具"选项卡：将光标置于表格中，单击"表格工具－布局"选项卡，在其中的"行和列"组（图 3-69）中单击"在上方插入"或"在下方插入"按钮，即可在光标所在行的上方或下方插入一个空行；若选定多行再进行上述操作，即可一次插入多个空行。

图 3-69　"表格工具－布局"选项卡的"行和列"组

（2）插入列。可以通过下列方式在表格中插入列：

1）利用"复制"命令：选定一列或多列，执行"复制"命令，然后将光标置于某列的第一个单元格内，执行"粘贴"命令，可在该列前面插入刚才选定的列数，其中包含表格中的内容。

2）利用"表格工具"选项卡：将光标置于表格中，单击"表格工具－布局"选项卡，在其中的"行和列"组中单击"在左侧插入"或"在右侧插入"按钮，即可在光标所在列的左侧或右侧插入一个空列；若选定多列再进行上述操作，即可一次插入多个空列。

3. 表格中的删除操作

（1）删除表格中的内容。选定表格中的一部分或整个表格，按 Delete 键只能删除表格中选定部分的内容，而不能删除选定部分的表格本身。

（2）删除选定部分的表格和内容。

1）选定行、列或者整个表格后，按 Backspace 键，可将所选定部分的表格及其内容删除。

2）选定行、列或者整个表格后，单击"表格工具"中的"布局"，打开"表格工具－布局"选项卡，在其中的"行和列"分组中单击"删除"按钮，在其下拉菜单中进行相应选择，如图3-70所示。

图 3-70　"删除"下拉菜单

3）选定行、列或者整个表格后，按 Ctrl+X 组合键，或单击"开始"选项卡"剪贴板"中的"剪切"按钮，可以通过剪切的方法实现将选定部分的表格及其内容删除，同时将其放到了剪贴板上。

4. 表格的合并与拆分操作

（1）合并单元格。有时我们需要把相邻两个或多个单元格合并起来，可以先选定要合并的单元格，再单击"表格工具"中的"布局"按钮，在其选项卡中的"合并"组中单击"合并单元格"按钮，即可将选定的单元格区域合并成一个单元格。

（2）拆分单元格。有时需要把一个或多个单元格拆分成倍数于它的行或列，可以先选定要拆分的单元格，再单击"表格工具"选项卡中的"布局"，在其中的"合并"组中单击"拆分单元格"按钮，打开"拆分单元格"对话框，在其中输入需要拆分成的行数和列数，然后单击"确定"按钮即可。

（3）拆分表格。有时需要将一个表格拆分成两个独立的表格，需要用到"拆分表格"按钮。将光标定位于要拆分为下一个表格的第一行中，按 Ctrl+Shift+Enter 组合键；或者打开"表格工具－布局"选项卡，在其中的"合并"组中单击"拆分表格"按钮，即可实现表格的拆分。

3.5.3　设置表格的格式

表格中文本格式（如字体、字号、颜色、行距等）的设置与普通正文格式的设置相同，不在此重复。以下仅讲解表格本身的格式设置。

1. 调整列宽和行高

（1）在表格中直接拖动。

1）将鼠标指针移到该行的下线上，当鼠标指针变成上下箭头 ‡ 时，按住鼠标左键上下拖动就可以调整该行行高。

2）将鼠标指针移到列线上，当鼠标指针变成左右箭头 ↔ 时，按住鼠标左键左右拖动就可以调整列宽，如图 3-71 所示。

（2）在标尺上拖动。将光标置于表格中，表格中的每根纵向线在水平标尺上都有一个对应的滑块，同理，在垂直标尺上也有相应的标志，鼠标指针指向滑块按住左键拖动，可以改变对应的列宽或行高，如图 3-72 所示。

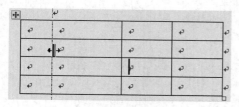

图 3-71　鼠标拖动调整列宽

图 3-72　用鼠标拖动水平标尺上的滑块改变列宽

（3）在功能选项卡中调整行高和列宽。

1）先选定需要调整行高的行，单击"表格工具—布局"选项卡，在"单元格大小"组中的"高度"输入框中输入所需行高值，如图 3-73 所示，按 Enter 键即可；或者单击"高度"输入框后的微调按钮，直到满意为止。用类似的方法，在"宽度"输入框中可以设置列宽。

图 3-73　"表格工具—布局"选项卡中的"单元格大小"组

2）有时需要几行等高或者几列等宽，也可以在选项卡中进行设置。选定多行，在图 3-73 所示的"单元格大小"组中单击"分布行"按钮，会将所选行平均分布行高；选定多列，单击"分布列"按钮，会将所选列平均分布列宽。

（4）在"表格属性"对话框中调整列宽和行高。选定需要设置的行、列或者整个表格，单击"表格工具—布局"选项卡，单击"单元格大小"组右下角的"打开表格属性对话框"按钮，打开"表格属性"对话框，如图 3-74 所示。在其中的"行""列"选项卡中，勾选"指定高度"和"指定宽度"复选框，在后面的输入框中输入所需的数值，对选定行、列的高度和宽度进行设置。

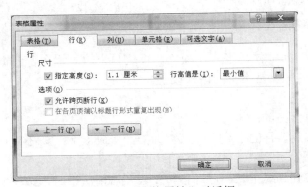

图 3-74　"表格属性"对话框

2．表格的对齐方式

（1）表格在页面的对齐方式。对整个表格相对于页面进行对齐设置，只有在表格的宽度比当前文本宽度小时才能看出效果。操作时，首先选定整个表格（包含行后面的回车符，否则会是针对表中的文本在单元格中对齐），然后单击"开始"选项卡"段落"组中的各种对齐按钮，如图 3-75 所示，可设置表格在页面左对齐、居中、右对齐等对齐方式。图 3-76 所示为设置表格在页面居中的效果。

（2）表格内容的对齐方式。设置表格内容在单元格对齐，可以针对一个单元格、一行、一列、一个区域、多个区域或整个表格进行。方法是先选定表格中需要设置对齐方式的区域，单击"表格工具—布局"选项卡，在其中的"对齐方式"组中有"水平居中"等 9 种对齐方式，如图 3-77 所示，可以在此设置表格中的文本在单元格中的对齐方式。

图 3-75　"段落"组中的"对齐"按钮

图 3-76　设置表格在页面居中的效果

3. 给表格加边框和底纹

为了美化、突出表格，可以适当地给表格加边框和底纹。

（1）绘制表格边框。

步骤如下：

1）选定整个表格。

2）选定线条样式：单击"表格工具－设计"选项卡，在其中有"边框"组，如图 3-78 所示，单击"笔样式"右边的下三角按钮，可在弹出的下拉列表中选择边框样式，如波浪线。

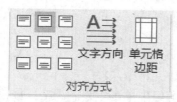

图 3-77　表格内容的 9 种对齐方式

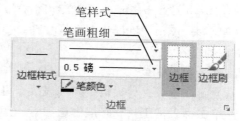

图 3-78　"边框"组

3）选定线条粗细：单击图 3-78 中的"笔画粗细"右边的下三角按钮，在下拉列表中选择边框粗细，如 0.75 磅。

4）选定线条颜色：单击图 3-78 中的"笔颜色"右边的下三角按钮，在下拉面板中选定边框颜色，如红色。

5）选定画哪个部位的框线：在"边框"组的右边有"边框"按钮，如图 3-78 所示。单击"边框"按钮，打开下拉列表，如图 3-79 所示，在其中选择所要设置的边框种类，如"内部框线"。

完成以上步骤，可将表格的内部框线设成"波浪线，红色，0.75 磅"。第 5）步中若选"外侧框线"选项，则将表格的外框设成"波浪线，红色，0.75 磅"；第 5）步中若选择"所有框线"选项，则整个表格线条都为"波浪线，红色，0.75 磅"；若选择"无框线"选项，则是取消表格线。

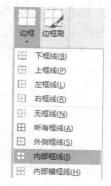

图 3-79　"边框"下拉列表

如果只选定表格的一部分，那么上述的"外侧框线""内部框线""无框线"或其他选项就是相对于选定区域而言的。

选好线型、粗细、颜色之后，也可以单击图 3-78 中的"边框刷"按钮，鼠标指针变成一支毛笔形状，可以用"边框刷"画其中的一条线、一段线或者所有表格线。

（2）添加底纹。

步骤如下：

1）选定需要添加底纹的区域。

2）单击"表格工具－设计"选项卡，在其中的"表格样式"组右边单击"底纹"按钮旁边的下三角按钮，打开"底纹"下拉面板，可在其中设置底纹颜色，如图 3-80 所示。

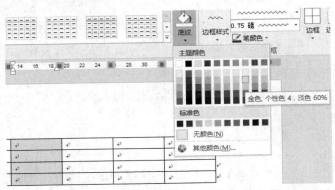

图 3-80　在"表格样式"组中使用"底纹"按钮设置底纹颜色

（3）更加丰富的边框和底纹。在图 3-79 中打开的"边框"下拉列表底部有"边框和底纹"命令（图中未显示），执行此命令将打开"边框和底纹"对话框，可以在其中对边框和底纹进行更丰富的设置。

4. 设置表头格式

（1）斜线表头。如果需要斜线表头，可以使用以下几种方法：

1）单击"表格工具－布局"选项卡，在"绘图"分组中单击"绘制表格"按钮，然后用笔绘制一条斜线。

2）单击"表格工具－设计"选项卡，在"边框"分组中单击"边框"按钮，然后在弹出的下拉列表中单击"斜下框线"命令。

用上述两种方法都只能向一个单元格添加一条斜线，并且可以用普通方法向该单元格内添加表头文字。

3）单击"插入"选项卡，在"插图"分组中单击"形状"按钮，在打开的面板中选择斜线。用这种方法可以在一个单元格内添加两条以上的斜线，表头文字可用文本框或自绘图形添加，而不能用普通的文本输入方式。

（2）标题行重复。如果表格很长，跨页，甚至跨好几页，而表头只有一个，有时希望每页都有一个同样的表头，操作方法如下：

1）将光标置于标题行中，或者选定所需重复的行（可以是多行）。

2）单击"表格工具－布局"选项卡。

3）单击图 3-81 所示的"数据"组中的"重复标题行"按钮。

　　上述操作也可以在"表格属性"对话框的"行"选项卡中进行，选中"在各页顶端以标题行形式重复出现"复选框即可，如图 3-82 所示。

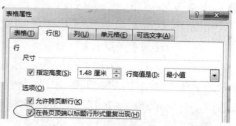

图 3-81　"表格工具－布局"选项卡中的"数据"组　　　　图 3-82　勾选该复选框使标题行重复

　　在浏览和打印设置了标题行重复的表格时，每页表格都有表头；当表的行数改变时，标题行还会自动调整位置，始终保持在每页的开头。但表中实际只有第一页中有标题行，不影响表格计算。需要取消标题行重复时，只需在表格的第一页选定标题行，或将光标放在该行，再单击"重复标题行"按钮；或取消勾选"表格属性"对话框中上述复选框即可。

　　5．应用与修改表格样式

　　Word 2016 提供了多种表格样式供用户选用，将插入点置于表格中，在"插入"选项卡的"表格"功能组中单击"表格"按钮，在弹出的下拉列表中选择"快速表格"命令，在子选项中为表格选用样式即可。或者在"表格工具－设计"选项卡中单击"表格样式"功能组中的其他按钮，也可为表格选用样式，如图 3-83 所示。

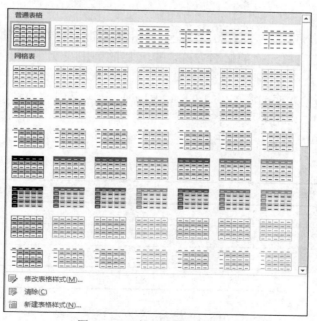

图 3-83　"快速表格"样式组

　　如果对所选样式不满意，可以选择"表格样式"面板底部的"修改表格样式"命令，在弹出的"修改样式"对话框中对各个项目进行修改。应用表格样式后的表格可以像普通表格一样进行修改。

3.5.4　表格中的数据处理

1．表格内容排序

Word 2016 具有对数据进行排序的功能。在排序时，可以按数字、笔划、拼音或日期的升序或降序进行。排序前先将光标移至表格中，单击"表格工具－布局"选项卡，在"数据"组中单击"排序"按钮，打开"排序"对话框，如图 3-84 所示。在其中选择主要关键字、次要关键字（主要关键字的值相同时才显示效果，也可以不选择）、排序类型（笔划、数字、拼音或日期）及升序/降序，单击"确定"按钮后，表格中各行即按设定重新进行了排列。

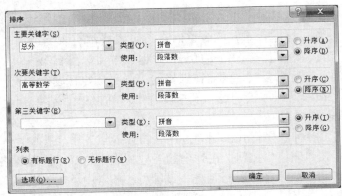

图 3-84　"排序"对话框

2．表格内容计算

（1）单元格命名规则。Word 2016 具有对表格数据进行简单计算的功能。要进行数据运算，首先要了解表格中单元格的命名方式。单元格的列用英文字母表示，从左至右依次为 A,B,C,D…，称为列标；行用阿拉伯数字表示，从上至下依次为 1,2,3…，称为行号。列标在前，行号在后的组合即为单元格的名称，如 A1,A2,B1,D4 等。以表 3-9 为例，高等数学的成绩放在 C2 至 C5 的单元格中，可用 C2:C5 来表示（通常称为单元格区域）；谢俊强和贺祥久的各科成绩放在 B2 至 E3 的单元格中，可用 B2:E3 表示这两人的成绩所在区域。

表 3-9　学生成绩表

学生姓名	大学英语	高等数学	法律基础	电路分析	总分
谢俊强	78	71	77	75	301
贺祥久	66	60	77	60	
秦志伟	71	71	81	66	
胡长林	69	75	82	78	

（2）表格的计算。在 Word 2016 中，表格计算有以下两种方法。

方法 1：应用函数。

例：计算表 3-9 中各位同学的总分，操作步骤如下所述。

1）将光标移至 F2 单元格中，打开"表格工具－布局"选项卡。

2）单击"数据"组中的"公式"按钮，打开"公式"对话框，如图 3-85 所示。

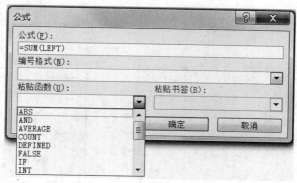

图 3-85　"公式"对话框

3）在"粘贴函数"下拉列表框中选择函数 SUM，在"公式"输入框的函数内输入求和范围，从而得到公式"=SUM(B2:E2)"，或默认的"=SUM(LEFT)"（LEFT 表示左边单元格），单击"确定"按钮后，F2 单元格显示 301。

4）将光标移至 F3 单元格中，用相同方法计算下一位同学的总分，但此时"公式"文本框中默认的是"=SUM(ABOVE)"（ABOVE 表示上方单元格），可以输入"=SUM(B3:E3)"或"=SUM(LEFT)"。

5）依次求其余各位同学的总分。

如果求和范围使用的是 LEFT，则计算完第一个同学的总分后，将光标移至 F3，按 Ctrl+Y 组合键或按 F4 功能键，即可计算下一位同学的总分。其他函数命令的使用方法与求和命令方法类似。

方法 2：输入表达式。

上例中若计算谢俊强的总分，可将光标置于 F2 单元格中，单击"数据"组中的"公式"按钮，打开"公式"对话框，在图 3-85 所示的对话框的"公式"输入框中输入"=B2+C2+D2+E2"，单击"确定"按钮即可。若需计算谢俊强的平均分，则应输入"=(B2+C2+D2+E2)/4"。

3. 表格计算后的数据更新

Word 2016 具有对表格计算后的数据进行更新的功能。如果表格中的原始数据发生了变化，那么选定需要更新的公式所在的单元格或单元格区域，按 F9 功能键，即可完成相应的更新。

3.5.5　文本与表格的转换

1. 文本转换成表格

有时我们在输入文本内容的同时就已经一并输入了表格的内容，并且用制表位或其他符号将内容排成了行列整齐的形式。此时可以用 Word 2016 的转换功能方便地将文本转换成表格。选定用制表位或其他符号分隔的文本，执行"插入"→"表格"→"文本转换成表格"命令，弹出"将文字转换成表格"对话框，如图 3-86 所示，在其中进行相关设置。

2. 将表格转换成文本

反之，表格也可以转成文本。比如，从网上下载或直接复制内容到 Word 文档中，有时这种文本就会套在一个表格甚至是层层表格中，此时就需要用将表格转换成文本的方法将它转为普通文本。选定表格，在"表格工具－布局"选项卡中的"数据"组中单击"转换为文本"按钮，弹出"表格转换成文本"对话框，如图 3-87 所示，在其中进行相关设置。

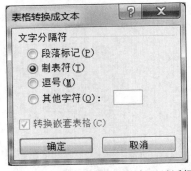

图 3-86　"将文字转换成表格"对话框　　　　图 3-87　"表格转换成文本"对话框

3.5.6　应用举例

【例 3-1】将下面用中文逗号分隔的文本转换为表格（说明：世界纪录中的 27.18 表示 27.18 秒；2:09.04 表示 2 分 09.04 秒；其他类同）。

项目，世界纪录，创造纪录日期，创造纪录地点
男子 50 米，27.18，2002 年 8 月 2 日，柏林
男子 100 米，59.30，2004 年 7 月 8 日，加利福尼亚
男子 200 米，2:09.04，2004 年 7 月 8 日，加利福尼亚
女子 50 米，30.57，2002 年 7 月 30 日，曼彻斯特
女子 100 米，1:06.37，2003 年 7 月 21 日，巴塞罗那
女子 200 米，2:22.99，2001 年 4 月 13 日，杭州

分析如下：

Word 可以将用制表位或其他符号分隔并排列整齐的文本转化成表格，其他符号包括逗号、空格、段落标记及其他字符，可以在图 3-86 所示的对话框中进行选择，比如选择逗号。

但是这段文字的分隔符是中文逗号。对话框中的逗号实际是英文逗号，若在对话框中选择逗号作为分隔符，实际转化结果是表格只有一列（行末的段落标记）。可以选择"其他字符"单选按钮，但在其后的输入框中无法用键盘输入中文逗号，所以可以在选定待转换成表格的文本之前，先选定文中的中文逗号，并将其复制到剪贴板上，届时进行粘贴即可。

操作步骤如下：

（1）选定文中用来作为分隔的逗号，然后按 Ctrl+C 组合键，将其复制到剪贴板上。

（2）选定用中文逗号分隔的文本。

（3）单击"插入"选项卡，在"表格"组中单击"表格"按钮，在其下拉菜单中选择"文本转换成表格"命令，弹出图 3-86 所示的对话框。

（4）在对话框中输入列数，在"文字分隔位置"选项组中选中"其他字符"单选按钮，光标置于其后的输入框中，按 Ctrl+V 组合键，将先前置于剪贴板上的中文逗号粘贴至输入框中；在固定列宽选项中输入适当列宽，默认为"自动"。

（5）单击"确定"按钮，则产生如表 3-10 所示的表格。

表 3-10　蛙泳世界纪录一览表

项目	世界纪录	创造纪录日期	创造纪录地点
男子 50 米	27.18	2002 年 8 月 2 日	柏林
男子 100 米	59.30	2004 年 7 月 8 日	加利福尼亚
男子 200 米	2:09.04	2004 年 7 月 8 日	加利福尼亚
女子 50 米	30.57	2002 年 7 月 30 日	曼彻斯特
女子 100 米	1:06.37	2003 年 7 月 21 日	巴塞罗那
女子 200 米	2:22.99	2001 年 4 月 13 日	杭州

【例 3-2】制作表 3-11 所示的个人简历表。

要求：A4 纸，左、右页边距均为 2cm；标题三号字，表格内五号字，外框线及分组线为双实线，内框线为细实线；其余用默认值。

分析如下：

- 整个表格加上标题约一整页。
- 表格分为 4 组：第 1 组"姓名"至"现工作单位"共 7 行；第 2 组"主要简历"共 6 行；第 3 组"业务专长及工作成果"共 1 行；第 4 组"通信地址""联系电话"共 2 行。
- 除第 3 组外，所有行的行高相等。第 3 组占一行，第 3 组的行高大约为其他行的 5 倍，所以整个表格共有 7 列 16 行。
- 因第 1 组列最多（7 列），所以可以绘制一个 7 列 16 行的表格。
- 每组单元格的宽度各不相同，可以用选定单元格后拖动表格线的方法实现。

操作步骤如下：

（1）在"布局"选项卡的"页面设置"组中选择纸张大小为 A4 纸，并将左右页边距设为 2cm，其余用默认值。

（2）输入表格标题，将其字号设为三号，居中。

（3）选择"插入"→"表格"→"插入表格"命令，在弹出的"插入表格"对话框中输入 7 列 16 行，单击"确定"按钮后生成一个 7 列 16 行的表格。

（4）调整表格约为一整页。鼠标指针指向表格最后一行的下方横线，鼠标指针变成上下方向的双向箭头时，向下拖动鼠标，到距下边距约 0.5cm 处即可。注意不能太满，否则部分表格将出现在下一页。

（5）设置行高。选定所有行，单击"表格工具－布局"选项卡，在"单元格大小"组中单击"分布行"按钮，使所有行等高。

（6）设置单元格内容居中。选定整个表格，在"开始"选项卡中设置字号为五号；单击"表格工具－布局"选项卡，在"对齐方式"组中将其设为"水平居中"；输入第一行中的内容（此时输入表中文字的目的是为了大致确定列宽）。

下面仅以第 1 组为例，叙述方法和步骤。

表 3-11　个人简历表

姓名			性别		出生年月		照片
身份证号码					民族		
现户口所在地					健康状况		
婚姻状况			裸眼视力		身高		
政治面貌			所学专业			学历	
最后毕业学校			毕业时间			技术职称	
现工作单位			参加工作时间			现从事专业	
主要简历	起止年月		在何单位（学校）			任何职务	
业务专长及工作成果							
通信地址					邮政编码		
联系电话					E-mail 地址		

（7）调整列宽。选定"姓名"及其下方 6 个单元格，将鼠标指针指向选定区域右侧的列线上，鼠标指针变成左右方向的双向箭头，如图 3-88 所示，按住鼠标左键并拖动，可改变所选区域的列宽。用相同方法将各列宽调整成合适宽度。选定"学历"及下方 2 个单元格，拖动左、右列线调整列宽，如图 3-89 所示。

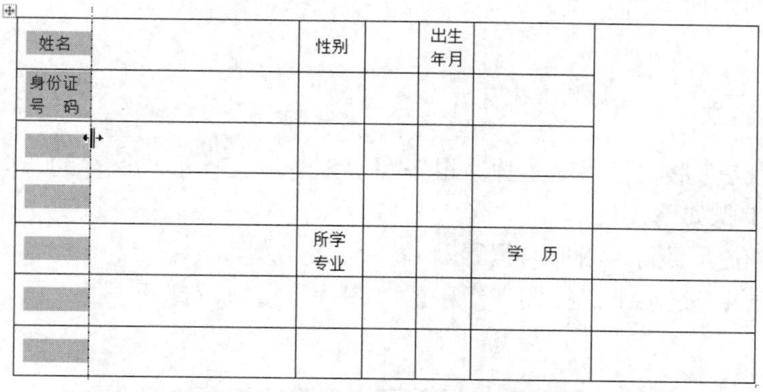

图 3-88　选定单元格后拖动列线调整列宽

（8）合并。选定"身份证号码"右侧的 3 个单元格，单击"表格工具－布局"选项卡，在"合并"组中单击"合并单元格"按钮，将其合并为一个单元格；选定"照片"所占的 4 个单元格，将其合并；选定"所学专业"右侧 2 个单元格，合并；……即可将表格线条调整成图 3-89 所示的样式。

将上述调整列宽与合并单元格的方法同样应用于第 2、3、4 组。

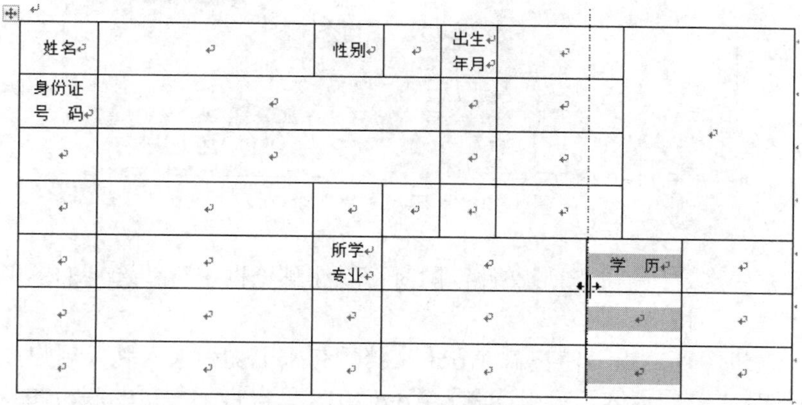

图 3-89　合并单元格，以及选定单元格后拖动列线调整列宽

（9）画外框线及分组线。选定整个表格，单击"表格工具－设计"选项卡，在"边框"组中的"笔样式"下拉列表中选择"双实线"命令；在"边框"组中的"边框"下拉列表中选择"外侧框线"命令，表格外框线即成为双实线。

单击"表格工具－布局"选项卡，单击"绘图"组中的"绘制表格"按钮，鼠标指针变成一支笔，用笔绘制各组之间的分隔线。

（10）输入表格内容，并选定"主要简历"单元格，单击"表格工具－布局"选项卡，在"对齐方式"组中选择"文字方向"命令，将其设置为纵向。

3.6 Word 2016 的图形处理

利用 Word 2016 提供的图文混排功能，用户可以按需要在文中插入多种格式的图片，制作出图文并茂的文档，使文档更加美观、生动。

3.6.1 图片

1. 插入图片

（1）插入以文件形式保存的图片。很多图片都是以文件形式保存的，向 Word 2016 的文档中插入图片的步骤如下：

1）将光标定位于要插入图形的位置。

2）单击"插入"选项卡"插图"组中的"图片"按钮，打开"插入图片"对话框，如图 3-90 所示。

图 3-90 "插入图片"对话框

3）在对话框中选定所需的图形文件，同时可以在预览框中观察选定的图形。

4）单击"插入"按钮。

（2）插入联机图片。为了使整篇 Word 文档看起来更加引人入胜，用户还可以在文本中插入一些联机图片来充实内容，吸引读者。Word 2016 里自带了大量的联机图片，用户可以从中选取需要的。搜索并插入联机图片的步骤如下（此操作要在网络连接的状态下完成）：

1）在 Word 文档中选择"插入"选项卡，在"插图"功能组中单击"联机图片"按钮，打开"插入图片"窗格。

2）在"插入图片"窗格的"必应图像搜索"文本框中输入要查找的图片的名称，单击"搜索图标"按钮，在窗格的列表中将显示找到的所有符合条件的图片，选中所需的图片，单击"插入"按钮，图片便被插入文档中。

3）如果在搜索图片窗格中按住 Ctrl 键并单击多个图片，即可选中这些图片。选择完成后，单击"插入"按钮即可将这些选中的图片全部插入文档中。

（3）插入屏幕截图。用户利用 Word 2016 提供的"屏幕截图"和"屏幕剪辑"功能截取屏幕中的图片会更加方便，可以实现对屏幕中任意部分的任意截取。在文档中插入屏幕截图的方法如下：

1）截取整个窗口。在 Word 文档中，选择"插入"选项卡，在"插图"功能组中单击"屏幕截图"按钮，在打开的"可用的视窗"列表（列出当前打开的所有程序窗口）中选择需要插入的窗口截图即可，如图 3-91 所示。

图 3-91　屏幕截图

2）截取窗口的部分区域。在"插入"选项卡中单击"屏幕截图"按钮，在打开的列表中选择"屏幕剪辑"命令，当前窗口最小化，屏幕将灰色显示，拖动鼠标框选出需要截取的屏幕区域，单击则框选区域内的屏幕图像并将其插入文档中。

2.　图片的处理

图片插入文档中以后，不一定完全符合我们的要求，可以根据需要对图片进行一些调整。一般的文档中，对图片的调整常用以下操作方法：

（1）调整图片大小。单击所要操作的图片，图片的四周会出现 8 个控制点，如图 3-92 所示，表明此图片已经被选定。选定图片后，以下操作均可调整图片的大小。

1）将鼠标指针放置在控制点上，鼠标指针变成双箭头形⟷、↕或斜向的双箭头形⤢，按住鼠标左键拖动即可调整图片的大小和形状。

2）单击"图片工具－格式"选项卡，在"大小"组中单击"高度"后面的三角形按钮，可增大或减小图片的高度，或者在"高度"输入框中输入所需高度。用相同方法可以在"宽度"输入框中调整图片的宽度。

3）单击"大小"组右下角按钮▣，打开"布局"对话框，在对话框中的"大小"选项卡中设置图片尺寸。

（2）裁剪图片。在"图片工具－格式"选项卡的"大小"组中选择"裁剪"工具，可对图片进行裁剪。在 Word 2016 中对图片可以进行以下剪裁。

1）修剪图片。单击"图片工具－格式"选项卡，选择"大小"组中"裁剪"列表中的"裁剪"命令，选定的图片四周的控制点如图 3-93 所示，将鼠标指针移到控制点上，鼠标指针形状将发生改变，如，移至右下角变为⌐、移到右边变为⊢等，此时按住鼠标左键并拖动可以对图片进行剪裁。

图 3-92　选定图片

图 3-93　单击"裁剪"后图片四周的控制点

2）将图片裁剪为形状。选择"裁剪"列表中的"裁剪为形状"命令，在出现的形状面板（图 3-94）中单击列表中的某种形状，可将图片裁剪为对应形状。如果裁剪后的图片不符合要求，单击功能区左端"调整"组中的"重设图片"按钮可以恢复图片的原始尺寸。

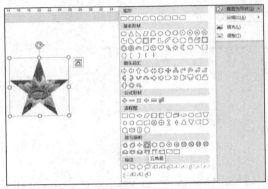

图 3-94　将图片裁剪为五角星

（3）调整图片颜色、亮度、对比度。在 Word 2016 中，对图片亮度、对比度及颜色等的调整非常直观，可以十分方便地将不太满意的图片处理得更美观。在"更正"下拉面板（图 3-95）中有"锐化/柔化""亮度/对比度"选项组；在"颜色"下拉面板（图 3-96）中有"颜色饱和度""色调""重新着色"选项组。只需将鼠标指针悬停于某个选项上，文本中选定的图片就改变为该选项的设置，如果满意，单击即可。

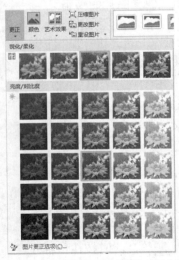

图 3-95　"更正"下拉面板（部分）

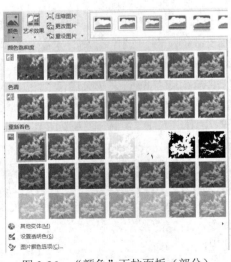

图 3-96　"颜色"下拉面板（部分）

（4）压缩图片。如果图片的尺寸过大，则会使Word 文档的文件变得很大。即使在 Word 文档中改变图片的尺寸或对图片进行裁剪，保存为文件时图片所占的存储容量也不会改变。Word 2016 可以对文档中的所有图片或选中的图片进行压缩，这样可以有效地减小图片所占的存储容量，同时有效减小文件。在 Word 2016 文档中压缩图片的步骤如下：

1）选中需要压缩的图片。如果有多个图片需要压缩，则可以在按住 Ctrl 键的同时单击多张图片。

2）单击"图片工具—格式"选项卡，在"调整"组中单击"压缩图片"按钮，打开"压缩图片"对话框，如图 3-97 所示。

3）选中"压缩选项"组的所有复选框，并根据需要更改分辨率设置，完成后单击"确定"按钮即可。

（5）应用图片样式。在 Word 2016 文档窗口中插入一张图片后，单击选中该图片，会自动打开"图片工具—格式"选项卡。在"格式"选项卡的"图片样式"组中可以使用 Word 2016 预置的样式快速设置图片的格式。当鼠标指针悬停在一个图片样式上方时，可即时预览 Word 2016 文档中图片的实际效果，单击即可应用此样式，如图 3-98 所示。也可通过"图片样式"组右侧的"图片边框""图片效果""图片版式"等命令自行进行设置。

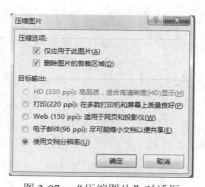

图 3-97　"压缩图片"对话框

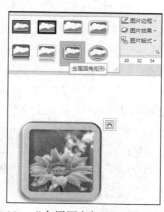

图 3-98　"金属圆角矩形"的预览效果

3. 图片在文中的位置以及与文字的环绕

插入文档中的图片默认是嵌入型的。嵌入型的对象只能放置在文档插入点的位置，而不能任意放置到页面其他位置，不能与其他对象组合，可以与正文一起排版，但不能实现环绕。文字与图片的关系除了嵌入型外，还有非嵌入型，如四周型、紧密型、上下型、衬于文字下方等，可以根据需要加以选用。

（1）移动图片的位置。无论是嵌入型还是非嵌入型的图片，当鼠标指针移至图中时，指针形状即变成十字箭头状，按住鼠标左键并拖动可改变图片在文本中的位置。嵌入型的图片移动时，鼠标指针变为，同时光标变为一条加粗的黑色竖线，松开后可将图片像一个字符一样嵌在光标处。而非嵌入型的图片可以非常方便地移动到页面任意位置。

（2）设置文字对图片的环绕方式。

方法 1：在对话框中进行设置。

选定图片，在"图片工具—格式"选项卡的"排列"组中单击"环绕文字"或"位置"，在其下拉面板中选择"其他布局选项"命令，打开"布局"对话框，如图 3-99 所示，在此进行设置。

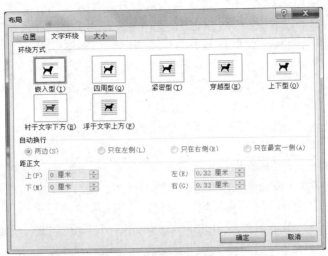

图 3-99 "布局"对话框

方法 2：在"环绕文字"下拉列表中进行设置。

鼠标指针置于图片上并单击（选取图片），单击"图片工具—格式"选项卡，在"排列"组中单击"环绕文字"按钮，打开其下拉列表，如图 3-100 所示，在其中选择所需的环绕方式。

方法 3：在"位置"下拉面板中进行设置。

Word 2016 内置了 10 种图片位置，用户可以通过选择这些内置的图片位置来确定图片在文档中的准确位置。在"图片工具—格式"选项卡的"排列"组中单击"位置"按钮，在其下拉面板中选择图片在页面中的位置，如图 3-101 所示。通过这种方式确定的位置，无论文字和段落位置如何改变，图片在页面的位置都不会发生变化。比如，选择"中间居右，四周文字环绕"，则图片始终在页面中间的右侧。

图 3-100 "环绕文字"下拉列表

图 3-101 "位置"下拉面板

3.6.2　艺术字

Word 2016提供了丰富的艺术字效果，艺术字富有艺术色彩，例如，可产生弯曲、倾斜、旋转、拉长、发光和阴影等效果。可以使用艺术字作为标题，也可以让文档中某些文字以更加生动活泼、更加美观、更加突出的方式显示。

1．插入艺术字

（1）光标置于文本某处，单击"插入"选项卡，在"文本"组中单击"艺术字"按钮，在其下拉面板（图 3-102）中选择一种艺术字样式并单击，则在文本上方出现艺术字文字编辑框，如图 3-103 所示，可在其中输入所需要的艺术字，此时艺术字与普通文字的关系为"浮于文字上方"。设置艺术字与文字环绕关系的方法与图片的相同。

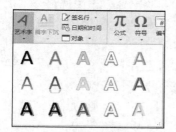

图 3-102　"艺术字样式"下拉面板

图 3-103　艺术字文字编辑框

（2）在文中选定需要设为艺术字的文本，单击"插入"选项卡"文本"组中的"艺术字"按钮，在其下拉面板中选择一种艺术字样式并单击，则所选文字从正文文档中消失，变为艺术字，且与文字的关系为"四周型环绕"。

2．修饰艺术字

（1）设置艺术字的形状。选中艺术字文字，在打开的"绘图工具—格式"选项卡中，单击"艺术字样式"组中的"文本效果"按钮，打开"文本效果"下拉列表，如图 3-104 所示，鼠标指针指向"转换"选项，在打开的转换面板中列出了多种形状可供选择。例如，选择"上弯弧"选项，应用"上弯弧"形状的效果如图 3-105 所示。

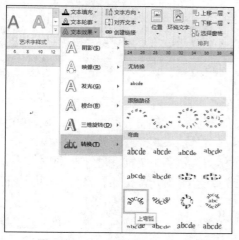

图 3-104 "文本效果"下拉列表

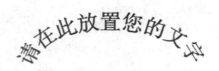

图 3-105　应用"上弯弧"形状的效果

（2）改变艺术字的大小。在 Word 2016 中改变艺术字的大小需要注意以下几点：

1）Word 2016 的艺术字包含艺术字本身和艺术字背景。

2）如果没有将艺术字转换为某种形状，那么选定艺术字，将鼠标指针放在控制点上，光标变为双向箭头时按住鼠标左键拖动，只会改变艺术字背景的大小，而改变不了艺术字的大小。同样地，在"绘图工具—格式"选项卡的"大小"组中改变"高度"和"宽度"，也只改变了背景的高度和宽度。

3）如果将艺术字转换为某种形状，那么选定艺术字，在控制点上按住鼠标左键拖动，会改变艺术字本身及其背景的大小，艺术字会自动改变大小甚至折行来适应背景，若背景缩得太小会减少艺术字的数量来适应背景。

4）无论转换与否，在 Word 2016 中都可以按普通文本的方法设置艺术字的大小。方法如下：先选定需要设置的艺术字，单击"开始"选项卡，在"字体"组中选择合适的字号即可；甚至也可像普通文本一样设置字符格式和段落格式，如字体、字号、颜色、下划线、对齐方式、首行缩进等格式（参见 3.4.1 和 3.4.2）。

（3）修饰艺术字的轮廓与填充。通过"艺术字样式"组中的"文本填充"和"文本轮廓"按钮中，可分别对艺术字的笔画轮廓和笔画内部填充进行设置和修饰，方法如下：

1）单色填充。选定要修饰的艺术字，单击"绘图工具—格式"选项卡，在"艺术字样式"组中单击"文本填充"右边的下三角按钮，在打开的下拉面板（图 3-106）中可以选择主题颜色和标准色中的颜色作为艺术字笔画的填充色。也可以选择"其他填充颜色"命令，打开"颜色"对话框，如图 3-107 所示，可选择"标准"选项卡中的颜色，也可以在"自定义"选项卡中输入红色、绿色、蓝色三原色的值进行自定义，如图 3-108 所示。

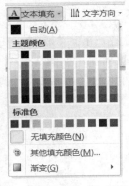
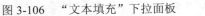
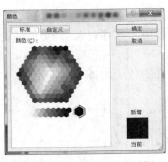
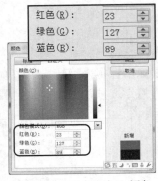

图 3-106　"文本填充"下拉面板　　　图 3-107　"颜色"对话框　　　图 3-108　"自定义"颜色

2）渐变填充。选定要进行修饰的艺术字后，在"绘图工具—格式"选项卡的"艺术字样式"组中打开"文本填充"下拉面板，选择"渐变"→"其他渐变"命令，可以设置用渐变色填充。

3）设置艺术字的轮廓。选中需要设置轮廓的艺术字文字，在打开的"绘图工具—格式"选项卡中，单击"艺术字样式"组中的"文本轮廓"旁边的下三角按钮，在打开的下拉面板中设置艺术字轮廓的线型、粗细和颜色。

（4）在"艺术字样式"组中的"文本效果"下拉列表（图 3-104）中，可对艺术字设置"阴影""发光""棱台""三维旋转"等效果。

（5）设置艺术字背景。在 Word 2016 中可以对艺术字的背景进行设置。将光标置于艺术字中，单击"绘图工具－格式"选项卡，在"形状样式"组（图 3-109）中单击"形状填充"按钮，可在其下拉面板（图 3-110）中选择用"单色""渐变""图片""纹理"等方式填充背景。图 3-111 所示为用"纹理"中的"水滴"填充艺术字背景的效果。在"形状样式"组中还可以对背景的轮廓和形状效果进行设置。

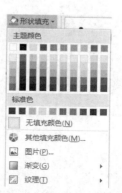

图 3-109　"绘图工具－格式"选项卡中的"形状样式"组　　图 3-110　"形状填充"下拉面板

请在此放置您的文字

图 3-111　将艺术字背景设为"水滴"后的效果

3.6.3　自绘图形

1．绘制图形

有时文中需要绘制箭头、矩形、线条、标注、流程图等，可在 Word 2016"插入"选项卡的"插图"组中进行。

单击"插图"组中的"形状"按钮，打开"形状"下拉面板，如图 3-112 所示。在下拉面板中选择一种形状类型，在其中的子类型中选定自己需要的形状，此时鼠标指针变成 ✚ 形状。将鼠标指针定位到需要绘制图形的位置，按住鼠标左键拖动，完成后松开即可。此时 Word 2016 自动打开"绘图工具－格式"选项卡，对于绘制图形的轮廓、填充、形状效果，以及大小、与文字环绕关系的设置与对图片与艺术字的设置相同。

2．添加文字

鼠标指针指向绘制的图形（封闭的）并右击，在弹出的快捷菜单中选择"添加文字"选项，可以向绘制图形中添加文字。

3．对象的排列与组合

（1）对象的层次。当文中有两个或两个以上对象时，无论是图片、艺术字还是自绘图形等，都存在不同的上下层次，当它们有部分重叠时就显现出来了，可以选定对象，在"图片工具－格式"或"绘图工具－格式"选项卡的"排列"分组中用"上移一层"或"下移一层"按钮进行调整。在图 3-113 中，有图片、自绘菱形和艺术字三个对象，其中图片在最底层，选定艺术字后，将艺术字置于底层。

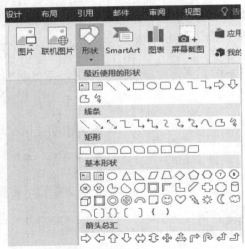

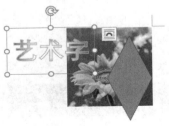

图 3-112 "形状"下拉面板　　　　　　　图 3-113 将艺术字置于底层

（2）选定多个对象。单击需要选定的第一个对象，若要继续选定对象，应按住 Shift 键，再单击需要选定的其他对象即可。

（3）对象的对齐与分布。选定需要排列的多个对象之后，在"排列"分组中单击"对齐"按钮，在弹出的下拉菜单中可以选择多种对齐方式，如图 3-114 所示，还可选择各对象之间均匀分布。图 3-115 所示为选择"垂直居中"和"横向分布"后的对齐效果。

图 3-114 "对齐"下拉菜单　　　　　图 3-115 选择"垂直居中"和"横向分布"后的对齐效果

（4）组合与取消组合。确定好多个对象的位置以后，可以使它们组合成一个整体，便于移动和缩放。操作方法如下：

1）选定多个需要组合的对象。

2）单击"图片工具－格式"或"绘图工具－格式"选项卡"排列"组中的"组合"按钮，在弹出的下拉菜单中选择击"组合"命令即可组合图片。

3）选定组合对象，单击"图片工具－格式"或"绘图工具－格式"选项卡"排列"组中的"组合"按钮，在弹出的下拉菜单中选择"取消组合"命令即可取消组合。

4）嵌入型对象不能与非嵌入型对象一起选定，当然也不能实现排列、对齐、分布等操作。也不能用按住 Shift 键的方法来选定多个嵌入型对象。

3.6.4　SmartArt 图形

1. 插入 SmartArt 图形

SmartArt 图形是一系列已经成型的表示某种关系的逻辑图或组织结构图,实际就是一系列形状和艺术字的组合。Word 2016 提供了插入 SmartArt 图形的功能,用户可以在文档中插入更加丰富多彩、表现形式灵活的 SmartArt 图形,操作步骤如下:

（1）单击"插入"选项卡。

（2）在"插图"组中单击 SmartArt 按钮,打开图 3-116 所示的对话框。

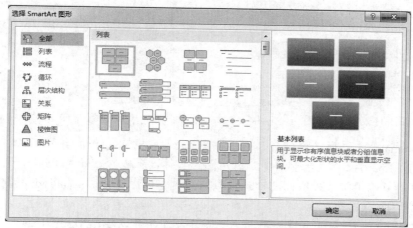

图 3-116　"选择 SmartArt 图形"对话框

（3）在打开的对话框中单击左侧的类别名称选择合适的类别,如"循环",然后在右侧选择所需的 SmartArt 图形,如"射线循环",单击"确定"按钮,即在文档中插入了选中的图形,如图 3-117（a）所示。

（a）插入"射线循环"图　（b）将顶端形状改为"泪滴"　（c）应用样式并更改颜色

图 3-117　插入 SmartArt 图形

（4）在插入的 SmartArt 图形中可单击文本占位符输入合适的文字,此处的文字为艺术字。

2. 修改 SmartArt 图形

对已经插入的 SmartArt 图形,可以根据需要删除形状或添加形状。

（1）删除形状。单击要删除的形状,选定该形状,按 Delete 键即可删除所选形状。

（2）增加形状。指向 SmartArt 图形的某个形状并右击,在弹出的快捷菜单中选择"添加形状"命令,在其下级菜单中进行相应的选择,如选择"在前面添加形状"命令（图 3-118）,

即可在选定形状的前面或左边添加形状。

（3）更改形状。指向 SmartArt 图形的某个形状并右击，在弹出的快捷菜单中选择"更改形状"命令，在其下级面板（图 3-119）中选择想要改成的形状，如"泪滴形"，单击即可。将顶部形状更改为"泪滴形"后的效果如图 3-117（b）所示。

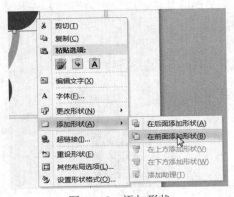

图 3-118　添加形状

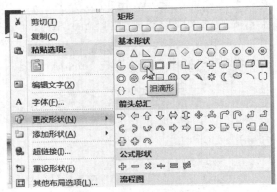

图 3-119　更改形状

3. 设置 SmartArt 图形格式

（1）设置 SmartArt 图形整体样式。选定图形整体，单击"SmartArt 工具－设计"选项卡，在"SmartArt 样式"组中选择所需的样式及颜色。图 3-117（c）所示为将图形整体应用了样式并且更改了颜色后的效果。

（2）设置 SmartArt 图形单个形状样式。选定某个形状，单击"SmartArt 工具－格式"选项卡，在"形状样式"组中可对选定的形状重新设置格式，方法与自绘图形相同；在其"艺术字样式"组中可对选定形状中的艺术字重新设置格式，方法与艺术字相同。

3.6.5　文本框

文字、表格、图片都可以放在文本框中，只要被装进了文本框，就如同装进了一个容器。文本框是一个独立的对象，可以任意调整其大小，也可以任意移动其位置，使得文档中的各部分可以更加灵活地安排在页面的不同位置，而不必受到段落格式、页面设置等因素的影响。

1. 插入文本框

单击"插入"选项卡，在其中的"文本"组中单击"文本框"按钮，打开内置文本框面板后，进行如下操作均可插入文本框。

（1）使用内置样式。Word 2016 内置有多种样式的文本框供用户选择，在打开的文本框面板中选择一种内置文本框类型，如图 3-120 所示，单击选中"奥斯汀提要栏"类型，即返回 Word 2016 文档窗口，所插入的文本框处于编辑状态，直接输入用户的文本内容即可。

（2）手动绘制文本框。在图 3-120 所示的下拉面板中选择"绘制文本框"或"绘制竖排文本框"命令，鼠标指针变成十字形状，按住鼠标左键拖动即可绘制出横排或竖排的文本框。

2. 文本框格式设置

插入的文本框与文本的关系默认为"浮于文字上方"。文本框中可输入文字或插入图片，文本框中的文字格式的设置可按普通文本的格式设置方法进行。

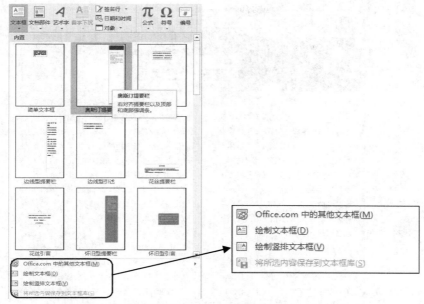

图 3-120　"文本框"下拉面板及面板底部选项

也可将文本框看作一种自绘图形，可按自绘图形的方法对其进行格式设置。选定文本框、改变大小、移动位置、文本框的线条、填充等项目以及格式的设置，如文字环绕、对齐、组合等操作，均与自绘图形相同。

3. 文本框的链接

文中有多个文本框时，可以为文本框之间创建链接，这样第一个文本框中显示不完的内容会自动显示到第二个文本框中，第二个依然显示不完，可以显示到第三个文本框中……方法如下：

（1）将光标置于第一个文本框，单击"绘图工具－格式"选项卡，选择"文本"组中的"创建链接"命令，如图 3-121 所示，此时鼠标指针变成图中[1]所示的形状；将光标移至第二个文本框中（第二个文本框必须是空的），鼠标指针变成图中[2]所示的形状，单击，即创建了第一个文本框与第二个文本框文本框的链接。

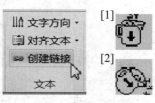

图 3-121　创建链接

（2）将光标置于第二个文本框中，选择"文本"组中的"创建链接"命令；将鼠标指针移至第三个文本框中并单击，即创建了第二个文本框与第三个文本框的链接。

（3）将光标置于某个与下级文本框有链接的文本框中，单击"绘图工具－格式"选项卡，此时在其"文本"组中会有"断开链接"命令按钮，单击会断开与其下级所有文本框的链接。

3.6.6　应用举例

【例 3-3】制作图 3-122 所示的"交通安全常识"宣传刊物页面。

要求：A4 纸；上、下、左、右页边距均为 2cm；艺术字标题字体为"方正大黑简体"；文本框内的标题字体分别为小二号、小四；正文为宋体，小四；行距为 22 磅。

图 3-122　"交通安全常识"宣传刊物页界

　　由于内容较多，为了叙述方便，我们将页面分解成三个部分，也将本例分解成以下 3 个部分：

　　（1）页面上段：刊头、标题及页面的设置。

　　（2）页面中段：文本框的设置。

　　（3）页面下段：流程图的设置。

　　下面进行案例分析。

　　【例 3-3-1】页面上段：刊头、标题及页面设置。

　　分析如下：

　　页面上段由下列要素组成：图片，"随大流"；艺术字，"交通安全常识"；自绘图形。案例中页面边框在上、下、左、右页边距之内，这不是普通的"页面边框"，而是用自绘图形绘制的矩形边框。

　　操作步骤如下：

　　（1）页面的设置。设置纸张和页边距：单击"布局"选项卡，在"页面设置"分组中选择纸张大小为 A4 纸，并将上、下、左、右页边距设为 2cm，其余采用默认值。

（2）页面边框的设置。

1）绘制矩形：选择"插入"→"插图"→"形状"命令，在弹出的下拉面板中选择"矩形"选项，鼠标指针变为十字形，将鼠标指针置于左上角的页边距处，按住鼠标左键拖动至右下角的页边距处，绘制一个矩形。

2）设置矩形内部透明：选定该矩形，切换至"绘图工具－格式"选项卡，单击"形状样式"组中的"形状填充"按钮，在弹出的下拉面板中选择"无填充色"选项。

3）设置矩形轮廓线条：在"形状样式"组中单击"形状轮廓"按钮，在弹出的下拉面板中选择"绿色，个性色 6，淡色 40%"选项；在该面板的"粗细"中选择 3 磅；在"粗细"的下级面板中选择"其他线条"命令，打开"设置形状格式"对话框，在其"线型"下拉面板中选择"复合类型"中的"双线"。

（3）图片的设置。

1）插入图片：选择"插入"→"插图"→"图片"命令，在弹出的对话框中选择图片"随大流"插入，将鼠标指针置于图片四周的控制点上，按住鼠标左键拖动控制点，调整图片大小至合适，并将其拖动到合适的位置。

2）设置环绕：选定图片，单击"图片工具－格式"选项卡，在"排列"组中单击"环绕文字"按钮，在弹出的下拉面板中选择"浮于文字上方"选项。

（4）插入艺术字。

1）选择"插入"→"文本"→"艺术字"命令，在打开的下拉面板中任选一种类型，在艺术字编辑框中输入"交通安全常识"。

以下操作均需选定艺术字，每步中不再重复描述。

2）设置字体：单击"开始"，在"字体"组中将其设为"方正大黑简体"。

3）设置艺术字笔画填充、轮廓与转换：在"艺术字样式"组中，将"文本填充"设为"蓝色，个性色 5，淡色 40%"；将"文本轮廓"设为"蓝色，个性色 5，深色 50%"，并在"文本轮廓"下拉面板中选择"粗细"为 1.5 磅；将"文本效果"设为"转换"中的"正方形"。

4）调整艺术字大小：将鼠标指针置于艺术字四周的控制点上，按住鼠标左键拖动控制点，调整艺术字大小至合适，并将其移动到合适的位置。

【例 3-3-2】页面中段：文本框的设置。

分析如下：页面中段包含两个文本框组成的标题以及用文本框组成的正文。正文为什么不用分栏而用文本框呢？因为如果用分栏不好处理左下方的标题，而该标题完全属于其他部分，用文本框的链接功能恰好能处理这种文本。

操作步骤如下：

（1）插入正文文本框。

1）插入文本框[1]：单击"插入"选项卡，在"文本"组中选择"文本框"→"绘制文本框"命令，鼠标指针变成十字形状，按住鼠标左键拖动，画一个文本框，输入所有文字"1、忌单手……无须紧急刹车"。

2）设置文本框字体、字号：单击文本框四周的边线，选定整个文本框，单击"开始"按钮，在"字体"组中将其设为"宋体"，小四；在"段落"组中单击"打开对话框"按钮，在打开的"段落"对话框中将行距设为"固定值"，22 磅。

3）缩小文本框[1]，创建文本框[2]：将鼠标指针指向文本框[1]的边线上并单击，选定整个文本框，将鼠标指针指向四周的控制点上，鼠标指针成为双向箭头，按住鼠标左键拖动，调整文本框大小至合适（此时只能显示部分文本），然后绘制文本框[2]。

4）创建链接：将鼠标指针置于文本框[1]中，单击"绘图工具－格式"选项卡，在"文本"组中选择"创建链接"命令，鼠标指针变为水杯形；然后将鼠标指针移到文本框[2]中，鼠标指针变为倾斜往外倒的水杯形状；单击文本框[2]，可以看到文本框[1]中没显示完的内容显示在文本框[2]中。

5）调整两个文本框的大小，并移动到合适的位置。

6）绘制文本框轮廓线：选定文本框，选择"绘图工具－格式"→"形状样式"→"形状轮廓"命令，在弹出的下拉面板中指向"虚线"，在其下级面板中选择"短划线"选项。

（2）用类似的方法制作另外两个标题文本框，设置字体为"方正大黑简体"，小二号，红色；文本框轮廓为"无轮廓"。

【例 3-3-3】页面下段；流程图的设置。

分析如下：该流程图由一张图片加多个自绘图形组成。自绘图形包括椭圆与箭头，在 Word 2016 中用编辑顶点可以改变箭头形状得到尖尾箭头。自绘图形中的文字用文本框（也可用艺术字），因为用自绘图形本身添加文字时，自绘图形不能做得很小。

操作步骤如下：

（1）绘制椭圆[1]与文本框[1]。

1）绘制椭圆：选择"插入"→"插图"→"形状"命令，在弹出的下拉面板中选择"椭圆"选项，按住鼠标左键拖动，绘制一个椭圆。

2）设置椭圆格式：选定该椭圆，单击"绘图工具－格式"选项卡，在"形状样式"组中单击"形状填充"按钮，在弹出的下拉面板中选择"蓝色"选项；在"轮廓"下拉面板中选择"无轮廓"选项。

3）插入文本框：选择"插入"→"文本"→"文本框"→"绘制文本框"命令，按住鼠标左键拖动，画一个文本框；在文本框中输入"受案、记录、出警"，将文字设成小四，黑体，白色；选中文本框，分别在"绘图工具－格式"→"形状样式"中将"形状填充"和"形状轮廓"设置为"无填充"和"无轮廓"，并将文本框拖到椭圆上方，如图 3-123 所示。

4）调整文本框及椭圆的大小到满意为止，下方的椭圆最好不要完全被文本框遮盖住（便于选定，也便于后面还要单独拖动文本框或椭圆以改变其形状和大小），然后选定这两个对象，将它们组合起来。

图 3-123　将文本框拖到椭圆上方

（2）复制椭圆[1]与文本框[1]的组合。选定椭圆[1]与文本框[1]的组合，用鼠标指针指向它并按住 Ctrl 键拖动到他处，松开鼠标，即复制了一个组合，修改其中的文字，调整椭圆与文本框的形状和大小，即可完成组合[2]。

（3）插入箭头。选择"插入"→"插图"→"形状"命令，在弹出的下拉面板中选择"箭头总汇"中的"左箭头"（或"右箭头"），按住鼠标左键拖动，绘制一个适当大小的左箭头，并移到合适的位置。

（4）制作尖尾箭头。

1）选择"插入"→"插图"→"形状"→"箭头总汇"→"上弧形箭头"命令，按住鼠标左键拖动，绘制一个上弧形箭头。

2）编辑顶点：右击绘制的上弧形箭头，在弹出的快捷菜单中选择"编辑顶点"命令，箭头上产生默认的顶点，如图 3-124（a）所示，鼠标指针置于箭头尾部右侧的顶点上时变成图中所示的形状，此时右击，弹出的快捷菜单如图 3-124（b）所示，选择"删除顶点"命令，逐个删除箭头后半截的多个顶点后，得到图 3-124（c）所示最下面的尖尾箭头。

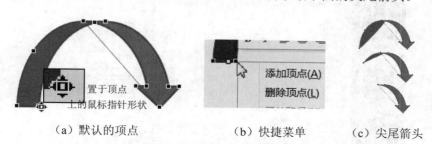

（a）默认的项点　　　　　（b）快捷菜单　　（c）尖尾箭头

图 3-124　编辑顶点制作尖尾箭头

3）旋转箭头：选定尖尾箭头，按住 Ctrl 键拖动鼠标，复制出多个尖尾箭头；将每个尖尾箭头按照需要进行旋转，可以得到不同指向的箭头，如图 3-125 所示。

图 3-125　旋转对象得到不同指向的箭头

（5）插入图片"交警"。

（6）组合对象。

1）组合：将椭圆、文本框、箭头、图片移动到各自合适的位置后，先选定一个对象，然后按住 Shift 键，单击其余对象，即可选定上述所有对象；单击"绘图工具－格式"选项卡，在"排列"组中组合对象。

2）设置对象环绕方式：选定组合对象，单击"绘图工具－格式"选项卡，在"排列"组中单击"环绕文字"按钮，在弹出的下拉面板中选择"浮于文字上方"命令，并将对象拖动到合适的位置。

3.7　Word 2016 文档的打印与保护

3.7.1　打印文档

1．打印预览

在正式打印文档之前，一般先要进行打印预览。打印预览可以预先在屏幕上浏览打印的效果，可在一个缩小的尺寸范围内显示全部页面内容，从而避免不合要求的打印结果而造成纸张和时间的浪费。

单击快速工具栏"打印预览"按钮，或选择"文件"→"打印"命令，窗口右侧即为打印预览显示，如图 3-126 所示。在"打印预览"窗口中可以预览排版的效果，不满意可以返回编辑状态继续修改。可以通过调整预览区下面右端的的滑块来改变预览视图的大小。

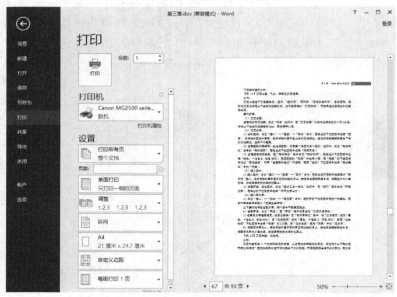

图 3-126　　"打印预览"窗口

2.　打印设置

Word 2016 默认打印文档中的所有页面，预览后觉得满意，需要打印时，在"打印"面板中的"设置"区域可以修改打印设置，如图 3-127 所示。在其中可以选择"打印所有页""打印当前页""打印自定义范围"等，若选择"打印自定义范围"选项，需要在"页数"文本框内输入要打印的页号，如"1,3,5-9"。在"设置"区域还可以设置打印的方向（横向或纵向）、打印的纸张类型、单面打印还是双面打印等。如果单击"设置"区下部的"页面设置"按钮，还可以打开"页面设置"对话框。

图 3-127　　"打印"面板的"设置"区域

3. 打印文档

选择"文件"→"打印"命令，在"打印"面板中单击"打印机"右边的下拉箭头，在弹出的下拉列表中选定要输出的打印机，然后单击打印面板顶部的"打印"按钮即可。

3.7.2　保护文档

有时为了防止误操作，或者只允许指定的用户查看文档内容，或者根据不同的浏览者对文档的修改设置了一定的限制，则需要对文档进行保护。在 Word 2016 中，选择"文件"→"信息"→"保护文档"命令，其下拉面板如图 3-128 所示。其中有 5 种保护措施，下面对常用的 3 种措施进行介绍。

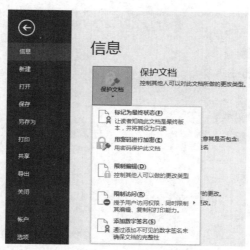

图 3-128　"保护文档"下拉面板

1. 标记为最终状态

选择"保护文档"下拉面板中的"标记为最终状态"命令，会弹出图 3-129 所示的对话框，单击"确定"按钮，会弹出另一个对话框，再次单击"确定"按钮，即将文档标记为最终版本，并将其设置为"只读"。

2. 用密码进行加密

选择"保护文档"下拉面板中的"用密码进行加密"命令，会弹出如图 3-130 所示的对话框，在其中可以输入密码，单击"确定"按钮后，会为文本加上打开密码。保存文本文件并退出编辑状态，下次打开该文本文件时会弹出"密码"对话框，必须输入正确的密码才能打开文本文件。

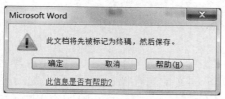

图 3-129　"标记为终稿"对话框

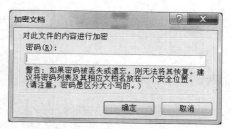

图 3-130　"加密文档"对话框

3．限制编辑

（1）选择"保护文档"下拉面板中的"限制编辑"命令，打开"限制编辑"任务窗格，如图 3-131 所示。

（2）勾选"限制对选定的样式设置格式"复选框，单击"设置"按钮，在弹出的"格式设置限制"对话框中勾选"限制对选定的样式设置格式"复选框，单击对话框中的"全部"按钮，设置允许使用的样式，然后单击"确定"按钮，此时会弹出对话框，提示该文档可能包含不允许的格式，并询问是否将其删除，单击"否"按钮。

（3）在"编辑限制"区域的下拉列表框（图 3-132）中可选择允许在文档中进行的编辑（要勾选"仅允许在文档中进行此类型的编辑："复选框），比如"批注"，将来这个受保护的文本即可以插入批注。

图 3-131　"限制编辑"任务窗格　　　　图 3-132　"编辑限制"区域的下拉列表

（4）如果文档中有部分文本允许改动，比如合同中的签名位置，则可以在图 3-131 中的"例外项（可选）"区域中勾选"每个人"复选框。

（5）在任务窗格中单击"是，启动强制保护"按钮，弹出"启动强制保护"对话框，在"新密码"和"确认新密码"输入框中输入相同的密码，单击"确定"按钮即开始对文档进行保护，该保护是限制用户对 Word 2016 文档内容进行修改（例外项除外）。

习题三

单选题

1．如果想保存一个正在编辑的文档，但希望以不同文件名存储，则可用（　　　）命令。

　　A．保存　　　　　B．另存为　　　　　C．比较　　　　　　D．限制编辑

2. 在 Word 2016 中，默认保存后的文档格式扩展名为（　　）。

  A．doc   B．docs   C．docx   D．dot

3. 保存 Word 文档的快捷键是（　　）。

  A．Ctrl+N   B．Ctrl+O   C．Ctrl+C   D．Ctrl+S

4. 在 Word 中，如果在输入的文字或标点下面出现红色波浪线，则表示（　　），可用"审阅"功能区中的"拼写和语法"来检查。

  A．拼写和语法错误   B．句法错误

  C．系统错误   D．其他错误

5. 在 Word 中，要将行距设为 1.25 倍，应该使用"段落"对话框中的（　　）。

  A．单倍行距   B．多倍行距

  C．1.25 倍行距   D．固定值

6. 在 Word 2016 中，将行距设为 24 磅，应该在（　　）进行。

  A．"段落"分组中的"行与间距"按钮

  B．"段落"对话框中的"固定值"

  C．页面布局

  D．以上都不能

7. Word 的格式刷可以复制（　　）。

  A．字符和段落格式   B．图形格式

  C．页面设置格式   D．以上都可以

8. 有关 Word 的字号，下列说法正确的是（　　）。

  A．五号比 5 大   B．五号与 5 一样大

  C．五号比四号大   D．以上都不对

9. 关于 Word 的页码，下列说法正确的是（　　）。

  A．可以用插入艺术字的方法为文档设置艺术字页码

  B．在"布局"中进行

  C．页码插入后不能删除

  D．默认页码从 1 开始

10. 下面有关 Word 2016 表格功能的说法，不正确的是（　　）。

  A．可以通过表格工具将表格转换成文本

  B．表格的单元格中可以插入表格

  C．表格中可以插入图片

  D．不能设置表格的边框线

11. 在 Word 中，通过（　　）可以看到文档打印效果。

  A．放大镜   B．显示比例

  C．页面布局   D．打印预览

12. 设置表格的边框和底纹，可以在（　　）中进行。

  A．"表格工具—设计"   B．"布局"中的"页面设置"

  C．A、B 皆可   D．A、B 都不能

13. 在 Word 2016 中对表格中的数据进行计算之后，如果单元格的数据又发生了改变，则计算的结果可以更新。方法是，选定计算公式的单元格，然后按（　　　）键。

  A．F4　 B．Alt+F4 组合　 C．CapsLock　 D．F9

14. 按 Ctrl+Shift+Z 组合键，可以清除（　　　）。

  A．字符格式　 B．段落格式　 C．页面格式　 D．图形格式

15. 删除表格中行、列或整个表格，应该先选定，然后按（　　　）键。

  A．CapsLock　 B．Backspace　 C．PrintScreen　 D．Tab

16. 下面的操作方法或位置中，不可能改变表格列宽的是（　　　）。

  A．按住鼠标拖动列线　 B．水平标尺

  C．"表格工具"功能区面板　 D．"表格属性"对话框

  E．"分布列"　 F．垂直标尺

17. Word 2016 中不存在可能与文字有环绕关系的是（　　　）。

  A．页面边框　 B．表格

  C．艺术字　 D．文本框与 SmartArt 图形的组合

18. 如果需要把文本中的各级标题设成大纲，则下列操作正确的是（　　　）。

  A．在"字体"和"段落"组中设置，将标题字号设成比正文大，且各级标题字号、行距等也应该不同

  B．在大纲视图中设置各级标题

  C．在样式窗格中设置各级标题

  D．在页面视图中设置各级标题

19. 取消页面边框的正确方法是（　　　）。

  A．单击"快速工具栏"中的"撤消"按钮

  B．在"样式窗格"中单击"全部清除"按钮

  C．应用格式刷

  D．在"页面边框"中进行取消

20. 关于页眉/页脚，下列说法错误的是（　　　）。

  A．页眉/页脚中也可以插入自绘图形

  B．页眉/页脚可以像普通文本一样设置字符和段落格式

  C．页码也可以设置奇偶页不同的格式

  D．页眉/页脚设置完成后，可以按 Esc 键或 Backspace 键返回编辑状态

第4章　Excel 2016 的应用

4.1　Excel 2016 概述

Excel 2016 是 Microsoft 公司推出的 Office 2016 重要办公组件之一，主要用于处理电子表格，可以高效地完成各种表格和图表的设计，进行复杂的数据计算和分析，现已广泛应用于财务、行政、金融、经济、统计和审计等众多领域，大大提高了数据处理的效率。本章主要介绍 Excel 2016 的常用功能和基本操作。

4.1.1　Excel 2016 的启动与退出

Excel 2016 的启动和退出方式和 Word 2016 的相同。

1.　启动 Excel 2016

（1）通过"开始"菜单启动。单击任务栏上的"开始"按钮，选择"所有程序"命令，在列表中找到"Excel 2016"选项并单击，即可启动 Excel 2016。

（2）用快捷方式启动。双击桌面上的 Microsoft Excel 2016 快捷方式图标，即可启动 Excel 2016。

（3）利用现有的 Excel 文档启动。双击任何 Excel 文档或 Excel 文档的快捷方式，即可启动 Excel 2016。

启动 Excel 2016 应用程序后，会出现图 4-1 所示的工作窗口。

图 4-1　Excel 2016 工作窗口

2.　退出 Excel 2016

退出 Excel 2016 有以下方法：

（1）单击窗口右上角的"关闭"按钮。

（2）右击任务栏图标，选择"关闭窗口"命令。

（3）按 Alt+F4 组合键。

4.1.2 Excel 2016 窗口组成

启动 Excel 2016 后，将打开图 4-2 所示的 Excel 2016 窗口。

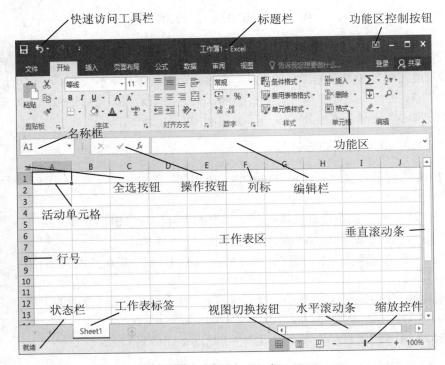

图 4-2　Excel 2016 窗口

图 4-2 中主要组成部分的功能和作用如下所述。

1. 快速访问工具栏

默认状态下，快速访问工具栏位于 Excel 2016 窗口的左上角，有保存、撤消和恢复 3 个按钮。单击这些按钮可快速执行相应操作。

单击快速访问工具栏右侧的（自定义快速访问工具栏）按钮后，在弹出的快捷菜单中选择一种命令可将相应按钮添加到快速访问工具栏；也可以在弹出的下拉菜单中选择"其他命令"选项，在弹出的"自定义快速访问工具栏"对话框中进行相应的设置；还可以选择"在功能区下方显示"命令改变快速工具栏的显示位置。

2. 标题栏和功能区控制按钮

标题栏位于快速访问工具栏的右侧，显示当前应用程序及当前工作簿的文件名。

功能区控制按钮位于工作界面的右上角，单击该按钮有"自动隐藏功能区""显示选项卡""显示选项卡和命令"3 个选项，单击可进行切换。

窗口最右上角的按钮分别用于实现程序窗口最小化、最大化/向下还原、关闭。

3. 功能区

功能区位于标题栏下方，提供用户使用 Excel 的多数功能的操作方式。单击功能区中的不同选项卡可对应不同的功能展示，在各功能展示的相应分组中有对应的命令按钮。多数功能命令分别保存在"文件""开始""插入""页面布局""公式""数据""审阅""视图"选项卡中。

（1）"文件"窗口。单击"文件"可以打开"文件"窗口，如图 4-3 所示。"文件"窗口分为 3 个区域：

- 左侧区域为命令选项区，该区域列出了与文档有关的操作命令选项，即"新建""打开""信息""保存""另存为""打印""共享""导出""发布""关闭""账户"和"选项"等。
- 在命令选项区选择某个选项后，中间区域将显示该类命令选项的可用命令按钮。
- 在中间区域选择某个命令选项后，右侧区域将显示其下级命令按钮、操作和有关信息选项。

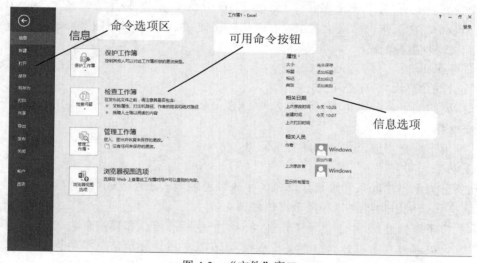

图 4-3　"文件"窗口

（2）"开始"功能区。该区主要包含一些常用功能按钮或菜单命令，如剪贴板、字体、对齐方式、数字、样式、单元格和编辑等功能组。

（3）"插入"功能区。该区主要包含插入 Excel 对象的操作，如在 Excel 中插入表格、插图、加载项、图表、演示、迷你图、筛选器、链接、文本、符号等。

（4）"页面布局"功能区。该区包含对 Excel 外观界面的设置功能，如主题、页面设置、调整为合适大小、工作表选项及排列等。

（5）"公式"功能区。该区主要包含函数、公式等计算功能，如函数库、定义的名称、公式审核及计算等。

（6）"数据"功能区。该区主要包含数据的处理和分析功能，如获取外部数据、获取和转换、连接、排序和筛选、数据工具、预测、分级显示等。

（7）"审阅"功能区。该区主要包含校对、中文简繁转换、见解、语言、批注、更改等。

（8）"视图"功能区。该区主要包含工作簿视图、显示、显示比例、窗口、宏等。

4.　名称框、编辑栏和操作按钮

名称框、编辑栏和操作按钮用于显示、输入、编辑和修改当前活动单元格的数据或公式。

（1）名称框：主要显示活动单元格或已命名单元区域的名称、图表项或绘图对象，也可用于快速选定指定单元格及单元格区域。

（2）编辑栏：用来显示、输入、编辑和修改当前活动单元格中的数据或公式，也可以在选择单元格后，直接在编辑栏中进行输入和编辑的操作。

（3）操作按钮："取消"按钮 ✕（取消输入）、"输入"按钮 ✔（确定输入）、"插入函数"按钮 𝑓ₓ。

5.　工作表区

工作表区位于 Excel 2016 窗口的中间，是 Excel 2016 的主体窗口，用于存放用户数据，由单元格组成，每个单元格由其地址来标识。一般默认设置为 1 个工作表，可以在"文件"选项卡的"选项"中更改默认的工作表数量。

工作表标签显示工作表及名称，Excel 2016 将每个工作表自动命名为 Sheet1,Sheet2,Sheet3…Sheet$n$，在工作表标签上右击，在弹出的快捷菜单中可以选择相应命令进行删除、移动、重命名、复制等操作。

6.　行号和列标

行号：行的编号，顺序是 1,2,3,…。

列标：列的编号，顺序是 A,B,…,Y,Z,AA,AB,…,AZ,BA,BB,…,BZ,…,IA,IB，…,IU…。

7.　全选框

全选框用于选择当前工作表的所有单元格。

8.　滚动条

滚动条分为水平滚动条和垂直滚动条，用来调整编辑的工作表的显示位置。

9.　状态栏、视图切换按钮和显示比例按钮

状态栏位于窗口底部，用于显示工作簿当前的一些状态信息和提供有关选定命令或操作进程的信息。可以通过右击打开"自定义状态栏"，在其中设置显示信息和功能。

视图切换按钮位于状态栏的右侧，包括"普通""页面布局""分页预览"3 个视图切换按钮。

显示比例按钮（缩放控制）位于视图切换按钮右侧，包括"缩小"按钮、缩放滑块、"放大"按钮。

4.1.3　Excel 2016 基本概念

Excel 2016 的工作方式是为用户提供一个工作簿，每个工作簿包含若干个工作表，用户在工作表中完成各种表格数据处理，最后将工作簿以文件的形式保存或打印输出。

1.　工作簿

工作簿即 Excel 2016 中用来存储和处理数据的文件，默认的主文件名为"工作簿 1"（当再次新建时，其默认的主文件名依次为"工作簿 2""工作簿 3"……，用户在保存时，可更改主文件名），默认的扩展名为 xlsx。每个工作簿可以包含一个或多个工作表，默认情况下，一个工作簿包含一个工作表。

2．工作表

工作表是工作簿的重要组成部分，用于存储和处理数据。每个工作表由行和列构成，行和列交叉形成的方格称为单元格，每个工作表都有一个工作表标签，工作表标签上显示的是工作表的名称，默认的工作表名为 Sheet1。若要编辑某张工作表，只需单击对应的工作表标签，此时选定的工作表称为活动工作表或当前工作表，其工作表标签成反白显示。

3．单元格

单元格是 Excel 2016 处理数据时的最基本单位。为了方便数据处理，每个单元格都有一个唯一的名称，称为单元格地址。单元格地址由列标和行号组成，如单元格 A4 就是指位于第 A 列第 4 行交叉点上的单元格。

Excel 2016 启动之后，光标自动定位在工作表 Sheet1 的 A1 单元格中。如果用鼠标指针（空心十字形状）单击某单元格，使它呈现绿色的边框，则这个单元格就是活动单元格，用户输入、编辑数据都需要在活动单元格中进行。

为区分不同工作表的同一位置单元格，在前面加上工作表名称，中间用"!"隔开。如"Sheet2!B3"表示工作表名为"Sheet2"的第 3 行第 2 列单元格地址。

4．单元格区域

多个连续的单元格组成的矩形区域称为单元格区域，其表示方法由单元格区域左上角和右下角单元格地址间加":"组成，如 A1:C4。

4.1.4　Excel 2016 视图模式

文件可以在窗口以不同的视图模式呈现，利用功能区中"视图"选项卡中的按钮或视图栏按钮切换视图。Excel 2016 有以下几种视图。

1．普通视图

普通视图是 Excel 中的默认视图，用于正常显示工作表，在其中可以进行数据输入、数据计算和图表制作等操作。

2．分页预览视图

分页预览视图是可显示要打印的区域和分页符位置的工作表视图。要打印的区域显示为白色，通常分页符显示的是蓝色。自动分页符显示为虚线，手动分页符显示为实线。

3．页面布局视图

页面布局视图以页面效果显示文档，查看、编辑、修改、修饰页眉和页脚。在页面布局视图中，每页都会显示页边距、页眉和页脚，用户可以在此视图模式下编辑数据、添加页眉和页脚，还可以拖动上方或左侧标尺中的浅蓝色控制条设置页面边距。

4．自定义视图

用户自定义视图模式。在自定义视图中可以设置行高、列宽，还可以进行单元格选择、筛选设置和窗口设置等，也可设置页边距、纸张大小、页眉和页脚以及工作表等。

4.1.5　Excel 2016 帮助系统

在使用 Excel 2016 的过程中，可以通过"帮助"系统来获得相关的帮助信息。按 F1 功能键，即可联机出现 Excel 帮助对话框。

4.2 Excel 2016 的基本操作

4.2.1 创建工作簿

Excel 2016 启动后，系统会自动为用户建立一个名为"工作簿 1.xlsx"的空工作簿，并预置一个名为 Sheet1 的空白工作表。如果用户需要建立一个新的工作簿，可用如下方法创建：

（1）选择"文件"选项卡中的"新建"命令，单击"新建"区域下方的"空白工作簿"，如图 4-4 所示，即可建立一个新的空白工作簿。

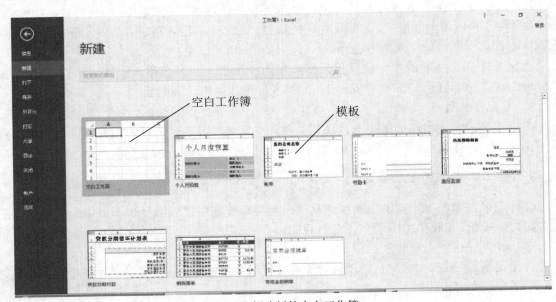

图 4-4　创建新的空白工作簿

（2）按 Ctrl+N 组合键，可快速创建空白工作簿。

（3）Excel 2016 还提供了一些模板，当需要创建一个相似的工作簿时，利用模板创建可以减少很多重复性工作。

4.2.2 保存工作簿

建立好工作簿后，就要及时进行保存，可用如下几种方法：

（1）单击"文件"选项卡，选择"保存"命令。

（2）单击"快速访问工具栏"中的"保存"按钮。

（3）使用 Ctrl+S 组合键。

若当前工作簿是未命名的新工作簿文件，则自动转为"另存为"命令，系统弹出一个"另存为"对话框，如图 4-5 所示。用户在"另存为"对话框中选择要保存工作簿的位置，并输入保存的文件名，然后单击"保存"按钮。

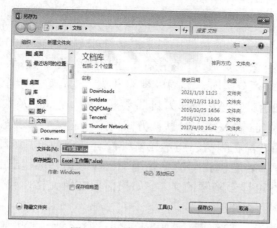

图 4-5　"另存为"对话框

4.2.3　打开工作簿

Excel 2016 允许同时打开多个工作簿。在 Excel 2016 中，还可以打开其他类型的文件，如 DBase 数据库文件、文本文件等。打开工作簿的方法如下：

（1）选择"文件"选项卡中的"打开"命令，在"打开"对话框中，选择所需打开的工作簿名，单击"打开"按钮。

（2）按 Ctrl+O 组合键。如需打开最近使用过的工作簿，可选择"文件"选项卡中的"最近所用文件"命令，然后在"最近使用的工作簿"区域内选择需要打开的工作簿名即可。

4.2.4　关闭工作簿

关闭工作簿的方法有如下几种：

（1）单击"文件"选项卡，选择"关闭"命令。

（2）单击窗口右上角的"关闭"按钮。

（3）右击标题栏，在弹出的快捷菜单中选择"关闭"命令。

4.3　建立和编辑工作表

4.3.1　工作表数据的输入

Excel 2016 中的数据类型包括字符型、数值型、日期型、时间型和逻辑型，还可以在单元格中输入公式。当在单元格中输入数据时，一般不需要特别指明输入数据的类型，Excel 2016 会自动识别数据类型，并对不同的数据类型按不同的对齐方式显示。

1．单个单元格数据的输入

选定单元格输入数据，数据会出现在选择的单元格和编辑栏中，用 Enter 键、Tab 键，或单击编辑栏上的✓按钮 3 种方法确认输入。如果要放弃输入的内容，则可单击编辑栏上的✘按钮或按键盘上的 Esc 键。

（1）输入数值型数据。输入数值型数据时默认方式靠右对齐，如果输入的数值位数达到 12 位或以上，系统会自动将输入的数值用科学记数法来显示（如 3.23456677E+14）。输入正数时，正数的符号可以省略；输入负数时，直接在数字前输入负号，或者用一对圆括号代替负号，如"-100"或"（100）"；输入分数时，必须以零为开头，然后输入一个 Space 键，再输入分数，如"0 3/5"，否则 Excel 2016 会把它处理为日期数据（例如：将 3/5 处理为 3 月 5 日）。

（2）输入文本型数据。输入文本时默认方式为靠左对齐。如果输入的文本长度超过了单元格的宽度，确认输入后，若右侧相邻的单元格中没有任何数据，则超出的文本会延伸到右侧单元格中，直到完全显示；若右侧相邻的单元格中已有数据，则超出的文本会隐藏，用户需增大列宽或设置自动换行方可显示隐藏的文本。如果需要在单元格中输入多行文本，则可在输入时按 Alt+Enter 组合键进行强制换行。

如果需要把数字作为文本型数据（如电话号码、身份证号等）输入，除了事先设置单元格的数据类型为文本外，还可以在第一个数字前输入一个"'"（英文状态下的单引号），再输入数字，如"'081712233445"。

（3）输入日期和时间。输入日期时用"/"或"-"来分隔年、月、日，如"2021-9-3"或"2021/9/3"；输入时间时用"："来分隔时、分、秒，如"12:11:20"。若需要输入系统当前日期，则可按 Ctrl+；组合键来快速完成；若需要输入系统当前时间，则可按 Ctrl+Shift+；组合键来快速完成。

（4）公式输入。在 Excel 2016 工作表中，若某个单元格中的数据可以通过计算得到，则可以为该单元格输入一个公式。输入公式的方法如下：先输入一个等号"="，再输入公式内容（如"=A1+A2"），然后单击✓按钮或按 Enter 键确认，即可在单元格中显示计算结果（其中，A1 和 A2 是单元格地址），并在编辑栏中显示该单元格的公式。有关公式的内容，将在"公式与函数"部分具体介绍。

2．序列填充

在工作表中输入数据时，有时会出现有规律的序列数据，如"一月，二月，……，十二月""1,2,3,…"等。Excel 2016 提供了序列数据自动填充输入功能，用户使用该功能可以快速地完成序列数据的输入，而不需要一个一个地输入这些数据。

（1）填充相同数据。如果要在工作表的某个区域输入相同的数据，则可选定需输入数据的区域，在任意单元格输入数据，按 Ctrl+Enter 组合键即可；也可先在一个单元格中输入数据，然后在水平方向或竖直方向拖曳该单元格填充柄到达目标区域时松开鼠标左键。

（2）填充已定义的序列数据。如果要在工作表某个区域输入有规律的数据，则可以使用 Excel 2016 的数据自动填充功能。它是根据输入的初始数据，然后到 Excel 2016 自动填充序列登记表中查询，如果有该序列，拖曳填充柄，则按该序列填充。

例如：单击一个单元格输入初始数据"一月"，然后将光标移至该单元格的填充柄上，鼠标指针会变成小黑十字形，此时按住鼠标左键在要填充序列的区域向下或向右拖动，到达目标区域时松开鼠标左键，实现自动填充后继项，即依次填入"二月""三月"……"十二月"。当然也可以向上或向左拖动填充柄，实现自动填充前续项。

（3）智能填充。

1）利用填充柄输入序列。单击单元格，输入初始值，将光标移至该单元格的填充柄上，按住鼠标左键在要填充序列的区域上拖曳填充柄，到达目标区域时松开鼠标左键。在填充数据后，被填充的区域最下方会出现"自动填充选项"按钮，单击该按钮，从弹出的下拉菜单中选择要进行的操作。另外，也可在相邻的两个单元格中先分别输入序列的前两个数，再选定这两个单元格区域，然后在水平或竖直方向拖动区域填充柄至目标单元格即可填充。

　　例如：填充输入数据"1,2,3,…,6"，可单击一个单元格，输入 1，然后向下拖曳填充柄到第 6 个单元格的区域松开鼠标，单击区域最下方出现的"自动填充选项"按钮，从弹出的下拉菜单中选择"填充序列"命令，即快速完成数据的输入，如图 4-6 所示。

　　2）利用"序列"对话框输入序列。在填充区域的第一个单元格中输入初始值，然后选择整个填充区域，在"开始"选项卡的"编辑"组中单击"填充"按钮，选择"序列"命令，弹出"序列"对话框，如图 4-7 所示，选中"行"或"列"单选按钮，确定序列产生的方向，选择序列类型，设置对应的参数，单击"确定"按钮完成序列填充。

图 4-6　填充柄输入序列

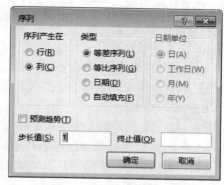

图 4-7　"序列"对话框

　　（4）自定义序列。用户也可以根据自己的需求来创建自定义序列，操作步骤如下：

　　1）选择"文件"选项卡中的"选项"命令，弹出"Excel 选项"对话框，在"高级"选项卡的"常规"属性设置中单击"编辑自定义列表"按钮，弹出"自定义序列"对话框，如图 4-8 所示。

图 4-8　"自定义序列"对话框

　　2）单击"自定义序列"列表框中的"新序列"选项，则在"输入序列"文本框中出现闪烁光标，在光标处输入自定义的序列项，每项末尾按 Enter 键进行分隔。

3）序列输入完毕后，单击"添加"按钮，则新定义的填充序列将添加到"自定义序列"列表框中，单击"确定"按钮，即完成自定义序列。

4.3.2　工作表的操作

默认情况下，Excel 2016 为用户预置一个工作表，用户可以添加工作表、删除工作表、重命名工作表，还可以将一个工作表的内容复制到其他工作表，以及移动工作表到其他位置或其他工作簿中。

1．选择工作表

（1）单击工作表标签即可选择该工作表，被选中的工作表变为活动工作表。

（2）选择相邻的多个工作表：单击第一个工作表标签，然后按住 Shift 键，单击准备选择的最后一个工作表标签。

（3）选择不相邻的多个工作表：单击第一个工作表标签，然后按住 Ctrl 键，同时单击准备选择的多个工作表标签。

（4）选择所有的工作表：右击任意一个工作表标签，在弹出的快捷菜单中选择"选定全部工作表"命令，即可完成所有工作表的选择。

2．重命名工作表

方法 1：右击重命名的工作表标签，在弹出的快捷菜单中选择"重命名"命令，此时需要重命名的工作表标签呈高亮显示，输入新的工作表名，按 Enter 键即可。

方法 2：双击需重命名的工作表标签，在呈高亮显示的工作表标签处删除原名，输入新的工作表名，按 Enter 键即可。

方法 3：选定需重命名的工作表，在"开始"选项卡的"单元格"组中单击"格式"按钮，选择"重命名工作表"命令，在呈高亮显示的工作表标签处删除原名，输入新的工作表名，按 Enter 键即可。

3．插入工作表

方法 1：选定工作表，在"开始"选项卡的"单元格"组中单击"插入"按钮，选择"插入工作表"命令，则在当前工作表之前插入一个新工作表。

方法 2：右击某工作表标签，选择快捷菜单中的"插入"命令，打开"插入"对话框，选择"常用"选项卡中的"工作表"，单击"确定"按钮，则在选定工作表之前插入一个新工作表。

方法 3：单击工作表标签位置处的（新工作表）图标，则在当前工作表后插入一个新的工作表。

4．删除工作表

选定需删除的工作表，在"开始"选项卡的"单元格"组中单击"删除"按钮，选择"删除工作表"命令；或右击需删除的工作表标签，在弹出的快捷菜单中选择"删除"命令。

注意：Excel 2016 中删除的工作表是不可恢复的，为永久删除。

5．移动和复制工作表

（1）利用鼠标在工作簿内移动或复制工作表。

1）移动工作表。在一个工作簿内移动工作表，可以改变工作表在工作簿中的先后顺序。其操作方法如下：

选择要移动的工作表标签，按住鼠标左键向左或向右拖动工作表标签，拖动时会出现黑色小箭头，当黑色小箭头指向要移动到的目标位置时放开鼠标，完成工作表的移动。

2）复制工作表。复制工作表可以为已有的工作表建立一个备份，操作方法如下：

复制工作表和移动工作表的操作类似，只是在拖动工作表标签的同时按住 Ctrl 键，当鼠标指针移到要复制的目标位置时，先松开鼠标，再松开 Ctrl 键即可。

（2）利用对话框在不同的工作簿之间移动或复制工作表。

1）分别打开两个工作簿（源工作簿和目标工作簿），使源工作簿成为当前工作簿。

2）在当前工作簿选定要复制或移动的一个或多个工作表标签。

3）右击，在弹出的快捷菜单中选择"移动或复制工作表"命令，弹出"移动或复制工作表"对话框，如图 4-9 所示。

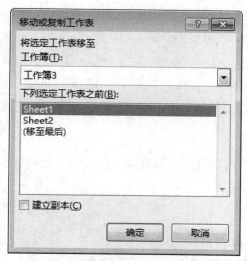

图 4-9　"移动或复制工作表"对话框

4）在"工作簿"下拉列表框中选择要复制或移动到的目标工作簿。

5）在"下列选定工作表之前"列表框中选择要插入的位置。

6）如果是移动工作表，取消勾选"建立副本"复选框；如果是复制工作表，则勾选"建立副本"复选框。单击"确定"按钮，则完成将工作表移动或复制到目标工作簿。

6. 工作表窗口的冻结与拆分

（1）冻结。冻结窗格可以实现选择滚动工作表时始终保持某些可见的数据。例如在滚动时保持行标题或列标题可见。选择要冻结的单元格，在"视图"选项卡的"窗口"组中单击"冻结窗格"按钮，选择合适的冻结选项即可，如图 4-10 所示。

（2）拆分。工作表建好后，有的工作表比较大，由于显示器的屏幕有限，往往只能看到一部分数据，即部分数据未在显示器上显示。为了便于对数据的准确理解，可以将工作表窗口拆分为多个窗口，每个窗口都显示同一个工作表，通过每个窗口的滚动条移动工作表，使需要的数据部分分别出现在不同的窗口中，这样便于理解表中的数据。拆分窗口方法如下：

单击"视图"选项卡"窗口"组中的"拆分"按钮可将工作簿窗口拆分为 4 个窗格。窗口拆分后，每个窗格里均可独立显示或编辑工作表，如图 4-11 所示。

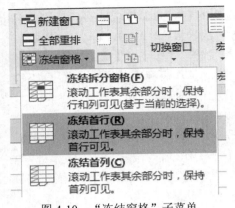

图 4-10 "冻结窗格"子菜单　　　　图 4-11 工作表窗口的拆分

（3）取消冻结、取消拆分。

1）取消冻结：在"视图"选项卡的"窗口"组中单击"冻结窗格"按钮，选择"取消冻结窗格"命令，即取消窗口冻结。

2）取消拆分：单击"视图"选项卡"窗口"组中的"拆分"按钮，或双击拆分条也可取消拆分窗口。

4.3.3　单元格的操作

编辑工作表指对单元格信息进行编辑处理，包括对单元格区域中输入的数据进行修改、删除、移动和复制等操作。

1. 单元格的选定

（1）选择一个单元格。

方法 1：直接单击单元格。

方法 2：利用键盘的移动键，将光标移至该单元格。

方法 3：在名称框中输入单元格地址，按 Enter 键。如输入 A6，按 Enter 键后，则快速定位到 A6 单元格。

（2）选择多个连续的单元格。

方法 1：选定需要选择的单元格区域左上角的单元格，然后按住鼠标左键并拖动，当拖动到需要选择的单元格区域右下角的单元格时，松开鼠标即可，如图 4-12 所示。

方法 2：选定需要选择的单元格区域左上角的单元格，然后按住 Shift 键，并单击单元格区域右下角的单元格。

方法 3：在单元格名称框中输入需要选择的单元格区域的地址，例如 A1:C5，按 Enter 键。

方法 4：单击该区域中左上角的第一个单元格，按 F8 键，使用键盘移动键扩展选定区域。要停止扩展选定区域，再次按 F8 键。

（3）选择多个不连续的单元格或单元格区域。

方法 1：选择第一个单元格或单元格区域，然后按住 Ctrl 键的同时选择其他单元格或区域，如图 4-13 所示。

方法 2：选择第一个单元格或单元格区域，然后按 Shift+F8 组合键，再单击其他单元格或单元格区域。若要停止向选定区域中添加单元格或单元格区域，再次按 Shift+F8 组合键。

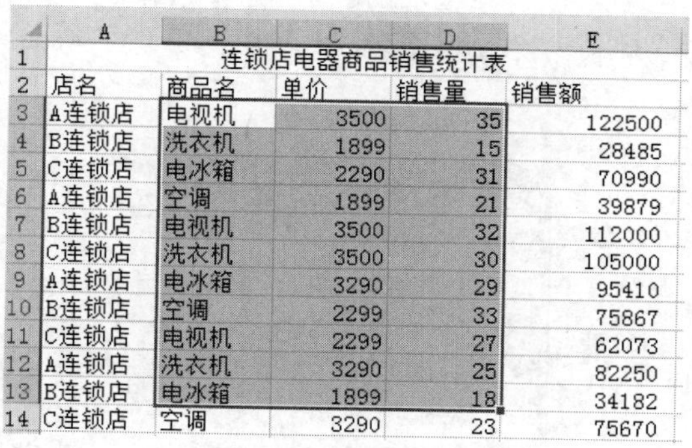

	A	B	C	D	E
1	连锁店电器商品销售统计表				
2	店名	商品名	单价	销售量	销售额
3	A连锁店	电视机	3500	35	122500
4	B连锁店	洗衣机	1899	15	28485
5	C连锁店	电冰箱	2290	31	70990
6	A连锁店	空调	1899	21	39879
7	B连锁店	电视机	3500	32	112000
8	C连锁店	洗衣机	3500	30	105000
9	A连锁店	电冰箱	3290	29	95410
10	B连锁店	空调	2299	33	75867
11	C连锁店	电视机	2299	27	62073
12	A连锁店	洗衣机	3290	25	82250
13	B连锁店	电冰箱	1899	18	34182
14	C连锁店	空调	3290	23	75670

图 4-12　选择连续的单元格

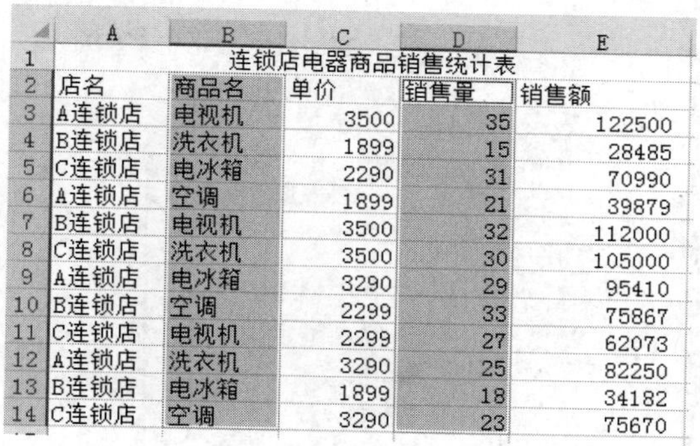

	A	B	C	D	E
1	连锁店电器商品销售统计表				
2	店名	商品名	单价	销售量	销售额
3	A连锁店	电视机	3500	35	122500
4	B连锁店	洗衣机	1899	15	28485
5	C连锁店	电冰箱	2290	31	70990
6	A连锁店	空调	1899	21	39879
7	B连锁店	电视机	3500	32	112000
8	C连锁店	洗衣机	3500	30	105000
9	A连锁店	电冰箱	3290	29	95410
10	B连锁店	空调	2299	33	75867
11	C连锁店	电视机	2299	27	62073
12	A连锁店	洗衣机	3290	25	82250
13	B连锁店	电冰箱	1899	18	34182
14	C连锁店	空调	3290	23	75670

图 4-13　选择不连续的单元格

（4）选择单元格中的文本。

方法 1：选中并双击该单元格，再选取其中的文本或部分文本。

方法 2：选中单元格，在编辑栏选取文本或部分文本。

（5）选择行。

选择一行：将鼠标指针指向需要选择的行对应的行号处，当鼠标指针呈→状时，单击可选中该行。

选择连续的多行：选中需要选择的起始行号，然后按住鼠标左键拖动至需要选择的末行行号处，松开鼠标即可。

选择不连续的多行：按住 Ctrl 键不放，然后依次单击需要选择的行对应的行号。

（6）选择列。

选择一列：将鼠标指针指向需要选择的列对应的列标处，当鼠标指针呈↓状时，单击可选中该列。

选择连续的多列：选中需要选择的起始列标，然后按住鼠标左键拖动至需要选择的末列列标处，松开鼠标即可。

选择不连续的多列：按住 Ctrl 键不放，然后依次单击需要选择的列对应的列标。

（7）选择工作表中的所有单元格。

方法 1：单击行号和列标交汇处的“全选”按钮，可选中当前工作表中的所有单元格。

方法 2：按 Ctrl+A 组合键。

2. 插入单元格、插入行和列

（1）插入单元格。选取要插入新空白单元格的单元格，在“开始”选项卡的“单元格”组中单击“插入”按钮，选择“插入单元格”命令，或右击所选单元格，在弹出的快捷菜单中选择“插入”命令，弹出“插入”对话框，如图 4-14 所示，选择要移动单元格的方式，单击“确定”按钮。

（2）插入行和列。选择要在其上方或左边插入新行或列的行或列，在“开始”选项卡的“单元格”组中单击“插入”按钮，选择“插入工作表行”或“插入工作表列”命令；或右击选中的行或列，在弹出的快捷菜单中选择“插入”命令。

3. 删除单元格、删除行和列

（1）删除单元格。选择要删除的单元格，在“开始”选项卡的“单元格”组中单击“删除”按钮，选择“删除”命令；或右击选中的单元格，在弹出的快捷菜单中选择“删除”命令，弹出"删除"对话框，如图 4-15 所示，选择"删除"列表中的某种方式，单击"确定"按钮。

图 4-14　　"插入"对话框

图 4-15　　"删除"对话框

注意：按 Delete 键只删除所选单元格的内容，而不会删除单元格本身。

（2）删除行、列。选择要删除的行或列，在"开始"选项卡的"单元格"组中单击"删除"按钮；或右击选定的行或列，在弹出的快捷菜单中选择"删除"命令。

4．移动或复制单元格

移动或复制单元格时，将移动或复制整个单元格，包括公式及结果值、单元格格式和批注。

（1）利用鼠标进行移动或复制。

1）移动。选定要移动的单元格或单元格区域，将鼠标指针移动到所选区域的边框上，呈上、下、左、右四个方向箭头时拖动鼠标至目标位置，松开鼠标左键即可。

2）复制。选定要复制的单元格或单元格区域，将鼠标指针移动到所选区域的边框上，呈上、下、左、右四个方向箭头时，按住 Ctrl 键，此时鼠标出现带"+"号左上空心箭头，拖动鼠标至目标位置，先松开鼠标左键，再松开 Ctrl 键即可。

（2）利用剪贴板进行移动或复制。

1）移动。选定要移动的单元格或单元格区域，单击"开始"选项卡"剪贴板"组中的"剪切"按钮，或按 Ctrl+X 组合键，选定粘贴的目标单元格或单元格区域，在"开始"选项卡的"剪贴板"组中单击"粘贴"按钮，或按 Ctrl+V 组合键即可。

2）复制。选定要复制的单元格或单元格区域，在"开始"选项卡的"剪贴板"组中单击"复制"按钮，或按 Ctrl+C 组合键，选择粘贴的目标单元格或单元格区域，在"开始"选项卡的"剪贴板"组中单击"粘贴"按钮，或按 Ctrl+V 组合键即可。

5．选择性粘贴

在 Excel 2016 中除了能够复制选定的单元格，还可以有选择地复制单元格数据，复制数据时往往只需复制它的部分特性。"选择性粘贴"命令可用于将复制单元格中的公式或数值与粘贴区域单元格中的公式或数值合并，也可将复制单元格中的公式或数值与粘贴区域单元格的内容进行加、减、乘或除等运算。

"选择性粘贴"还具有求"转置"功能。所谓"转置"就是对行、列数据的位置进行转换。例如，把一行数据转换成工作表的一列数据，当粘贴数据改变其方位时，复制区域顶端行的数据出现在粘贴区域左列处，左列数据则出现在粘贴区域的顶端行上。"选择性粘贴"选项及其含义见表 4-1。

表 4-1　"选择性粘贴"选项及其含义

粘贴选项	含义
全部	粘贴全部单元格内容和格式
公式	仅粘贴编辑栏中输入的公式
数值	仅粘贴单元格中显示的值
格式	仅粘贴单元格格式
批注	仅粘贴附加到单元格的批注
有效性验证	将复制的单元格的数据有效性规则粘贴到粘贴区域
所有使用源主题的单元	使用应用于源数据的主题粘贴所有单元格内容和格式
边框除外	粘贴应用到复制数据的文档主题格式中的全部单元格内容
列宽	将一列或一组列的宽度粘贴到另一列或另一组列
公式和数字格式	仅粘贴选定单元格的公式和数字格式选项
值和数字格式	仅粘贴选定单元格的值和数字格式选项

使用"选择性粘贴"的操作步骤如下：

（1）先对选定区域执行复制操作并指定粘贴区域。

（2）执行"粘贴"中的"选择性粘贴"命令，弹出"选择性粘贴"对话框，如图 4-16 所示。

（3）在"粘贴"选项组中选择所要的粘贴方式，单击"确定"按钮即可。

6. 单元格数据的清除

如果希望单元格保留位置，只是删除其内容、批注或格式等，可以使用清除命令。操作步骤如下：

（1）选定想要清除的单元格或单元格区域。

（2）在"开始"选项卡的"编辑"组中单击"清除"按钮，在其下拉列表中选择合适的"清除"命令，如图 4-17 所示。

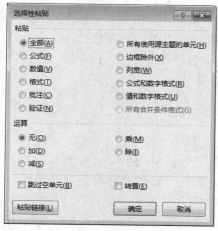

图 4-16　"选择性粘贴"对话框

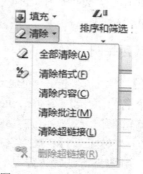

图 4-17　"清除"下拉列表

（3）如选择"全部清除"命令，则清除选定区域内的所有内容。

7．编辑单元格数据

（1）利用单元格进行编辑的步骤。

1）双击要编辑数据的单元格，出现闪烁的光标。

2）调整光标的位置，对单元格数据进行修改。

3）单击编辑栏的√按钮，或按 Enter 键，完成编辑操作；若不需要修改数据，则单击✕按钮。

（2）利用编辑栏进行编辑的步骤。

1）单击要编辑数据的单元格。

2）在编辑栏中定位光标的位置，修改编辑栏中的数据。

3）单击编辑栏中的√按钮，或按 Enter 键，完成编辑操作；若不需要修改数据，则单击✕按钮。

8．单元格数据的查找与替换

在"开始"选项卡的"编辑"组中单击"查找和选择"按钮，选择"替换"命令（或按 Ctrl+H 组合键），弹出"查找和替换"对话框，如图 4-18 所示。单击"选项"按钮可扩展对话框。在对话框中可输入需查找和替换的数据，然后单击相应的选项按钮，即可完成数据的查找与替换。

9．单元格批注

添加单元格批注，即给单元格添加一些说明性的文字，以便更好地理解单元格的内容。批注内容不显示在单元格中，当鼠标指针指向单元格时将显示批注。图 4-19 所示为给 E3 单元格添加批注。

图 4-18　"查找和替换"对话框　　　　　图 4-19　给 E3 单元格添加批注

添加批注的方法如下：执行"审阅"选项卡"批注"组中的"新建批注"命令；或右击单元格，在弹出的快捷菜单中选择"插入批注"命令，在"批注"输入框中输入批注内容，然后单击任意单元格即可。

4.3.4　应用举例

【例 4-1】"学生成绩表"的建立与编辑。

创建一个名为"学生成绩表.xlsx"的工作簿，在工作表 Sheet1 中输入图 4-20 所示的初始数据，然后编辑工作表：在学生"张蕾蕾"之前添加学生"钱刚"，其数据为"钱刚，92，88，72"；删除学生"林子"行；将学生"王智"和"程功"两行交换位置；在"姓名"列前插入"学号"列，用填充方法输入学号，并为文本类型，第一条记录的学号为"1204103101"；在第一行之前插入表标题"学生成绩表"；将学生"宁小兵"的英语"81"更改为"71"；复制工作表 Sheet1，并将复制的工作表重命名为"学生成绩表"。

	A	B	C	D
1	姓名	英语	数学	计算机基础
2	李小秋	73	82	90
3	程功	84	60	75
4	李心一	74	57	85
5	张蕾蕾	77	69	56
6	王红海	63	81	75
7	林子	67	78	80
8	赵文书	52	90	84
9	马婷艳	66	79	89
10	王智	47	61	70
11	宁小兵	81	72	68

图 4-20　初始数据

分析与操作步骤如下：

1. 启动 Excel，在空白工作表 Sheet1 中输入图 4-20 所示的数据

（1）双击桌面 Excel 2016 快捷图标或单击任务栏"开始"按钮，选择"所有程序"→Excel 2016 命令，启动 Excel 2016。

（2）选定工作表 Sheet1，单击 A1 单元格使其成为活动单元格，并输入列标题"姓名"，按 Tab 键激活 B1 单元格，输入"英语"，用相同方法依次输入"数学""计算机基础"。

（3）单击 A2 单元格，输入"李小秋"后按 Enter 键，依次输入其他学生姓名，并按上述相同方法输入表中各科成绩。

2. 插入行，输入学生"钱刚"数据

（1）单击"张蕾蕾"所在行行号，选择行。

（2）在"开始"选项卡的"单元格"组中单击"插入"按钮，选择"插入工作表行"命令；或右击"张蕾蕾"所在行号，在弹出的快捷菜单中选择"插入"命令，即在"张蕾蕾"前插入空白行。

（3）在插入的空白行中，依次输入数据"钱刚，92，88，72"。

3. 删除学生"林子"行

（1）单击"林子"所在行的任一单元格。

（2）在"开始"选项卡的"单元格"组中单击"删除"按钮，选择"删除工作表行"命令；或右击"林子"所在行号，在弹出的快捷菜单中选择"删除"命令。

4. 交换学生"王智"和"程功"两行位置

（1）单击"王智"所在行的行号，选定该行。

（2）将鼠标指针移到该行底部，当指针形状变为 ✛ 时，按住 Shift 键的同时拖动鼠标到"程功"所在行。

（3）单击"程功"所在行的行号，选定该行。

（4）将鼠标指针移到该行底部，当指针形状变为 ✛ 时，按住 Shift 键的同时拖动鼠标到原"王智"所在行，则两行位置相互交换。

5. 插入"学号"列

（1）选定"姓名"列。

（2）在"开始"选项卡的"单元格"组中单击"插入"按钮，选择"插入工作表列"命

令；或右击"姓名"所在列号，在弹出的快捷菜单中选择"插入"命令，即在"姓名"列之前插入空白列（A 列）。

6. 使用填充柄，快速输入文本类型"学号"

（1）单击 A1 单元格，输入"学号"。

（2）单击 A2 单元格，先输入英文状态的单引号"'"，再输入学号"1204103101"。

（3）将鼠标指针移到 A2 单元格右下角的填充柄处，当指针形状变为 ✚ 时，向下拖动鼠标，完成对其他学号的快速输入。

7. 插入表标题

（1）右击 A1 单元格的行号，在弹出的快捷菜单中选择"插入"命令，即在首行之前插入空白行。

（2）在空白行中输入表标题"学生成绩表"。

8. 修改"宁小兵"成绩数据

单击"宁小兵"英语成绩所在单元格（C12），直接在相应单元格中输入更改的成绩"71"即可。

9. 复制 Sheet1 工作表

单击 Sheet1 工作表标签，按住 Ctrl 键，拖动鼠标至 Sheet1 工作表标签之后，先松开鼠标，再松开 Ctrl 键，得到复制工作表 Sheet1（2）。

10. 工作表更名

双击 Sheet1（2）工作表标签，将工作表更名为"学生成绩表"。

11. 保存工作簿

（1）单击"文件"选项卡中的"保存"按钮，或单击"快速访问工具栏"上的"保存"按钮，弹出"另存为"对话框。

（2）在"另存为"对话框中选择保存位置（如 E:\应用举例），在"文件名"下拉列表框中输入文件名"学生成绩表"。

（3）单击"保存"按钮，保存工作簿。"学生成绩表"输入结果如图 4-21 所示。

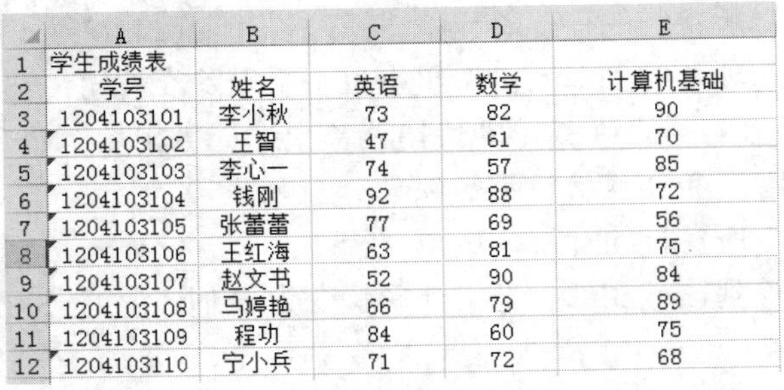

	A	B	C	D	E
1	学生成绩表				
2	学号	姓名	英语	数学	计算机基础
3	1204103101	李小秋	73	82	90
4	1204103102	王智	47	61	70
5	1204103103	李心一	74	57	85
6	1204103104	钱刚	92	88	72
7	1204103105	张蕾蕾	77	69	56
8	1204103106	王红海	63	81	75
9	1204103107	赵文书	52	90	84
10	1204103108	马婷艳	66	79	89
11	1204103109	程功	84	60	75
12	1204103110	宁小兵	71	72	68

图 4-21　学生成绩表输入结果

4.4　工作表格式化

当建立好工作表的数据后，就可以利用格式化编辑命令，对工作表中的数据进行数据格式、字体、表格边框、单元格格式和行高列宽等设置。

4.4.1　设置列宽和行高

默认情况下，工作表的每个单元格都具有相同的列宽和行高，但由于输入单元格的内容形式多样，用户可以自行设置列宽和行高。

1. 使用鼠标设置

（1）设置列宽。将鼠标指针指向要调整列宽的列标分割线上，鼠标指针变成水平双向箭头形状，按住鼠标左键并左右拖动鼠标，直至将列宽调整到合适宽度，松开鼠标即可。

（2）设置行高。将鼠标指针指向要调整行高的行号分割线上，鼠标指针变成垂直双向箭头形状，按住鼠标左键并上下拖动鼠标，直至将行高调整到合适高度，松开鼠标即可。

2. 使用选项卡精确设定列宽和行高

（1）设置列宽。选定需要设置列宽的区域，在"开始"选项卡的"单元格"组中单击"格式"按钮，在弹出的下拉列表中选择"列宽"命令，弹出"列宽"对话框，如图 4-22 所示，输入需要的列宽，单击"确定"按钮。

（2）设置行高。选定需要设置行高的区域，在"开始"选项卡的"单元格"组中单击"格式"按钮，在弹出的下拉列表中选择"行高"命令，弹出"行高"对话框，如图 4-23 所示，输入需要的行高，单击"确定"按钮。

图 4-22　"列宽"对话框

图 4-23　"行高"对话框

4.4.2　单元格的格式设置

1. 设置数字格式

Excel 2016 提供多种数字格式，可以设置不同小数位数、百分号、货币符号等，此时屏幕上的单元格呈现的是格式化后的数字，编辑栏中呈现的是系统实际存储的数据。

数字格式化的操作步骤如下：

（1）选定要格式化数字的单元格或单元格区域。

（2）在"开始"选项卡的"数字"组中单击"打开对话框"按钮，或右击，在弹出的快捷菜单中选择"设置单元格格式"命令，在弹出的"设置单元格格式"对话框中单击"数字"选项卡，如图 4-24 所示。

（3）在"分类"列表中选择一种分类格式（如"数值"），在对话框的右侧按要求进行设置（如设置小数位数为 2），可从"示例"栏中查看效果。

（4）单击"确定"按钮。

2. 字体的设置

在默认情况下，输入的字体为"宋体"，字形为"常规"，字号为 11。用户可重新设置字体、字形和字号，还可以添加下划线以及改变字体的颜色。

图 4-24　"数字"选项卡

对字体进行格式化的操作步骤如下：

（1）选定所要格式化的单元格或单元格区域。

（2）在"开始"选项卡的"字体"组中单击"打开对话框"按钮；或右击某个单元格，在弹出的快捷菜单中选择"设置单元格格式"命令，弹出"设置单元格格式"对话框，选择"字体"选项卡，如图 4-25 所示。

图 4-25　"字体"选项卡

（3）选择需设置的"字体""字号""下划线""颜色"等。

（4）单击"确定"按钮。

3. 设置对齐方式

默认情况下，输入单元格的数据按照文字左对齐、数字右对齐、逻辑值居中对齐的方式。可以通过设置对齐方法使版面更加美观。

设置对齐方式的操作步骤如下：

（1）选定需对齐的单元格区域。

（2）在"开始"选项卡的"对齐方式"组中单击"打开对话框"按钮▣，在弹出的"设置单元格格式"对话框中单击"对齐"选项卡，如图 4-26 所示。

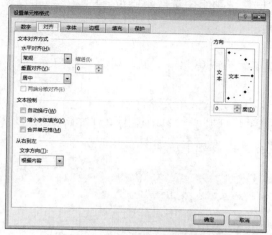

图 4-26　"对齐"选项卡

（3）在"对齐"选项卡界面选择水平和垂直对齐方式，在"方向"列表框中改变单元格内容的显示方向。若选中"自动换行"复选框，当单元格中的内容宽度大于列宽时，则自动换行。若要在单元格内强行换行，可按 Alt+Enter 组合键。

（4）设置完成后，单击"确定"按钮，即可完成对齐方式的设置。

4. 设置边框

初始创建的工作表没有实线，工作窗口中的表格线是为方便用户创建表格数据设置的，要想打印出具有实线的表格，用户可为单元格添加边框，这样能使工作表更加直观、清晰。设置方法如下：

（1）选择要添加边框的单元格或单元格区域。

（2）在"开始"选项卡的"数字"组中单击"打开对话框"按钮▣，在弹出的"设置单元格格式"对话框中单击"边框"选项卡，如图 4-27 所示。

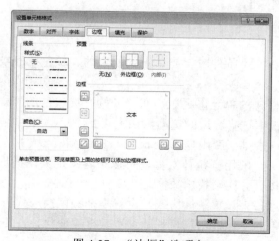

图 4-27　"边框"选项卡

（3）在"预置"选项组中选取适当的边框形式；在"样式"列表框中选取线条样式可为边框的各边设置不同的线型；单击"颜色"下拉列表框右侧的下三角按钮，在调色板中给边框选择不同的颜色；在"边框"选项组中选取不同位置的边框线可以设置边框线的位置。

（4）单击"确定"按钮。

5．设置底纹

若需要突出显示某些单元格或单元格区域，可为这些单元格设置背景色和图案，设置方法如下：

（1）选择要添加底纹的单元格或单元格区域。

（2）在"开始"选项卡的"数字"组中单击"打开对话框"按钮，在弹出的"设置单元格格式"对话框中单击"填充"选项卡，如图 4-28 所示。

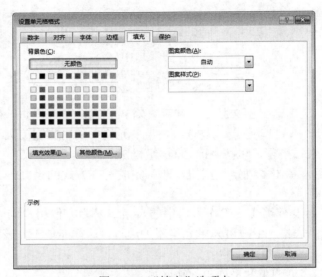

图 4-28　"填充"选项卡

（3）在"背景色"选项组下选取需要的颜色或图案。

（4）单击"确定"按钮。

4.4.3　设置条件格式

条件格式是使数据在满足条件时，显示不同的字体、颜色或底纹等数字格式。设置条件格式的方法如下：

选取需要设置特殊格式的单元格区域，在"开始"选项卡的"样式"组中单击"条件格式"按钮，在其下拉面板中选择合适的选项，如图 4-29 所示，其中各选项功能如下：

● 突出显示单元格规则：突出显示 Excel 2016 单元格区域中的某几个单元格。

● 项目选取规则：一般用于统计数据，可以很容易地突出数据范围内高于或低于平均值的数据，或按百分比来找出数据。

● 数据条：用数据条来设置条件格式，也就是把颜色换成代表长短的数据条。

● 色阶：通过颜色的变化让用户直观地查看数据的变化，在 Excel 2016 中内置了两种颜色刻度来设置条件格式。

● 图标集：用图标来设置条件格式，也就是在单元格中用图标来标示需要看到的内容。

图 4-29　"条件格式"选项

例如，将"学生成绩表"中的英语、数学和计算机基础各科成绩中大于 85 分的成绩设置为红色字体、加粗、图案为灰色的格式。操作方法如下：

（1）选择设置条件格式的单元格区域 C3:E12。

（2）在"开始"选项卡的"样式"组中单击"条件格式"按钮，选择"突出显示单元格规则"命令，打开"大于"对话框。

（3）在对话框中输入 85，单击"设置为"列表框中的"自定义"按钮，弹出"设置单元格格式"对话框，在"字体"选项卡中设置字形加粗、字体红色，并在"填充"选项卡中选择灰色。

（4）单击"确定"按钮，即以设置的格式突出显示大于 85 分的成绩，如图 4-30 所示。

	A	B	C	D	E
1	学生成绩表				
2	学号	姓名	英语	数学	计算机基础
3	1204103101	李小秋	73	82	90
4	1204103102	王智	47	61	70
5	1204103103	李心一	74	57	85
6	1204103104	钱刚	92	88	72
7	1204103105	张蕾蕾	77	69	56
8	1204103106	王红海	63	81	75
9	1204103107	赵文书	52	90	84
10	1204103108	马婷艳	66	79	89
11	1204103109	程功	84	60	75
12	1204103110	宁小兵	71	72	68

图 4-30　突出显示大于 85 分的成绩

4.4.4　自动套用格式

自动套用格式是把 Excel 2016 提供的显示格式自动套用到用户指定的单元格区域，可以使表格更加美观，主要有简单、古典、会计序列、三维效果等格式。操作步骤如下：

（1）选定要套用格式的单元格区域。

（2）在"开始"选项卡的"样式"组中单击"套用表格格式"按钮，选择其中的某个"样式"，如图 4-31 所示，即完成表格格式的自动套用。

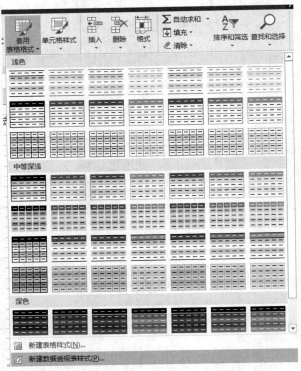

图 4-31　"自动套用格式"样式

表格自动套用格式完成后，单击表格任意区域，则功能区中会自动添加"表格工具-设计"选项卡，可以对表格样式作进一步设置。

4.4.5　应用样式

Excel 2016 样式是单元格字体、字号、对齐、边框和图案等一个或多个设置特性的组合，将这种组合加以命名和保存以供用户使用。应用样式即应用样式名的所有格式设置。

样式包括内置样式和自定义样式：内置样式是 Excel 2016 内部自定义的样式；自定义样式是用户根据需要自定义的组合设置。设置需定义的样式名，用户可以使用"开始"选项卡的"样式"命令组中"单元格样式"中的"新建单元格样式"命令进行设置。

4.4.6　格式的复制和删除

在 Excel 2016 中，如需要复制格式，可使用格式刷来实现。

1．复制格式

格式刷操作步骤如下：

（1）选定已设置格式的单元格。

（2）单击"开始"选项卡"剪贴板"组中的"格式刷"按钮，然后单击要复制格式的单元格，即可将选中单元格的格式复制到目标单元格。

若双击"格式刷"按钮，则可在多个单元格或单元格区域连续复制格式。再次单击格式刷"按钮可取消连续复制。

2．删除格式

删除格式操作步骤如下：

（1）选定要删除格式的单元格。

（2）在"开始"选项卡的"编辑"组中单击"清除"按钮，选择"清除格式"命令。

4.4.7　应用举例

【例 4-2】"学生成绩表"的格式化。

打开"学生成绩表.xlsx"工作簿，对"学生成绩表"工作表进行格式化：设置表标题字体为楷体 24 号、跨列居中、黄色底纹、行高 30；设置列标题字体为黑体 16 号；设置数据区域字体为仿宋 16 号、蓝色底纹；将表格所有数据居中，调整合适的行高和列宽；将所有成绩小于 60 分的设置为浅红填充色、深红色文本；添加外框线为红色双实线、内框线为蓝色单细线；将工作表重命名为"成绩表格式化"；按原名保存工作簿。

分析与操作步骤如下：

1．打开"学生成绩表.xlsx"工作簿

双击"学生成绩表.xlsx"工作簿图标，即打开文件，选择"学生成绩表"工作表标签。

2．设置表标题格式

（1）选中表标题文本"学生成绩表"。

（2）在"开始"选项卡的"字体"组中，选择字体为楷体、字号为 24 号。

（3）选定单元格区域 A1:E1，在"开始"选项卡的"对齐方式"组中单击"合并后居中"按钮。

（4）在"开始"选项卡的"字体"组中单击"填充"按钮，选择黄色。

3．设置表标题行高

（1）选定表标题行。

（2）在"开始"选项卡的"单元格"组中单击"格式"按钮，选择"行高"命令，在弹出的"行高"对话框中输入 30，单击"确定"按钮。

4．设置列标题字体

（1）选定列标题单元格区域 A2:E2。

（2）在"开始"选项卡的"字体"组中，选择字体为黑体、字号为 16 号。

5．设置数据区域格式

（1）选定单元格区域 A2:E12，在"开始"选项卡的"字体"组中，选择字体为仿宋、字号为 16；单击"填充"按钮，填充蓝色。

（2）在"开始"选项卡的"单元格"组中单击"格式"按钮，选择"自动调整行高"命令，用相同方法选择"自动调整列宽"命令。

（3）右击，在弹出的快捷菜单中选择"设置单元格格式"命令，在弹出的对话框中单击"对齐"选项卡，在"文本对齐方式"选项组中的"水平对齐"和"垂直对齐"下拉列表框中选择"居中"选项，单击"确定"按钮。

6. 设置条件格式

（1）选定单元格区域 C3:E12。

（2）在“开始”选项卡的“样式”组中单击“条件格式”按钮，选择“突出显示单元格规则”命令，打开“小于”对话框，在对话框中输入 60，在“设置为”下拉列表框中选择“浅红填充色深红色文本”选项，单击“确定”按钮。

7. 设置边框

（1）选中单元格区域 A1:E12。

（2）在“开始”选项卡的“字体”组中单击“打开对话框”按钮，在弹出的“设置单元格格式”对话框中单击“边框”选项卡，在“线条”样式中指定线型为双实线，在“颜色”下拉列表框中指定表格边框线的颜色为“红色”，单击“外边框”按钮。

（3）在“线条”样式中指定表格线型为单实线，在“颜色”下拉列表框中指定表格边框线的颜色为“蓝色”，单击“内部”按钮。设置结果如图 4-32 所示。

	A	B	C	D	E
1	学生成绩表				
2	学号	姓名	英语	数学	计算机基础
3	1204103101	李小秋	73	82	90
4	1204103102	王智	47	61	70
5	1204103103	李心一	74	57	85
6	1204103104	钱刚	92	88	72
7	1204103105	张蕾蕾	77	69	56
8	1204103106	王红海	63	81	75
9	1204103107	赵文书	52	90	84
10	1204103108	马婷艳	66	79	89
11	1204103109	程功	84	60	75
12	1204103110	宁小兵	71	72	68

图 4-32 设置结果

8. 重命名工作表

右击该工作表标签，在弹出的快捷菜单中选择“重命名”命令，将工作表重命名为“成绩表格式化”。

9. 保存工作簿

单击“快速访问工具栏”中的“保存”按钮，或按 Ctrl+S 组合键。

4.5 公式与函数

Excel 2016 中的公式是根据数据处理和分析的实际需要将数据与运算符号连接起来，完成计算功能的一种表达式。函数是 Excel 2016 软件内置的一段程序，或者说是一种特殊的公式。函数主要用于解决复杂计算。

4.5.1 公式的使用

1. 公式的组成

Excel 2016 公式必须以等号“=”开头，后面由数据和运算符组成。数据可以是常量、单元格引用、函数等。公式的组成说明如图 4-33 所示。

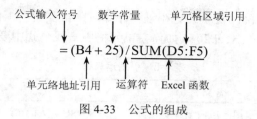

图 4-33　公式的组成

2. 公式中的运算符

Excel 2016 公式中的运算符有算术运算符、文本运算符、比较运算符和单元格引用运算符。

（1）算术运算符（表 4-2）。算术运算符主要和于对数值型数据进行加、减、乘、除等数学运算。

表 4-2　算术运算符

算术运算符	含义	示例	值（若 A1=1，B1=2）
+	加法运算	=A1+B1	3
-	减法运算	=A1-B1	-1
*	乘法运算	=A1*B1	2
/	除法运算	=A1/B1	0.5
%	百分号	=30%	0.3
^	乘方运算	=3^2	9

（2）文本运算符（表 4-3）。&是 Excel 2016 的文本运算符，它可以连接一个或多个字符串生成一个新的文本。

表 4-3　文本运算符

运算符	含义	示例	值（若 A1="12"，B1="34"）
&	连接文本	=A1&B1	1234

注意：在公式中直接输入文本时，必须用英文方式的双引号（""）把输入的文本引起来。

（3）比较运算符（表 4-4）。Excel 2016 的比较运算符可以完成两个运算对象的比较，并产生逻辑值 TRUE（真）或 FALSE（假）。

表 4-4　比较运算符

比较运算符	含义	示例	值（若 A1=1，B1=2）
=	等于	=A1=B1	FALSE
<	小与	=A1<B1	TRUE
>	大于	=A1>B1	FALSE
<>	不等于	=A1<>B1	TRUE
<=	小于或等于	=A1<=B1	TRUE
>=	大于或等于	=A1>=B1	FALSE

（4）单元格引用运算符（表 4-5）。在进行计算时，常要引用工作表单元格区域的数据，通过使用引用运算符可告知 Excel 2016 如何在单元格中查找公式中要引用的数值。

表 4-5　引用运算符

引用运算符	含义	示例	引用单元格的数量
:	区域运算符，引用区域内全部单元格	=SUM(A1:B5)	10 个
,	联合运算符，引用多个区域内的全部单元格	=SUM(A1:B5,D1:D5)	15 个
空格	交叉运算符，只引用交叉区域内的单元格	=SUM(A1:D5 B2:E5)	12(B2:D5)个

3. 公式的输入

（1）选定要输入公式的单元格，在单元格或编辑栏中先输入"="。

（2）在"="后面输入公式表达式，如"=A3+B3"。

（3）按 Enter 键或单击编辑栏中的✓按钮确认。若输入公式错误，通常使用编辑栏的✕按钮来取消公式的输入。在选定的单元格中显示计算的结果，在编辑栏中显示输入的公式。

4. 运算符的优先级

当公式中同时用到多个运算符时，就应该考虑到运算符的优先顺序。运算符优先级见表 4-6。

表 4-6　运算符优先级

运算符	含义	优先级
-	负号	高
%	百分号	
^	乘方	
*、/	乘、除	
+、-	加、减	
&	文本运算符	
=、<、>、>=、<=、<>	比较运算符	低

4.5.2　函数的使用

函数由函数名和用圆括号括起来的参数组成，是一个预先定义好的内置公式。Excel 2016 提供十几类函数，每类又包含若干个函数。恰当地使用函数可以大大提高表格计算的效率。

1. 函数的输入

（1）直接在单元格内输入函数。对于比较简单的函数，可以直接在单元格内输入函数名及其参数值。如，直接在 H3 中输入"=SUM(C3:E3)"，确认后，将在单元格中显示结果值。

（2）通过"插入函数"对话框选择函数。对于比较复杂的函数，可采用下面的方法进行输入：

1）选中要插入函数的单元格。

2）在"公式"选项卡的"函数库"组中单击"插入函数"按钮 *fx*，或单击编辑栏中的 *fx* 按钮，此时单元格中自动出现=，并弹出"插入函数"对话框，如图 4-34 所示。

图 4-34　"插入函数"对话框

3）在"选择函数"列表框中选择所需的函数名（如 AVERAGE），单击"确定"按钮。

4）在弹出的"函数参数"对话框中，显示了该函数的函数名及其每个参数，以及参数的描述和函数的功能，根据提示输入每个参数值。

5）单击"确定"按钮，完成函数的使用。

2. 常用函数介绍

Excel 2016 的公式和函数功能较强，其提供的函数较多，下面将简要介绍部分常用的函数，其中包含求和、求平均值、求最大值等。Excel 2016 常用函数见表 4-7。

表 4-7　Excel 2016 常用函数

函数名	函数类型	功能
ABS	数学函数	返回参数的绝对值，如 "= ABS(-5)"
INT	数学函数	返回参数的最大整数，如 "=INT(1.65)"
SUM	数学函数	返回参数的和，如 "=SUM(A2:F2)"
SUMIF	数学函数	返回参数中满足条件的单元格的和，如 "=SUMIF(B3:B20,"讲师",E3:E20)"
ROUND	数学函数	返回参数的四舍五入值，如 "=ROUND(34.56,1)"
AVERAGE	统计函数	返回参数的平均值，如 "=AVERAGE(A2:F2)"
MAX	统计函数	返回参数中的最大值，如 "=MAX(D2:D7)"
MIN	统计函数	返回参数中的最小值，如 "=MIN(D2:D7)"
COUNT	统计函数	返回包含数字以及包含参数列表中数字的单元格数，如 "=COUNT(B2:D4)"
COUNTIF	统计函数	返回参数中满足给定条件的单元格数，如 "=COUNTIF(C3:E12,"<60")"
RANK	统计函数	返回一个数值在一组数值中的排位，如 "= RANK(D1,$D$1:$D$9)"

续表

函数名	函数类型	功能
IF	逻辑函数	执行逻辑判断，根据逻辑表达式的真假返回不同的结果，如"=IF(F2>=60,"及格","不及格")"
LEN	文本函数	返回文本串的字符数。如"=LEN("ABD")"
REPLACE	文本函数	将一个字符串中的部分字符用另一个字符替换，如"=REPLACE("ABKY",3,2,"CDF")"
TODAY	日期时间函数	返回系统当前日期，如"=TODAY()"
NOW	日期时间函数	返回当前日期和时间，如"=NOW()"
WEEKDAY	日期时间函数	返回某日期的星期数，如"= WEEKDAY(TODAY(),2)"

3．函数应用举例

（1）求和函数 SUM。

格式：SUM(number1,number2,…)

参数说明：number1、number2…为 1～30 个需要求和的数值（包括逻辑值及文本表达式）、区域或引用。

注意：参数表中的数字、逻辑值及数字的文本表达式可以参与计算，其中逻辑值被转换为 1、文本被转换为数字。如果参数为数组或引用，则只有数字将被计算，数组或引用中的空白单元格、逻辑值、文本或错误值将被忽略。

实例：如果 A1=1、A2=2、A3=3，则公式"=SUM(A1:A3)"返回 6；公式"=SUM("3",2,TRUE) 返回 6，因为"3"被转换成数字 3，而逻辑值 TRUE 被转换成数字 1。

（2）条件求和函数 SUMIF。

格式：SUMIF(range,criteria,sum_range)

参数说明：range 为用于条件判断的单元格区域；criteria 为由数字、逻辑表达式等组成的判定条件；sum_range 为需要求和的单元格、区域或引用。

实例：某单位统计工资报表中职称为"初级"的员工工资总额。假设工资总额存放在工作表的 E 列，员工职称存放在工作表的 B 列，则公式为"=SUMIF(B2:B50,"初级",E2:E50)"，其中"B2:B50"为提供逻辑判断依据的单元格区域，"初级"为判断条件，即仅统计 B2:B50 区域中职称为"初级"的单元格，E2:E50 为实际求和的单元格区域。

（3）求平均值函数 AVERAGE。

格式：AVERAGE(number1,number2,…)

参数说明：number1、number2…是 1～30 个需要计算平均值的参数。

实例：计算"学生成绩表"中的平均分，假设平均分存放在工作表的 G 列，则公式为"=AVERAGE(C3:E3)"，用填充方法即可求出所有同学的平均分。

（4）四舍五入函数 ROUND。

格式：ROUND(number,num_digits)

参数说明：number 为要四舍五入的数字；num_digits 为指定的位数，若此参数为负数，则在小数点左侧按指定位数四舍五入，若此参数为零，则四舍五入到最接近的整数。

实例：如果 A1=35.25，则公式"=ROUND(A1,1)"返回 35.3；公式="ROUND(32.25,0)"

返回 32；公式 "=ROUND(32.5,-1)" 返回 30。

（5）统计计数函数 COUNT。

格式：COUNT(value1,value2,…)

参数说明：value1、value2…是包含或引用各种类型数据的参数（1～30 个），其中只有数字类型的数据才能被统计。

实例：如果 A1=50，A2="人数"，A3=" "，A4=100，A5=36，则公式 "=COUNT(A1:A5)" 返回 3。

（6）条件函数 IF。

格式：IF(logical_test,value_if_true,value_if_false)

参数说明：logical_test 是计算结果为 TRUE 或 FALSE 的任何表达式；value_if_true 是表达式为 TRUE 时函数的返回值，如果 logical_test 为 TRUE 且省略了 value_if_true，则返回 TRUE，value_if_true 可以是一个表达式；value_if_false 是表达式为 FALSE 时函数的返回值，如果 logical_test 为 FALSE 且省略了 value_if_false，则返回 FALSE，value_if_false 也可以是一个表达式。该函数广泛用于需要进行逻辑判断的场合。

实例：将"学生成绩表"中的计算机基础成绩表示为及格或不及格，存放在工作表的 H 列，则公式为 "=IF(E3>=60,"及格","不及格")"。

（7）条件统计函数 COUNTIF。

格式：COUNTIF(range,criteria)

参数说明：range 为需要统计的符合条件的单元格数目的区域；criteria 为参与计算的单元格条件，其形式可以为数字、表达式或文本（如 36、">160"和"女"等）；其中数字可以直接输入，表达式和文本必须加引号。

实例：假设工作表 D2:D6 区域内存放的文本分别为男、女、男、女、女，则公式 "=COUNTIF(D2:D6,"女")" 返回 3（即统计出性别为女的人数）。

注意：只能对给定的数据区域中满足一个条件的单元格统计个数，若对一个以上的条件统计单元格的个数，则用数据库函数 DCOUNT 或 DCOUNTA 实现。

（8）排位函数 RANK。

格式：RANK(number,ref,order)

参数说明：number 是需要计算其排位的一个数字；ref 是包含一组数字的数组或引用（其中的非数值型参数将被忽略）；order 是一个数字，指明排位的方式；若 order 为零或省略，则 ref 按降序排列的数据清单进行排位；若 order 不为零，则 ref 按升序排列的数据清单进行排位。

实例：如果 A1=78，A2=85，A3=90，A4=12，A5=85，则公式 "=RANK(A1,$A$1:$A$5)" 返回 4，且这组数的排位结果为 4、2、1、5、2。

注意：

1）函数 RANK 对重复数值的排位相同。但重复数将影响后续数值的排位。如实例中整数 85 出现两次，其排位为 2，则 78 的排位为 4（没有排位为 3 的数值）。

2）Excel 2016 新增两个排位函数 RANK.EQ 和 RANK.AVG。RANK.EQ 与原来的 RANK 函数功能完全相同，没有差异。但 RANK.AVG 不同，若多个值具有相同的排位，则将返回平均排位，而不是 RANK 和 RANK.EQ 中的首次排名。如实例中若用公式 "=RANK.AVG(A1,$A$1:$A$5)" 则返回 4，且这组数的排位结果为 4、2.5、1、5、2.5。

（9）替换函数 REPLACE。

格式：REPLACE(old_text,start_num,num_chars,new_text)

参数说明：old_text 是要替换其部分字符的文本；start_num 是要用 new_text 替换的 old_text 中字符的位置；num_chars 是希望 new_text 替换 old_text 中字符的个数。

实例：用 "****" 替换手机号码的部分数字，实现手机号码的不完全显示。假设 A1=19920123456，A2=****，则公式 "=REPLACE(A1,5,4,A2)" 返回 1992****456。

4. 自动求和

Excel 2016 在 "公式" 选项卡的 "函数库" 组中为用户提供了一个 "自动求和" 按钮 Σ，它可以快速地求出行或列的和。操作步骤如下：

（1）首先选择求和的单元格区域。如果有行方向的求和，则应在选取的单元格区域右边多选一列。如果还有列方向的求和，则应在选取的单元格区域下边多选一行。

（2）在 "公式" 选项卡的 "函数库" 组中单击 "自动求和" 按钮，此时各行、各列数据之和分别显示在选择的单元格区域最右边一列和最下面一行中，如图 4-35 所示。

	A	B	C	D	E	F
1	学生成绩表					
2	学号	姓名	英语	数学	计算机基础	总分
3	1204103101	李小秋	73	82	90	245
4	1204103102	王智	47	61	70	178
5	1204103103	李心一	74	57	85	216
6	1204103104	钱刚	92	88	72	252
7	1204103105	张蕾蕾	77	69	56	202
8	1204103106	王红海	63	81	75	219
9	1204103107	赵文书	52	90	84	226
10	1204103108	马婷艳	66	79	89	234
11	1204103109	程功	84	60	75	219
12	1204103110	宁小兵	71	72	68	211
13		各科总分	699	739	764	2202

图 4-35　自动求和

4.5.3　单元格地址的引用

单元格地址的引用是告诉 Excel 2016 计算公式，如何从工作表中提取有关单元格数据的方法。公式通过单元格地址的引用，既可以取出当前工作表中单元格的数据，也可以取出其他工作表中单元格的数据。Excel 2016 单元格地址的引用分为相对地址引用、绝对地址引用和混合地址引用 3 种。

1. 相对地址引用

相对地址引用是指在复制公式时，目标单元格地址相对于源单元格地址发生变化。相对地址引用直接用单元格地址表示，如 A3。

例如，把单元格 F2 的公式 "=A1+B2+C3" 复制到单元格 G4 中，复制后的公式将随目标单元格地址的变化相应变化为 "=B3+C4+D5"。这是由于目标位置相对源位置发生了右移 1 列、下移 2 行的变化，因此参加运算的对象分别进行了相应的变化。

2. 绝对地址引用

若在行号和列标的前面均加上 "$" 符号，则代表绝对地址引用。在复制公式时，绝对地址引用单元格将不随着改变，即无论公式被复制到哪里，公式中引用的单元格地址都不变。

例如：把 F2 单元格中的公式改为 "=$A$1+ $B$2+ $C$3"，并复制到 G4 单元格，则 G4 的值与 F2 的相同，复制后的公式仍为 "=$A$1+$B$2+$C$3"。符号 "$" 就像一把 "小锁"，锁住了参加运算的单元格，使它们不会因为移动或复制目标位置的变化而变化。

3. 混合地址引用

在单元格地址引用中，对既有绝对地址引用也有相对单元格地址引用的情况称为混合地址引用。例如，$B1 或 B$1。如果 "$" 符号在行号前，则表明该行位置是绝对不变的，而列的位置随其目标位置的变化而变化；反之，如果 "$" 符号在列标前，则表明该列位置是绝对不变的，而行的位置将随其目标位置的变化而变化。

4. 跨工作表的单元格地址引用

在 Excel 2016 中可以引用同一工作簿中不同工作表中的单元格地址，也可以引用不同工作簿中工作表的单元格地址，一般格式为 "=[工作簿名]工作表名!单元格地址"。在引用时可以省略当前工作簿名和当前工作表名。

例如：公式 "=Sheet2!$A$1+[Book2] Sheet1!B3" 表示将当前工作簿中 Sheet2 工作表中的 A1 单元格的数据与 Book2 工作簿中 Sheet1 工作表中的 B3 单元格的数据相加，放入某个目标单元格中；前者为绝对地址引用，后者为相对地址引用。

4.5.4　错误信息

当公式或函数表达不正确时，系统将显示错误信息，错误信息一般以 "#" 号开头。错误信息及其含义见表 4-8。

表 4-8　错误信息及其含义

错误信息	含义
#####!	单元格中公式产生的结果太长，单元格宽度不够，增大单元格的列宽可以解决
#DIV/0!	除数为 0
#VALUE!	在需要数字或逻辑值时输入了文本；或者在对需要赋单一数据的运算符或函数时，却赋给了一个数值区域等
#NAME?	使用了不能识别的文本
#NUM!	在需要数字参数的函数中使用了不能接受的参数
#NULL!	使用了不正确的区域运算或进行了不正确的单元格使用
#REF!	该单元格引用无效
#N/A	函数或公式中使用不存在的名称，或者名称的拼写错误

4.5.5　应用举例

【例 4-3】"学生成绩表" 数据统计。

计算 "学生成绩表" 工作表中各学生的总分和平均分，并将平均分保留 2 位小数；统计总分的最高分和最低分，分别放在 F16、F17 单元格中；分别统计英语、数学成绩大于或等于 85 分的人数，计算机基础成绩小于 60 分的人数；将计算机基础成绩转换为等级，存放于 H 列

（转换条件：90 分为优，80～89 分为良，70～79 分为中，60～69 分为及格，60 分以下为不及格）；利用排位函数 RANK 将总分降序排名，结果存放到 I 列中。

分析与操作步骤如下：

1. 计算总分和平均分

（1）选定"学生成绩表"工作表，在"计算机基础"列的右边增加"总分"和"平均分"两列，即在 F2 中输入"总分"，在 G2 中输入"平均分"。

（2）单击 F3 单元格，输入公式"=SUM(C3:E3)"，按 Enter 键。

（3）选择 F3 单元格，向下拖动填充柄，完成总分的计算。

（4）单击 G3 单元格，输入公式"=AVERAGE(C3:E3)"，按 Enter 键。

（5）选择 G3 单元格，向下拖动填充柄，完成平均分的计算。

2. 设置平均分的小数位数

（1）选择单元格区域 G3:G12。

（2）在"开始"选项卡的"数字"组中单击"打开对话框"按钮，在弹出的"设置单元格格式"对话框中选择"数字"选项卡，在"分类"列表中选择"数值"选项，在"小数位数"文本框中输入 2，单击"确定"按钮；或单击"数字"组中的"增加小数位数"按钮，将小数增加到 2 位即可。

3. 计算总分的最高分和最低分

（1）单击 E16 单元格，输入"总分最高分"，在 F16 单元格中输入公式"=MAX(F3:F12)"，按 Enter 键。

（2）单击 E17 单元格，输入"总分最低分"，在 F17 单元格中输入公式"=MIN(F3:F12)"，按 Enter 键。

4. 统计英语、数学成绩大于或等于 85 分的人数，统计计算机基础成绩不及格人数

（1）单击 E19 单元格，输入"英语>=85 人数"，在 F19 单元格中输入公式"=COUNTIF(C3:C12,">=85")"，按 Enter 键。

（2）单击 E20 单元格，输入"数学>=85 人数"，在 F20 单元格中输入公式"=COUNTIF(D3:D12,">=85")"，按 Enter 键。

（3）单击 E21 单元格，输入"计算机基础<60 人数"，在 F21 单元格中输入公式"=COUNTIF(E3:E12,"<60")"，按 Enter 键。

5. 计算机基础成绩等级转换

（1）单击 H2 单元格，输入"计算机基础成绩等级"。

（2）单击 H3 单元格，输入公式"=IF(E3>89,"优",IF(E3>79,"良", IF(E3>69,"中",IF(E3>59,"及格","不及格"))))"，按 Enter 键。

（3）选择 H3 单元格，向下拖动填充柄，完成计算机基础成绩的等级转换。

6. 利用排位函数 RANK 将总分降序排名

（1）单击 I2 单元格，输入"总分排名"。

（2）单击 I3 单元格，输入公式"= RANK(F3,$F$3:$F$12)"，按 Enter 键。

（3）选定 I3 单元格，向下拖动填充柄，完成总分的排名。操作结果如图 4-36 所示。

	A	B	C	D	E	F	G	H	I
1	学生成绩表								
2	学号	姓名	英语	数学	计算机基础	总分	平均分	计算机基础等级	总分排名
3	1204103101	李小秋	73	82	90	245	122.50	优	2
4	1204103102	王智	47	61	70	178	89.00	中	10
5	1204103103	李心一	74	57	85	216	108.00	良	7
6	1204103104	钱刚	92	88	72	252	126.00	中	1
7	1204103105	张蕾蕾	77	69	56	202	101.00	不及格	9
8	1204103106	王红海	63	81	75	219	109.50	中	5
9	1204103107	赵文书	52	90	84	226	113.00	良	4
10	1204103108	马婷艳	66	79	89	234	117.00	良	3
11	1204103109	程功	84	60	75	219	109.50	中	5
12	1204103110	宁小兵	71	72	68	211	105.50	及格	8
13									
14									
15					总分最高分	252			
16					总分最低分	178			
17									
18					英语>=85人数	1			
19					数学>=85人数	2			
20					计算机基础<60人数	1			

图 4-36　操作结果

4.6　图表

当用户需要分析工作表中的数据时，可以利用 Excel 2016 提供的图表功能将工作表中的数据生成直观的图形。将单元格中的数据以各种统计图表的形式显示，可使繁杂的数据更加生动，可以直观、清晰地显示不同数据间的差异。当工作表中的数据发生变化时，图表中对应项的数据也自动更新。

Excel 2016 中图表分为嵌入图表和独立图表。嵌入图表与数据源放置在同一个工作表中，是工作表中的一个图表对象，可以放置在工作表中的任意位置，与工作表一起保存和打印；独立图表是独立的图表工作表，打印时与数据分开打印。

4.6.1　图表的类型

系统提供了多种图表类型，每种图表类型又有多种子类型。在创建图表前，先了解图表的类型，以便选择适合类型来表达表格数据。

Excel 2016 图表类型有柱形图、条形图、折线图、饼图、面积图、XY 散点图、股价图、曲面图、雷达图、树状图、旭日图、直方图、箱形图和瀑布图等。

1. 柱形图

柱形图是 Excel 默认的图表类型，可直观地表达数据表中各行或列数据的对比。柱形图用矩形的高低来表示数据大小。柱形图中，通常沿横坐标组织类别，沿纵坐标组织数值，如图 4-37 所示。

2. 条形图

条形图强调各数据项之间的差别关系，用矩形的长短来表示数据大小。条形图中，通常沿横坐标组织数值，沿纵坐标组织类别，如图 4-38 所示。

3. 折线图

折线图适合描述行或列一组数据的连续变化情况，用于分析数据的走势。在折线图中，类别数据沿水平轴分布，各类别数据的值沿垂直轴分布，如图 4-39 所示。

4. 饼图

饼图比较适合直观地表达部分与整体之间的比例关系，将数据表中一列或一行中的数据绘制到饼图中，如图 4-40 所示。

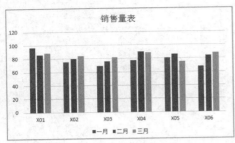

图 4-37　柱形图

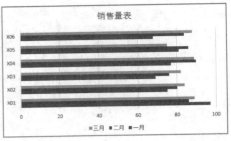

图 4-38　条形图

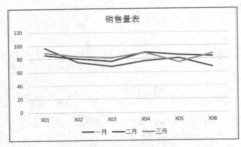

图 4-39　折线图

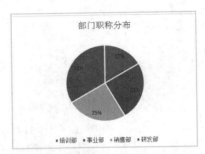

图 4-40　饼图

4.6.2　图表的组成

一个图表由许多图表元素组成，不同类型图表组成的图表元素又各不相同。当鼠标指针停留在图表元素上方时，Excel 会显示元素名称。图表主要由图表区、绘图区、图表标题、图例、网络线、数据系列、数据标签、坐标轴等组成，如图 4-41 所示。

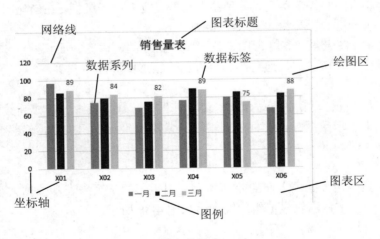

图 4-41　图表的组成

（1）图表区。图表区就是创建图表后所生成的图表容器，与此图表有关的所有显示元素都被容纳在这个容器范围之内。

（2）绘图区。绘图区即以坐标轴为边的矩形区域，用来指示图形表示的范围。

（3）图表标题。图表标题即对图表进行说明的文本框，主要是对图表性质的大致概括和内容总结，摆放位置可以调整。

（4）图例。图例由图例项和图例方框构成，用于标识图表中的数据系列或分类指定的图案或颜色，显示数据系列的具体样式（包括填充色、边框色、线条色、效果等）和对应系列名称的示例。

（5）网格线。网格线为便于图表中查看和计算数据的线条，可使用户更准确、方便地观察图表。网格线是坐标轴上刻度线的延伸，并穿过绘图区，以整个绘图区域为宽度或长度。网格线有水平网格线、垂直网格线、主要网格线和次要网格线等。

（6）数据系列。生成图表的一组数据就是一个"系列"，这些数据源自数据表的行或列。图表中的每个数据系列具有唯一的颜色或图案，并且在图例中进行标识。

（7）数据标签。数据标签为图表中的条形，代表源于数据表单元格的单个数据点或值，是在数据系列上直接标识每个数据点类别或数据大小的文本框。

（8）坐标轴。坐标轴用来在图表中标识 X/Y 坐标轴的轴线，可以设置线型和颜色。

以上就是图表中常见的一些元素。除此之外，有时还会用到坐标轴标题、误差线、趋势线、涨跌连接线等元素，这些元素会在后面实际用到的时候再具体介绍。

4.6.3　创建图表

创建图表可以使用"自动绘图"和选项卡两种方法。

1. 使用"自动绘画"创建

操作步骤如下：

（1）打开或创建一个需要创建图表的工作表（如"学生成绩表"）。

（2）在工作表中选定要制作图表的数据区域，如图 4-42 所示。

（3）按 F11 键，即可快速创建默认的柱形图类型的独立图表，如图 4-43 所示。

图 4-42　图表的数据区域

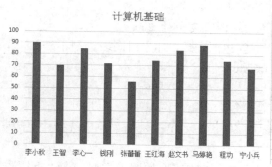

图 4-43　"柱形图"独立图表

2. 使用选项卡创建

操作步骤如下：

（1）打开或创建一个需要创建图表的工作表（如"学生成绩表"）。

（2）选择要创建图表的数据区域，如图 4-42 所示。

（3）单击"插入"选项卡，在"图表"组中选择一种图表类型（如"柱形图"），则选定的数据将在工作表中创建了一个数据图表，如图 4-44 所示。

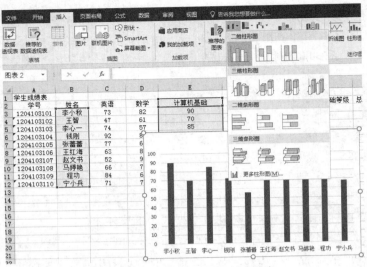

图 4-44　选择"柱形图"创建图表

4.6.4　编辑图表

当建立好图表之后，有时需要修改图表的源数据。在 Excel 2016 中，工作表中的图表源数据与图表之间存在着链接关系，当修改了工作表中的数据后，图表将随之调整以反映源数据的变化。

1. 图表的移动和缩放

单击图表，图表边框呈加粗状态显示，此时图表处于编辑状态，将鼠标定位在图表上，通过拖动鼠标可以将图表移动到需要的位置。将鼠标定位在图表边、角上，拖动鼠标可以调整图表的大小。

2. 图表类型的更改

创建图表后，如果对图表类型不满意，不必重新建立图表，只需修改图表类型即可。操作步骤如下：

（1）选定需要修改的图表。

（2）单击"图表工具－设计"选项卡"类型"组中的"更改图表类型"按钮，或右击图表空白处，在弹出的快捷菜单中选择"更改图表类型"命令，弹出"更改图表类型"对话框，如图 4-45 所示。

（3）单击需要的图表类型，如"折线图"，单击"确定"按钮，如图 4-46 所示。

3. 修改图表源数据

（1）向图表中添加源数据。操作方法如下：选定图表，在"图表工具－设计"选项卡的"数据"组中单击"选择数据"按钮，或右击图表绘图区，选择快捷菜单中的"选择数据"命令，弹出"选择数据源"对话框，如图 4-47（a）所示，在对话框中单击"添加"按钮，弹出"编辑数据系列"对话框（以添加"英语"系列为例），在"系列名称"处选择"英语"单元格，在"系列值"处删除原有内容后，选择"英语"列的英语成绩数据，如图 4-47（b）所示，单击"确定"按钮，返回"选择数据源"对话框，再单击"确定"按钮，即可完成向图表中添加源数据，结果如图 4-47（c）所示。

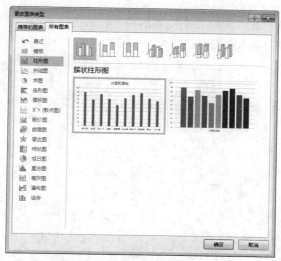

图 4-45　"更改图表类型"对话框

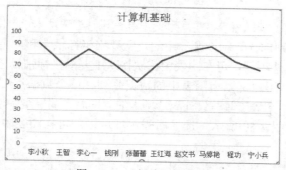

图 4-46　"折线图"图表

（a）"选择数据源"对话框

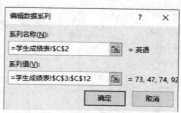

（b）"编辑数据系列"对话框

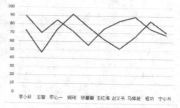

（c）结果

图 4-47　向图表中添加源数据

（2）删除图表数据。从工作表中删除数据，图表将自动更新。在图表中单击要删除的数据系列，然后按 Delete 键，图表中该数据系列将被删除，而工作表中的数据并未被删除。也可以利用"选择数据源"对话框"图例项（系列）"栏中的"删除"按钮删除图表数据，如图 4-47（a）所示。

（3）设置图表选项。为使图表更加直观清晰，用户可以在图表中添加标题、坐标轴标题、数据标签等元素。

1）添加图表标题。给图表添加标题的方法如下：选定图表，在"图表工具－设计"选项卡

的"图表布局"组中单击"添加图表元素"按钮，在弹出的界面中选择"图表标题"选项，如图
4-48 所示，在图表标题框中输入图表标题即可。

图 4-48 设置图表标题

2）添加坐标轴标题。选择图表，在"图表工具－设计"选项卡的"图表布局"组中单击"添
加图表元素"按钮，分别选择"轴标题"中的"主要横坐标轴"和"主要纵坐标轴"选项，如
图 4-49 所示。选择所需选项后，可在图表中依次输入主要横坐标轴标题和主要纵坐标轴标题。

3）添加数据标签。用户可以为图表中的数据系列、单个数据点或所有数据点添加数据标
签。操作方法如下：在"图表工具－设计"选项卡的"图表布局"组中选择"添加图表元素"→
"数据标签"命令，如图 4-50 所示。选择所需选项后，即可在图表中显示对应的数值。

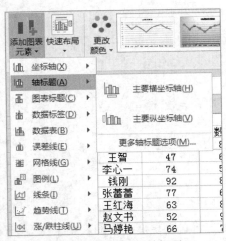

图 4-49 设置坐标轴标题

图 4-50 添加数据标签

其他显示项的设置方法与上述方法基本相同，都是利用"图表工具－设计"选项卡中的
命令组来完成。

4．修饰图表

（1）设置数据系列格式。选择图表中某个数据系列，选择"图表工具－格式"选项卡"当
前所选内容"组中的"设置所选内容格式"命令，或右击图表中的某个数据系列，在弹出的快

捷菜单中选择"设置数据系列格式"命令，将在右侧弹出"设置数据系列格式"对话框，如图 4-51 所示，可以在此设置系列的"填充与线条""效果""系列选项"等。

（2）设置图表标题格式。双击图表标题，或右击图表标题，在弹出的快捷菜单中选择"设置图表标题格式"命令，在右侧会弹出"设置图表标题格式"对话框，如图 4-52 所示，可以在此设置标题的"填充与线条""效果""大小与属性"等。

图 4-51　"设置数据系列格式"对话框

图 4-52　"设置图表标题格式"对话框

（3）图例的设置。图例是用于标识图表中数据系列的名称。图例的内容不能修改，图例的格式设置与图表标题的格式设置方法基本相同。双击图例，右侧弹出"设置图例格式"对话框，如图 4-53 所示，可以在此设置图例的"填充与线条""效果""图例选项"等。

（4）坐标轴及格式设置。选择图表，在"图表工具－设计"选项卡的"图表布局"组中单击"添加图表元素"按钮，选择"轴标题"中的"主要横坐标轴"或"主要纵坐标轴"命令，或右击坐标轴，在弹出的快捷菜单中选择"设置坐标轴格式"命令，在右侧会弹出"设置坐标轴标题格式"对话框，如图 4-54 所示，在此可对图表中的坐标轴进行"填充与线条""效果""大小与属性""坐标轴选项"等设置。

图 4-53　"设置图例格式"对话框

图 4-54　"设置坐标轴标题格式"对话框

（5）图表区格式设置。图表区域是指除了图形区域以外的所有区域，选中需要修饰的图表，右击图表区的空白处，在弹出的快捷菜单中选择"设置图表区域格式"命令，在右侧会弹出"设置图表区格式"对话框，如图 4-55 所示，在此可对图表中的图表区进行"图表选项""文本选项"等设置。

绘图区是指图表的图形区域，可以为图形区域添加背景颜色和填充背景图案等。操作方法如下：将鼠标指针指向图形区域并右击，在弹出的快捷菜单中选择"设置绘图区格式"命令，在右侧会弹出"设置绘图区格式"对话框，如图 4-56 所示，在此可以设置绘图区的"填充与线条""效果"等。

图 4-55　"设置图表区格式"对话框

图 4-56　"设置绘图区格式"对话框

4.6.5　应用举例

【例 4-4】"学生成绩表"图表制作。

选取"学生成绩表"工作表的姓名、英语、数学、计算机基础 4 列数据，在当前工作表中创建嵌入式的"柱形－簇状柱形图"图表，并将图表放置在 A15:G30 区域中；图表标题为"学生成绩图表"；分类轴标题为"姓名"，数值轴标题为"成绩"；图例放入靠右位置。将图表标题设置为隶书、字号 18、加粗、蓝色；将分类轴和数值轴标题设置为楷体、字号 12、深红。设置图表区的边框为圆角边框、阴影、红色、线宽 3 磅。为图表中数学的数据系列添加以值显示的数据标签，并添加多项式趋势线。

分析与操作步骤如下：

1. 选择图表数据区域，创建图表

单击"学生成绩表"工作表标签，选定 B2:E12 单元格区域，在"插入"选项卡的"图表"组中单击"柱形图"按钮，选择"簇状柱形图"类型。

2. 调整图表位置和大小

选定图表，拖动图表边框调整图表大小，并移动到 A15:G30 区域。

3. 设置图表标题

选定图表，在"图表工具－设计"选项卡的"图表布局"组中单击"添加图表元素"按钮，选择"图表标题"中的"图表上方"选项，在图表标题框中输入"学生成绩图表"。

4. 添加坐标轴标题

选定图表，在"图表工具—设计"选项卡的"图表布局"组中单击"添加图表元素"按钮，选择"轴标题"中的"主要横坐标轴"选项，输入"姓名"；用上述方法选择"轴标题"中的"主要纵坐标"选项，输入"成绩"。

5. 图例位置设置

右击图例，在弹出的快捷菜单中选择"设置图例格式"命令，在"设置图例格式"选项中，选择图例位置"靠右"。

6. 设置图表标题、坐标轴标题格式

（1）右击图表标题，在弹出的快捷菜单中选择"字体"命令，弹出"字体"对话框，分别选择隶书、字号 18、加粗、蓝色。

（2）右击坐标轴标题，在弹出的快捷菜单中选择"字体"命令，弹出"字体"对话框，分别选择楷体、字号 12、深红。

7. 设置图表边框为圆角、阴影、红色、线宽 3 磅

（1）右击图表区空白处，在弹出的快捷菜单中选择"设置图表区格式"命令，在右侧将弹出"设置图表区格式"对话框。

（2）单击"填充与线条"按钮，在"边框"项中选择实线、红色。

（3）在"边框"项中宽度选择 3 磅、"联接类型"选择"圆形"，并单击"圆角"复选框。

（4）单击"效果"按钮，在"阴影"选项中选择一种阴影样式和颜色。

8. 为数学添加数据标签及趋势线

（1）右击图表中的"数学"系列，在弹出的快捷菜单中选择"添加数据标签"命令。

（2）右击图表中的"数学"系列，在弹出的快捷菜单中选择"添加趋势线"命令，在右侧会弹出"设置趋势线格式"对话框，在"趋势线选项"中选择"多项式"，"顺序"选择"3"。

操作结果如图 4-57 所示。

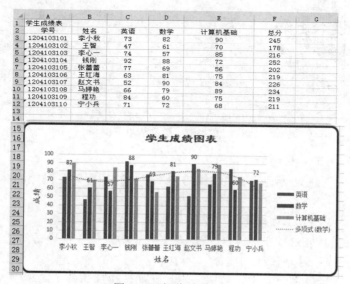

图 4-57　操作结果

4.7　数据管理和分析

Excel 2016 除了具有数据计算功能外，还具有数据库管理功能，使用它们可以对表格中的数据进行排序、筛选、分类汇总等操作。

4.7.1　数据清单的建立和编辑

Excel 2016 中数据清单的基本概念建立在关系模型的基础上，用二维表的形式编辑数据。数据清单可以像一般工作表一样建立和编辑，还可以进行增加、修改、删除、检索记录等操作。

1．数据清单

数据清单是由单元格构成的矩形区域，即一张二维表，也称数据列表，如，一张学生成绩表可以包含学号、姓名、性别、数学、英语、总分等多列数据。

数据清单具有如下特点：

（1）清单中的每列为一个字段，存放相同类型的数据。

（2）每列的列标题为字段名，如序号、姓名、性别等。

（3）每行为一个记录，即由各字段值组成，存放相关的一组数据。

（4）在数据清单中，列之间、行之间必须相邻，不能有空行或空列。

（5）一般情况下，一张工作表内最好只建立一个数据清单。

与工作表不同，数据清单是一个没有表标题、没有空白行和空白列的连续表格，它不包含表格以外的其他信息，图 4-58 所示的选定区域就是一个数据清单。

	A	B	C	D	E	F	G
1	学号	姓名	英语	数学	计算机基础	总分	平均分
2	1204103101	李小秋	73	82	90	245	82
3	1204103102	王智	47	61	70	178	59
4	1204103103	李心一	74	57	85	216	72
5	1204103104	钱刚	92	88	72	252	84
6	1204103105	张蕾蕾	77	69	56	202	67
7	1204103106	王红海	63	81	75	219	73
8	1204103107	赵文书	52	90	84	226	75
9	1204103108	马婷艳	66	79	89	234	78
10	1204103109	程功	84	60	75	219	73
11	1204103110	宁小兵	71	72	68	211	70

图 4-58　数据清单示例

2．向快速访问工具栏添加"记录单"命令

Excel 2016 中创建数据记录单的快捷访问工具栏按钮平时是隐藏的，可以添加。其操作方法如下：

（1）单击"文件"选项卡中的"选项"按钮。

（2）在弹出的"Excel 选项"对话框左侧列表中选择"快速访问工具栏"选项，在"从下列位置选择命令"下拉列表框中选择"不在功能区的命令"选项，在出现的列表中找到"记录单"命令项，然后单击"添加"按钮，将其添加到快速访问工具栏中，如图 4-59 所示。

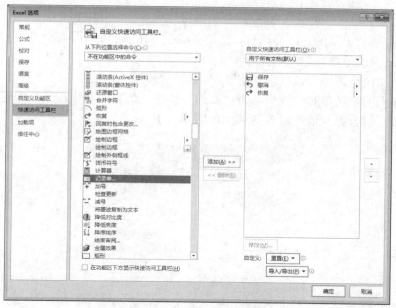

图 4-59　自定义快速访问工具栏

3. 数据记录单的使用

数据记录单是用来对大量数据进行管理的。它采用在一个对话框中展示一个数据记录所有字段内容的方式，并且提供了增加、修改、删除及检索记录的功能。使用数据记录单的具体操作步骤如下：

（1）将光标放在数据清单所在工作表中任一单元格内。

（2）单击"快速访问工具栏"上的"记录单"按钮，弹出该工作表的记录单对话框。在记录单中，首先显示的是数据表中的第一条记录的基本内容，如图 4-60 所示。

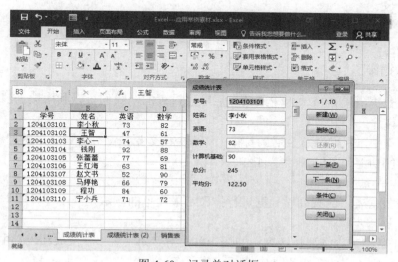

图 4-60　记录单对话框

（3）使用"上一条"或"下一条"按钮或按滚动条，可以快速查看记录。

（4）单击"关闭"按钮关闭记录单。

4. 增加记录

向数据表中增加记录的方法有两种：一是直接在工作表的数据区输入新记录；二是通过记录单进行。通过记录单增加记录的操作步骤如下：

（1）单击"快速访问工具栏"上的"记录单"按钮。

（2）在弹出的记录单对话框中单击"新建"按钮，屏幕上将出现一个空记录单，按 Tab 键（或 Shift+Tab 组合键）依次输入各项，如图 4-61 所示。

图 4-61　在记录单对话框中增加记录

注意： 记录单中的公式项是不能输入或修改的，第一条记录的公式必须在工作表中输入。在记录单中新增的记录会自动显示公式计算结果。

（3）所有的记录添加完毕后，单击"关闭"按钮，将在数据表中显示新记录。

5. 删除记录

在记录单对话框中选中要删除的记录，单击"删除"按钮，确认后再单击"关闭"按钮，即完成操作。

4.7.2　数据排序

新建立的数据清单是按输入记录的先后顺序排列的，我们可以利用数据清单的排序功能对其进行重新排序。

在日常工作中，我们经常会遇到要将工作表中的数据按某列进行排序的问题。Excel 2016 提供的数据排序功能即可解决此类问题。

1. 简单排序

若只需按数据表中的某列对数据进行排序，最简单的方法是利用"升序"按钮 ↑↓ 或"降序"按钮 ↓↑，操作步骤如下：

（1）单击数据表中需要排序列中的任一单元格（如，对"学生成绩表"中的"总分"列进行降序排序，则单击"总分"列中的任一单元格）。

（2）单击"数据"选项卡"排序和筛选"组中的"降序"按钮 ↓↑，工作表中的数据将按照关键字（如"总分"）进行降序排列，如图 4-62 所示。

	A	B	C	D	E	F	G
1	学号	姓名	英语	数学	计算机基础	总分	平均分
2	1204103104	钱刚	92	88	72	252	84
3	1204103101	李小秋	73	82	90	245	82
4	1204103108	马婷艳	66	79	89	234	78
5	1204103107	赵文书	52	90	84	226	75
6	1204103106	王红海	63	81	75	219	73
7	1204103109	程功	84	60	75	219	73
8	1204103103	李心一	74	57	85	216	72
9	1204103110	宁小兵	71	72	68	211	70
10	1204103105	张蕾蕾	77	69	56	202	67
11	1204103102	王智	47	61	70	178	59

图 4-62　"总分"按降序排列

2. 多重排序

当所排序的字段出现相同值时，可以使用 Excel 2016 提供的多重排序功能，操作步骤如下：

（1）在需要排序的数据清单中单击任一单元格。

（2）单击"数据"选项卡"排序和筛选"组中的"排序"按钮，弹出"排序"对话框，如图 4-63 所示。

（3）在"列"中的"主要关键字"下拉列表框中选择排序的主要关键字（如"姓名"），在"次序"下拉列表框中选择"升序"或"降序"（如"升序"）选项。

（4）单击"添加条件"按钮，在新增的"次要关键字"下拉列表框中选择排序的次要关键字（如"总分"），在"次序"下拉有框中选择"升序"或"降序"（如"降序"）选项。

（5）单击"确定"按钮即可完成多重排序，如图 4-64 所示。

图 4-63　"排序"对话框

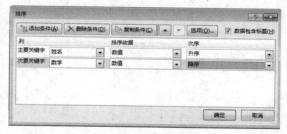

图 4-64　多重排序

3. 自定义排序

如果用户对数据的排序有特殊要求，可以在"排序"对话框（图 4-63）中单击"选项"按钮，弹出"排序选项"对话框，如图 4-65 所示，在此对话框中对是否区分大小写、排序方向、排序方法等进行自定义。

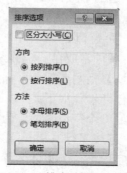

图 4-65　"排序选项"对话框

4.7.3　数据筛选

如果需要从工作表中选择满足条件的数据，可用筛选数据功能将不需要的数据记录暂时隐藏起来，只显示满足条件的数据记录。Excel 2016 提供了两种筛选命令，即自动筛选和高级筛选。

1．自动筛选

自动筛选指按简单的比较条件快速筛选工作表中的数据，并将满足条件的数据集中显示在工作表上。

（1）自动筛选。根据筛选条件的不同，可以利用列标题的下拉列表，也可以利用"自定义自动筛选方式"对话框进行自动筛选，操作方法如下：

1）选定数据清单中的任一单元格。

2）单击"数据"选项卡"排序和筛选"组中的"筛选"按钮，工作表中数据清单的列标题全部变成下拉列表，如图 4-66 所示。

3）单击列标题下拉列表按钮（如"英语"列），在下拉列表中选择相应的命令，如，选择"数字筛选"选项中的"自定义筛选"命令，则打开"自定义自动筛选方式"对话框，在其中输入筛选条件，例如，筛选英语成绩为 80～89 分的学生记录，如图 4-67 所示。

4）在对话框中第一行的下拉列表框中选择"大于或等于"选项，在右侧的输入框中输入"80"，选中"与"单选按钮，然后在第二行的下拉列表框中选择"小于"选项，在右侧的输入框中输入"90"。

	A	B	C	D	E	F	G
1	学号	姓名	英语	数学	计算机基础	总分	平均分
2	1204103104	钱刚	92	88	72	252	84
3	1204103101	李小秋	73	82	90	245	82
4	1204103108	马婷艳	66	79	89	234	78
5	1204103107	赵文书	52	90	84	226	75
6	1204103106	王红海	63	81	75	219	73
7	1204103109	程功	84	60	75	219	73
8	1204103103	李心一	74	57	85	216	72
9	1204103110	宁小兵	71	72	68	211	70
10	1204103105	张蕾蕾	77	69	56	202	67
11	1204103102	王智	47	61	70	178	59

图 4-66　"自动筛选"下拉列表

图 4-67　"自定义自动筛选方式"对话框

5）单击"确定"按钮，完成自动筛选。

（2）取消筛选

单击"数据"选项卡"排序与筛选"组中的"清除"按钮，可恢复显示所有数据。如再次单击"筛选"命令，则取消全部列标题的下拉列表按钮。

2．高级筛选

对于复杂的筛选条件可以使用"高级筛选"命令。使用"高级筛选"的关键是如何设置用户自定义的复杂组合条件，这些组合条件常放在一个称为条件区域的单元格区域中。

（1）筛选的条件区域。条件区域包括两个部分：标题行（也称字段名行或条件名行）和条件行（一行或多行）。条件区域的创建步骤如下：

1）在数据清单记录的下面准备好一个空白区域作为条件区域，该条件区域不能与数据清单区域连接，需用空行隔开（间隔一行或多行）。

2）在此空白区域的第一行输入字段名作为条件名行。

3）从字段名的下一行开始输入条件。

（2）筛选的条件。

1）"与"关系的条件必须在同一行内表示。例如，在"学生成绩表"中筛选出满足条件"英语和计算机基础成绩大于或等于 60 分"的学生记录，条件区域表示为

英语	计算机基础
>=60	>=60

2）"或"关系的条件将在不同行内表示。例如，在"学生成绩表"中筛选出满足条件"英语或计算机基础成绩小于 60 分"的学生记录，条件区域表示为

英语	计算机基础
<60	
	<60

（3）高级筛选。高级筛选的操作步骤如下：

1）建立条件区域，例如，筛选"学生成绩表"中数学和计算机基础成绩高于 80 分的记录，建立条件区域为 D15:E16，如图 4-68 所示。

2）选定数据清单中的任一单元格。

3）单击"数据"选项卡"排序和筛选"组中的"高级"按钮，弹出"高级筛选"对话框，如图 4-69 所示。

数学	计算机基础
>80	>80

图 4-68　高级筛选条件

图 4-69　"高级筛选"对话框

4）在"高级筛选"对话框中，选中"在原有区域显示筛选结果"单选按钮。

5）分别单击"列表区域"和"条件区域"右侧的下拉按钮，确定"列表区域"的数据清单区域和"条件区域"的筛选条件区域。

6）单击"确定"按钮，即筛选出符合条件的记录，如图 4-70 所示。

	A	B	C	D	E	F	G
1	学号	姓名	英语	数学	计算机基础	总分	平均分
3	1204103101	李小秋	73	82	90	245	82
5	1204103107	赵文书	52	90	84	226	75
12							
13							
14							
15				数学	计算机基础		
16				>80	>80		

图 4-70　高级筛选结果

　　若要取消高级筛选操作，可选择"数据"选项卡"排序和筛选"组中的"清除"命令，恢复全部记录的显示。

　　如果不希望将筛选结果存放到原数据区域，则可在"高级筛选"对话框中选中"将筛选结果复制到其他位置"单选按钮，单击"复制到"右侧的下拉按钮 ▦ ，确定"复制到"的目标区域，即筛选结果将存放到目标区域。

4.7.4　数据分类汇总

　　分类汇总是在数据库表格或者数据清单中快捷地汇总数据的方法，通过分级显示分类汇总，可以从大量的数据信息中按照某些特殊的需要提取有用的信息。分类汇总为汇总数据提供了非常灵活的方法。

　　1. 创建分类汇总

　　在分类汇总之前，必须先对分类字段进行排序。以图4-71所示的销售表为例，按"店名"汇总商品的销售额。其操作步骤如下：

　　（1）单击数据清单分类汇总字段（如"店名"）列的任一单元格，在"数据"选项卡的"排序和筛选"组中单击"升序"或"降序"按钮（如"升序"），即对关键字（"店名"）进行排序。

　　（2）单击"数据"选项卡"分级显示"组中的"分类汇总"按钮，弹出"分类汇总"对话框，如图4-72所示。

	A	B	C	D	E
1	连锁店电器商品销售统计表				
2	店名	商品名	单价	销售量	销售额
3	A连锁店	电视机	3500	35	122500
4	B连锁店	洗衣机	1899	15	28485
5	C连锁店	电冰箱	2290	31	70990
6	A连锁店	空调	1899	21	39879
7	B连锁店	电视机	3500	32	112000
8	C连锁店	洗衣机	3500	30	105000
9	A连锁店	电冰箱	3290	29	95410
10	B连锁店	空调	2299	33	75867
11	C连锁店	电视机	2299	27	62073
12	A连锁店	洗衣机	3290	25	82250
13	B连锁店	电冰箱	1899	18	34182
14	C连锁店	空调	3290	23	75670

图4-71　销售表

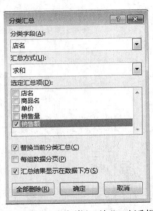

图4-72　"分类汇总"对话框

　　（3）在"分类字段"下拉列表框中选择分类字段（如"店名"）。

　　（4）在"汇总方式"下拉列表框中选择汇总计算方式（如"求和"）。

　　（5）在"选定汇总项"下拉列表框中选择汇总项（如"销售额"）。

　　（6）单击"确定"按钮。操作结果如图4-73所示。

　　2. 删除分类汇总

　　删除分类汇总就是取消分类汇总，将数据清单还原到原来的样子。操作方法如下：

　　（1）在含有分类汇总的数据清单中单击任一单元格。

　　（2）单击"数据"选项卡"分级显示"组中的"分类汇总"按钮，弹出"分类汇总"对话框（图4-72）。

图 4-73　操作结果

（3）在"分类汇总"对话框中单击"全部删除"按钮。

3. 分类汇总数据的分级显示

在分类汇总结果中，工作表左边列表树中有"-"和"1""2""3"按钮，如图 4-73 所示，利用这些按钮可以实现数据的分级显示。单击"-"按钮，则将数据折叠隐藏，仅显示汇总的总计；单击"+"按钮展开还原数据的显示。单击左上方的"1"按钮，表示一级显示，仅显示汇总总计；单击"2"按钮，表示二级显示，显示各类别的汇总数据；单击"3"按钮，表示三级显示，显示汇总的全部明细信息。

4.7.5　数据合并

数据合并可以将来自不同数据区域的数据进行汇总，并进行合并计算。合并计算的数据源区域可以是同一个工作表中的，也可以是同一工作簿不同工作表中的，还可以是不同工作簿的工作表中的数据区域。利用"数据"选项卡"数据工具"组中的命令，可以完成"数据合并""数据有效性"等操作。

例如，现有在同一工作簿中的两个不同工作表：一分店销量表和二分店销量表，如图 4-74 所示。现需新建工作表，计算出两个分店每个月销量总和，操作步骤如下：

图 4-74　一分店销量表和二分店销量表

（1）在本工作簿中新建工作表"销量合计表"数据清单，数据清单字段名与源数据清单相同。

（2）选定存放合并计算结果的单元格区域 B3:D8。

（3）单击"数据"选项卡"数据工具"组中的"合并计算"按钮，弹出"合并计算"对话框，如图 4-75 所示。

（4）在"函数"下拉列表框中选择"求和"选项，在"引用位置"下拉列表框中选取"一分店销量表"的 B3:D8 单元格区域，单击"添加"按钮，再选取"二分店销量表"的 B3:D8 单元格区域（添加"引用位置"时，通过"浏览"按钮可以选取不同工作表或工作簿中的引用位置）。选中"创建指向源数据的链接"复选框（当源数据变化时，合并计算结果也将随之变化），单击"确定"按钮。合并计算结果如图 4-76 所示。

图 4-75　"合并计算"对话框

图 4-76　合并计算结果

4.7.6　数据透视表

数据透视表是一个功能强大的数据汇总工具，可汇总数据清单中的相关信息。分类汇总虽然也可以对数据进行多字段的汇总分析，但它形成的表格是静态的、线性的，数据透视表则是一种动态的、二维的表格。数据透视表中建立了行列交叉列表，可以通过行列转换查看源数据的不同统计结果。

1．创建数据透视表

下面以图 4-70 所示销售表数据清单为例，说明如何建立数据透视表。

例如，建立一个数据透视表，按店名和商品名分类统计出销售量和销售额的总和。创建数据透视表的操作步骤如下：

（1）单击要创建数据透视表的数据清单中的任意单元格。

（2）在"插入"选项卡的"表格"组中单击"数据透视表"按钮，弹出"创建数据透视表"对话框，如图 4-77 所示。

图 4-77　"创建数据透视表"对话框

（3）在"创建数据透视表"对话框中，自动确定了"表或区域"（或通过"表/区域"切换按钮选定区域，如"销售表!$A$2:$E$14"），在"选择放置数据透视表的位置"选项组自动选中了"新工作表"单选按钮，若要将数据透视表放在现有工作表中的特定位置，可单击"现有工作表"，然后在"位置"框中指定放置数据透视表的单元格区域的第一个单元格地址。

（4）单击"确定"按钮，将空白数据透视表加载至指定位置，并在右侧显示"数据透视表字段"界面，如图 4-78 所示，在此可以添加字段、创建布局以及自定义数据透视表。

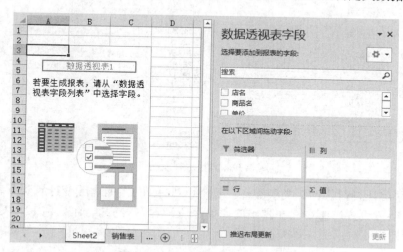

图 4-78　空白透视表、字段列表

（5）向数据透视表添加字段。

方法 1：若要将字段放置到布局部分的默认区域中，可在字段部分选中相应字段名称旁的复选框（图 4-78）。默认情况下，非数值字段会添加到"行"区域，数值字段会添加到"值"区域，日期和时间则会添加到"列"区域。

方法 2：若要将字段放置到布局部分的特定区域中，可在字段部分右击相应的字段名称，然后选择"添加到报表筛选""添加到行标签""添加到列标签"或"添加到值"。

方法 3：若要将字段拖放到所需的区域，可在字段部分单击并按住相应的字段名称，然后将它拖到布局部分所需的区域中。

选择透视表，利用"数据透视表－工具"选项卡，可以对"选项""布局""数据透视表样式选项"和"数据透视表样式"等进行设置。

在销售表中，将报表字段中的"店名"与"商品名"字段分别拖动到"行"区域，将"销售量"与"销售额"字段分别拖动到"值"区域，再单击"数据透视表工具"选项卡中的"设计"按钮，在"布局"组中单击"报表布局"按钮，并在其下拉列表中选择"以表格形式显示"选项，即可完成数据透视表的创建，如图 4-79 所示。

2. 修改数据透视表

（1）单击字段列表中已拖入每个区域中的字段名右边的下三角按钮，弹出下拉列表，如图 4-80 所示。

（2）在下拉列表中选择某个命令（如"删除字段"命令），可以对已创建的数据透视表进行相应的修改。

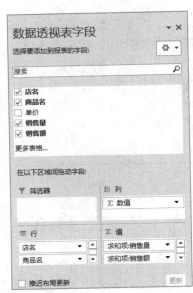

店名 ▼	商品名 ▼	求和项:销售量	求和项:销售额
⊟A连锁店	电冰箱	29	95410
	电视机	35	122500
	空调	21	39879
	洗衣机	25	82250
A连锁店 汇总		110	340039
⊟B连锁店	电冰箱	18	34182
	电视机	32	112000
	空调	33	75867
	洗衣机	15	28485
B连锁店 汇总		98	250534
⊟C连锁店	电冰箱	31	70990
	电视机	27	62073
	空调	23	75670
	洗衣机	30	105000
C连锁店 汇总		111	313733
总计		319	904306

图 4-79　数据透视表结果

（3）数据透视表默认计算类型是汇总计算（即求和），如需改变计算类型，可在下拉列表中选择"值字段设置"命令，在弹出的"值字段设置"对话框（图 4-81）中按要求选择需要计算的类型即可。

图 4-80　"字段名"下拉列表

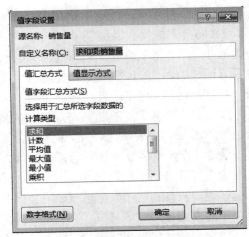

图 4-81　"值字段设置"对话框

4.7.7　应用举例

【例 4-5】"公司人员情况"数据管理。

现有某公司人员情况表，如图 4-82 所示，对其进行如下数据管理：按性别升序排序；相同性别的按年龄递减排序；筛选出工程师的记录；将职称是高工且基本工资大于 6000 的记录筛选到 A20 开始的区域；按"部门"字段进行分类汇总，统计不同部门"基本工资"的总和；创建图 4-83 所示的数据透视表。

A	B	C	D	E	F
1			公司人员情况表		
2	职工号	部门	性别	年龄	职称	基本工资
3	s008	培训部	男	38	工程师	5000
4	s005	培训部	女	31	高工	6000
5	s042	事业部	女	36	工程师	5500
6	s066	事业部	男	39	高工	7000
7	s015	事业部	男	38	高工	6500
8	s071	销售部	女	28	工程师	5000
9	s077	销售部	男	40	高工	6500
10	s018	销售部	男	25	助工	4000
11	s009	研发部	男	40	高工	7000
12	s012	研发部	女	32	工程师	6000
13	s064	研发部	男	33	工程师	5000
14	s053	研发部	女	26	助工	4000

图 4-82　某公司人员情况表

图 4-83　数据透视表

分析与操作步骤如下：

1. 复制"公司人员情况"工作表

（1）单击"公司人员情况"工作表标签，按住 Ctrl 键拖动工作表标签，将其复制得到"公司人员情况（2）"工作表。

（2）双击"公司人员情况（2）"工作表标签，将工作表命名为"排序"，依照相同方法，分别复制完成"分类汇总""自动筛选""高级筛选""数据透视表"工作表。

2. 排序

（1）选定"排序"工作表，单击"性别"列数据区域的任意单元格。

（2）单击"数据"选项卡"排序和筛选"组中的"排序"按钮，弹出"排序"对话框。

（3）在"列"中的"主要关键字"下拉列表框中选择"性别"选项，在"次序"下拉列表框中选择"升序"选项。

（4）单击"添加条件"按钮，在"次要关键字"下拉列表框中，选择"年龄"选项，在"次序"下拉列表框中选择"降序"选项，单击"确定"按钮。排序结果如图 4-84 所示。

A	B	C	D	E	F
1			公司人员情况表		
2	职工号	部门	性别	年龄	职称	基本工资
3	s077	销售部	男	40	高工	6500
4	s009	研发部	男	40	高工	7000
5	s066	事业部	男	39	高工	7000
6	s008	培训部	男	38	工程师	5000
7	s015	事业部	男	38	高工	6500
8	s064	研发部	男	33	工程师	5000
9	s018	销售部	男	25	助工	4000
10	s042	事业部	女	36	工程师	5500
11	s012	研发部	女	32	工程师	6000
12	s005	培训部	女	31	高工	6000
13	s071	销售部	女	28	工程师	5000
14	s053	研发部	女	26	助工	4000

图 4-84　排序结果

3. 自动筛选

（1）选定"自动筛选"工作表，单击任意单元格。

（2）单击"数据"选项卡"排序和筛选"组中的"自动筛选"按钮，工作表中数据清单的列标题全部变成下拉列表。

（3）单击"职称"列标题的下拉列表按钮，在下拉列表中选择"工程师"选项，单击"确定"按钮，完成自动筛选。自动筛选结果如图 4-85 所示。

	A	B	C	D	E	F
1			公司人员情况表		职称	基本工
2	职工号	部门	性别	年龄	职称	基本工
3	s008	培训部	男	38	工程师	5000
5	s042	事业部	女	36	工程师	5500
8	s071	销售部	女	28	工程师	5000
12	s012	研发部	女	32	工程师	6000
13	s064	研发部	男	33	工程师	5000

图 4-85　自动筛选结果

4. 高级筛选

（1）选定"高级筛选"工作表，在工作表的空白处建立条件区域，如在单元格区域 C17:D18 输入条件式，如图 4-86 所示。

	职称	基本工资
17		
18	高工	>6000

图 4-86　筛选条件

（2）单击数据区域中的任意单元格。

（3）单击"数据"选项卡"排序和筛选"组中的"高级"按钮，弹出"高级筛选"对话框。

（4）在"高级筛选"对话框中选中"将筛选结果复制到其他位置"复选框。

（5）分别单击各下拉按钮，确定"列表区域"的数据清单区域和"条件区域"的筛选条件区域以及"复制到"的存放筛选结果的区域。

（6）单击"确定"按钮即筛选出符合条件的记录，如图 4-87 所示。

	A	B	C	D	E	F
1			公司人员情况表			
2	职工号	部门	性别	年龄	职称	基本工资
3	s008	培训部	男	38	工程师	5000
4	s005	培训部	女	31	高工	6000
5	s042	事业部	女	36	工程师	5500
6	s066	事业部	男	39	高工	7000
7	s015	事业部	男	38	高工	6500
8	s071	销售部	女	28	工程师	5000
9	s077	销售部	男	40	高工	6500
10	s018	销售部	男	25	助工	4000
11	s009	研发部	男	40	高工	7000
12	s012	研发部	女	32	工程师	6000
13	s064	研发部	男	33	工程师	5000
14	s053	研发部	女	26	助工	4000
15						
16						
17			职称	基本工资		
18			高工	>6000		
19						
20	职工号	部门	性别	年龄	职称	基本工资
21	s066	事业部	男	39	高工	7000
22	s015	事业部	男	38	高工	6500
23	s077	销售部	男	40	高工	6500
24	s009	研发部	男	40	高工	7000

图 4-87　高级筛选结果

5. 分类汇总

（1）选定"分类汇总"工作表，以"部门"为主要关键字进行排序（升序或降序）。

（2）选定工作表中的任意单元格。

（3）单击"数据"选项卡"分级显示"组中的"分类汇总"按钮，弹出"分类汇总"对话框。

（4）在"分类字段"下拉列表框中选择"部门"选项；在"汇总方式"下拉列表框中选择"求和"选项；在"选定汇总项"下拉列表框中选择"基本工资"选项。

（5）单击"确定"按钮，分类汇总结果如图 4-88 所示。

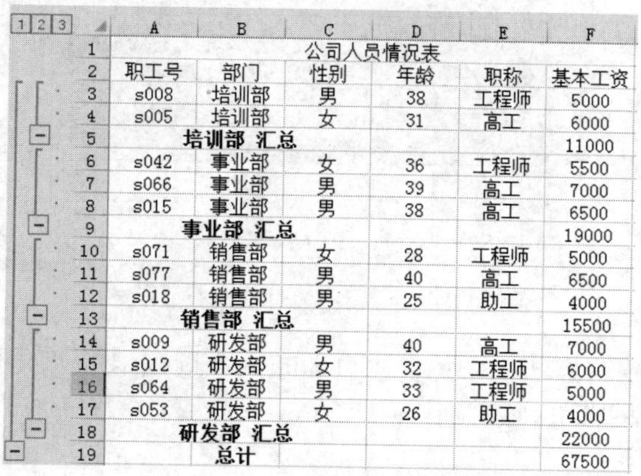

图 4-88　分类汇总结果

6. 建立数据透视表

（1）选定"数据透视表"工作表，单击数据清单中的任意单元格。

（2）单击"插入"选项卡"表格"组中的"数据透视表"按钮，弹出"创建数据透视表"对话框。

（3）单击"确定"按钮，创建一个空的数据透视表。

（4）向空数据透视表添加字段：把报表字段中的"部门"与"职称"字段分别拖入"行"框中，将"基本工资"字段拖入"值"框中，再单击"数据透视表工具"选项卡中的"设计"按钮，在"布局"组中单击"报表布局"按钮，并在其下拉列表中选择"以表格形式显示"选项，即可完成图 4-83 所示的数据透视表。

4.8　工作表的打印和链接

4.8.1　打印设置

编辑好工作表以后，可以进行打印。在打印电子表格前需要进行一些必要的设置，例如，设置打印区域、设置页面等。

1. 设置打印区域

打印工作表时，Excel 2016 首先检查工作表中是否有设置好的打印区域，如果有，则只打印此区域的内容；如果没有，则打印整个工作表的已使用区域。因此，如果只想打印工作表中的部分区域，应将此区域设置为打印区域。设置打印区域的操作步骤如下：

（1）选定要打印的区域。

（2）在"页面布局"选项卡的"页面设置"组中单击"打印区域"按钮，选择"设置打印区域"命令，如图 4-89 所示。

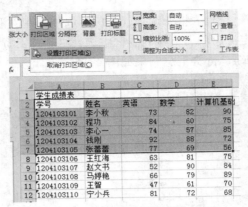

图 4-89　设置打印区域

　　取消工作表打印区域的方法如下：在"页面布局"选项卡的"页面设置"组中单击"打印区域"按钮，选择"取消打印区域"命令。

　　2. 设置页面

　　设置好打印区域之后，为了使打印出的页面美观、符合要求，需对打印的页面、页边距、页眉/页脚等进行设置。设置方法如下所述。

　　方法1：选择"页面布局"选项卡"页面设置"组中的相应命令进行设置。

　　方法2：在"页面布局"选项卡的"页面设置"组中单击"打开对话框"按钮，在弹出的"页面设置"对话框（图 4-90）中选择"页面"选项卡，在此设置页面的打印方向、缩放比例、纸张大小以及打印质量等。

图 4-90　"页面设置"对话框

　　"页面"选项卡中各项的含义如下：

- 打印方向：分为横向和纵向两种，一般为横向。如果表格的宽度大于高度，则可设置为纵向。
- 缩放比例：可以相对于正常打印时的大小进行缩放，也可以按页宽、页高进行缩放。
- 纸张大小：设置打印时所用的纸张尺寸。

- 打印质量：设置打印机的允许分辨率，分辨率越高，打印质量越好。
- 起始页码：设置从哪页开始打印。

3. 设置页边距

选择"页面设置"组中的"页边距"命令，可以选择已经定义好的页边距，也可以利用"自定义边距"选项，或利用"页面设置"对话框中的"页边距"选项卡来设置页面的边距，在"上""下""左""右"输入框中分别输入所需的页边距数值即可，如图 4-91 所示。

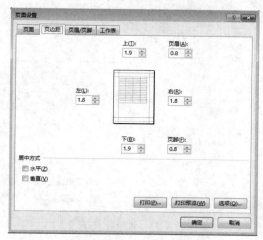

图 4-91　设置页边距

4. 设置页眉/页脚

页眉指打印页顶部出现的文字，页脚指打印页底部出现的文字。在"页面设置"对话框中单击"页眉/页脚"选项卡，如图 4-92 所示，在"页眉""页脚"下拉列表框中可选择已定义的页眉/页脚，也可单击"自定义页眉"和"自定义页脚"按钮来设置页眉/页脚。

图 4-92　设置页眉/页脚

若要删除页眉/页脚，则选定要删除页眉/页脚的工作表，打开"页面设置"对话框，单击"页眉/页脚"选项卡，在"页眉""页脚"下拉列表框中选择"无"选项即可。

5. 工作表的设置

单击"页面设置"对话框的"工作表"选项卡，如图 4-93 所示，在此进行工作表的设置：选择"打印区域"右侧的切换按钮选定打印区域；选择"打印标题"右侧的切换按钮选定行标题或列标题区域，为每页设置打印行或列标题；在"打印"区域可设置打印时是否有网格线、行号列标和批注等；在"打印顺序"区域可设置打印时是"先行后列"还是"先列后行"。

图 4-93　设置工作表

4.8.2　打印预览

在打印前，通常需要先预览打印效果，确认打印的整体布局是否合理和美观。

在 Excel 2016 的"打印"命令中，默认打印机的属性自动显示在第一部分，工作簿的预览自动显示在第二部分。

选择"文件"选项卡中的"打印"命令，出现打印设置和自动预览界面，如图 4-94 所示。

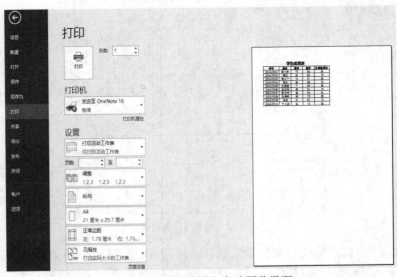

图 4-94　打印设置和自动预览界面

4.8.3　打印

预览后，如果对页面设置及内容等感到满意，就可以通过打印机将工作表的内容打印输出。

选择"文件"选项卡中的"打印"命令，或单击"页面设置"对话框的"工作表"选项卡中的"打印"按钮，在打印方式下仍可设置打印选项，如图 4-95 所示。

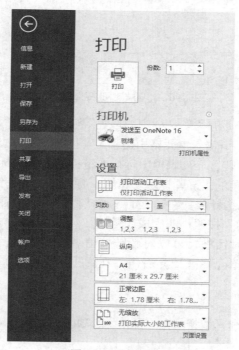

图 4-95　打印设置

打印设置选项含义如下：
- 在"份数"输入框中设置打印的份数。
- 在"打印机"选项区可以选择打印机的类型。
- 在"页数"输入框中输入工作表中要打印区域起始页码和终止页码。

在打印选项中还可直接设置页面方向、打印纸张、页边距、打印缩放等。

4.8.4　工作表中的链接

工作表中的链接包括超链接和数据链接两种，超链接可以从一个工作簿或文件快速跳转到其他工作簿或文件，可以建立在单元格的文本或图形上；数据链接是使数据关联，当一个数据发生更改时，与之相关联的数据也会改变。

1. 建立超链接

（1）选定要建立超链接的单元格或单元格区域。

（2）右击，在弹出的快捷菜单中选择"超链接"命令，弹出"插入超链接"对话框，如图 4-96 所示。

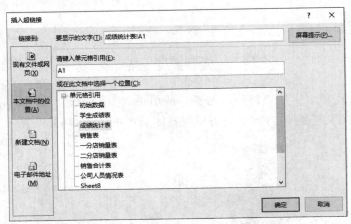

图 4-96 "插入超链接"对话框

（3）在"链接到"栏中选择"本文档中的位置"选项（单击"现有文件或网页"可链接到其他工作簿中），在右侧的"请输入单元格引用"文本框中输入要引用的单元格地址（如 A1），在"或在此文档中选择一个位置"列表框中选择要链接的工作表标签（如"学生成绩表"）。

（4）单击对话框右上角的"屏幕提示"按钮，打开"设置超链接屏幕提示"对话框，在对话框内输入信息，当鼠标指针放置在建立的超链接位置时，显示相应的提示信息（如"打开学生成绩表"），单击"确定"按钮，即完成超链接。

利用"编辑超链接"对话框，可以对超链接信息进行修改，也可以取消超链接。选定已建立超链接的单元格或单元格区域并右击，在弹出的快捷菜单中选择"取消超链接"命令即可。

2. 建立数据链接

（1）打开某工作表并选择数据，在"开始"选项卡的"剪贴板"组中单击"复制"按钮，复制选择的数据。

（2）打开要关联的工作表，在工作表中指定的单元格粘贴数据，在"粘贴"选项中选择"粘贴链接"命令即可。

4.9 保护数据

Excel 2016 可以有效地对工作簿中的数据进行保护。可以保护工作表或工作表中某些单元格的数据，也可将工作簿、工作表以及单元格中的重要公式隐藏起来。

4.9.1 保护工作簿和工作表

1. 保护工作簿

保护工作簿包含两个方面：一是保护工作簿，防止他人非法访问；二是禁止他人对工作簿或工作簿中的工作表的非法操作。

（1）设置工作簿访问权限。

1）设置密码。为了限制工作簿的打开，可进行密码设置保护。其操作步骤如下：

● 打开工作簿，单击"文件"选项卡中的"另存为"按钮，弹出"另存为"对话框。

- 单击"另存为"对话框中的"工具"按钮，选择"常规选项"，弹出"常规选项"对话框，如图 4-97 所示。
- 在"常规选项"对话框中的"打开权限密码"文本框中输入密码，单击"确定"按钮，再次输入密码，单击"确定"按钮。
- 返回"另存为"对话框，单击"保存"按钮即可。

打开设置了密码的工作簿时，将弹出"密码"对话框，只有正确输入密码后才能打开工作簿，密码是区分大小写字母的。

2）设置、修改工作簿密码。打开"常规选项"对话框，在"修改权限密码"文本框中输入密码。打开工作簿时，在"密码"对话框中输入正确的修改权限密码后才能对该工作簿进行修改操作。

3）修改或取消密码。打开"常规选项"对话框，如果要更改密码，在"打开权限密码"文本框中输入新密码并单击"确定"按钮；如果要取消密码，按 Delete 键删除"打开权限密码"文本框中的密码，然后单击"确定"按钮。

（2）工作簿中工作表和窗口的保护。如果不希望对工作簿中的工作表或窗口进行编辑操作，可对其进行保护。设置保护的操作方法如下：

1）选择"审阅"选项卡"更改"组中的"保护工作簿"命令，弹出"保护结构和窗口"对话框，如图 4-98 所示。

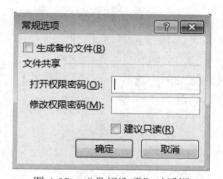

图 4-97　"常规选项"对话框

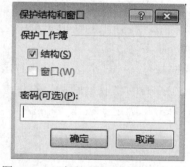

图 4-98　"保护结构和窗口"对话框

2）选中"结构"复选框，表示保护工作簿的结构，工作簿中的工作表将不能进行移动、删除、插入等操作。

3）如果选中"窗口"复选框，则打开工作簿时保持窗口的固定位置和大小，工作簿的窗口不能移动、缩放、隐藏和取消隐藏。

4）如果输入密码，则可以防止他人取消对工作簿的保护。

2．保护工作表

操作步骤如下：

（1）选择要保护的工作表。

（2）选择"审阅"选项卡"更改"组中的"保护工作表"命令，在弹出的"保护工作表"对话框中选择所需选项，或输入密码，单击"确定"按钮。

取消保护工作表的方法如下：选定任意单元格，单击"审阅"选项卡"更改"组中的"取消保护工作表"按钮，即可取消保护。

3．保护单元格

在工作表中，可以隐藏单元格中的公式，使该单元格的公式不出现在编辑栏内，操作方法如下：

（1）选择需要隐藏公式的单元格，在"开始"选项卡的"单元格"组中单击"格式"按钮，选择"设置单元格格式"命令。

（2）在打开的"设置单元格格式"对话框中选中"保护"选项卡中的"隐藏"复选框，单击"确定"按钮。

（3）单击"审阅"选项卡"更改"组中的"保护工作表"按钮，完成单元格的保护。

注意：只有保护工作表后，锁定单元格或隐藏公式才有效。当取消对工作表的保护时，即取消了对单元格的保护。

利用"审阅"选项卡"更改"组中的"允许用户编辑的区域"命令可以设置允许用户编辑的单元格区域，让不同用户拥有不同编辑工作表的权限，达到保护数据的目的。

利用"文件"选项卡右侧的"保护工作簿"选项，可以进行将工作簿标记为最终状态、用密码进行加密、保护当前工作表、保护工作表结构等操作。

4.9.2　工作表的隐藏及取消隐藏

1．隐藏工作表

（1）选定需要隐藏的工作表。

（2）右击，在弹出的快捷菜单中选择"隐藏"命令。

2．取清隐藏

（1）选择任一个工作表标签并右击，在弹出的快捷菜单中选择"取消隐藏"命令。

（2）在打开的"取消隐藏"对话框中选择要取消隐藏的工作表名。

（3）单击"确定"按钮。

习题四

单选题

1．Excel 2016 处理的主要内容有（　　　）。

　　A．电子表格、文字、数据库　　　　　B．电子表格、图表、数据库

　　C．工作表、工作簿、图表　　　　　　D．电子表格、工作簿、数据库

2．在 Excel 2016 中，工作簿存盘时默认的文件扩展名是（　　　）。

　　A．slx　　　　　　B．xlsx　　　　　　C．doc　　　　　　D．gzb

3．Excel 2016 中，一个工作簿中工作表默认有（　　　）个。

　　A．32　　　　　　B．16　　　　　　C．255　　　　　　D．1

4．Excel 2016 中的错误信息总是以（　　　）开头。

　　A．$　　　　　　B．#　　　　　　C．@　　　　　　D．&

5．Excel 2016 中的数据类型有（　　　）。

    A．数值型　　　　　　B．字符型　　　　　　C．逻辑型　　　　　　D．以上全部

6．Excel 2016 中，给当前单元格输入数值型数据时，默认为（　　　）。

    A．居中　　　　　　　B．左对齐　　　　　　C．右对齐　　　　　　D．随机

7．在 Excel 2016 工作表的单元格中输入公式时，应先输入（　　　）。

    A．'　　　　　　　　　B．"　　　　　　　　　C．&　　　　　　　　　D．=

8．Excel 2016 中，已知 B3 和 B4 单元格中的内容分别为"学期"和"成绩"，要在 B5 单元格中显示"学期成绩"，可在其中输入公式（　　　）。

    A．=B3+B4　　　　　　B．B3-B4　　　　　　C．B3&B4　　　　　　D．B3$B4

9．Excel 2016 中，如 A4 单元格的值为 100，则公式"=A4>100"的结果是（　　　）。

    A．200　　　　　　　　B．0　　　　　　　　　C．TRUE　　　　　　　D．FALSE

10．在 Excel 2016 中使用函数时，多个函数参数之间必须用（　　　）分隔。

    A．圆点　　　　　　　B．逗号　　　　　　　C．分号　　　　　　　D．竖杠

11．Excel 2016 中，输入分数三分之二的方法是（　　　）。

    A．直接输入 2/3

    B．先输入一个 0，再输入 2/3

    C．先输入一个 0，再输入一个空格，最后输入 2/3

    D．以上方法都不对

12．Excel 2016 中，创建公式的操作步骤包括：①在编辑栏输入=；②输入公式；③按 Enter 键；④选择需要建立公式单元格。正确顺序是（　　　）。

    A．①②③④　　　　B．④①③②　　　　C．④①②③　　　　D．④③①②

13．Excel 2016 自动填充功能可以自动快速输入（　　　）。

    A．文本数据　　　　　　　　　　　　B．数字数据

    C．公式和函数　　　　　　　　　　　D．具有某种内在规律的数据

14．Excel 2016 中，选定一个单元格后按 Delete 键，被删除的是（　　　）。

    A．单元格　　　　　　　　　　　　　B．单元格中的内容

    C．单元格中的内容及格式等　　　　　D．单元格所在的行

15．以下关于 Excel 2016 工作表的说法，错误的是（　　　）。

    A．工作表的行可以隐藏　　　　　　　B．工作区可以隐藏

    C．工作表可隐藏　　　　　　　　　　D．工作表的列可以隐藏

16．若在 Excel 2016 中对工作表单元格的列宽进行精确调整，应操作的选项卡为（　　　）。

    A．开始　　　　　　　B．插入　　　　　　　C．格式　　　　　　　D．数据

17．若在 Excel 2016 中需要参数值中的整数部分，则应该使用（　　　）函数。

    A．MAX　　　　　　　B．INT　　　　　　　C．ROUND　　　　　　D．SUME

18．Excel 2016 中常用到"格式刷"，以下对其作用描述正确的是（　　　）。

    A．可以复制格式，不能复制内容

    B．可以复制内容

    C．既可以复制格式，也可以复制内容

    D．既不能复制格式，也不能复制内容

19. 在 Excel 2016 中，要计算 A1、A2、A3 单元格中数据的平均值，并在 B1 单元格中进行显示，下列公式错误的是（　　）。

    A．=(A1+A2+A3)/3　　　　　　B．=SUM(A1:A3)/3

    C．=AVERAGE(A1:A3)　　　　　D．=AVERAGE(A1:A2:A3)

20. 在 Excel 2016 中，公式"=SUM(C2:C6)"的作用是（　　）。

    A．求 C2 到 C6 这 5 个单元格数据之和

    B．求 C2 和 C6 这两个单元格数据之和

    C．求 C2 和 C6 这两个单元格的比值

    D．以上说法都不对

第 5 章　PowerPoint 2016 的应用

5.1　PowerPoint 2016 概述

PowerPoint（简称 PPT）2016 是 Microsoft Office 2016 办公套装软件中的一个重要组成部分，专门用于设计、制作信息展示等领域（如演讲、做报告、各种会议、产品演示、商业演示等）的各种电子演示文稿。PowerPoint 2016 与以前的版本相比，在功能上有了非常明显的改进和更新，新增和改进的图像编辑和艺术过滤器使得图像变得更加鲜艳，引人注目；同时，PowerPoint 2016 可以多种方式创建动态演示文稿并与观众共享。其增强性的音频和可视化功能可以帮助用户展示一个简洁的"电影"故事，该故事既易于创建，又极具观赏性。制作者不仅可以在计算机、投影仪上进行演示，还可以将演示文稿打印出来，制作成其他设备共享的素材，以便应用于更多领域，甚至可以利用 PowerPoint 在互联网上召开实时虚拟会议、远程会议。此外，还改进了图表、绘图、图片、文本等方面的功能，从而使演示文稿的制作和演示更加美观。

5.1.1　PowerPoint 2016 的启动

启动 PowerPoint 2016 的方法有多种，较常用的方法主要有通过"开始"菜单启动、通过创建新演示文稿启动和通过现有演示文稿启动 3 种。

1. 通过"开始"菜单启动

通过"开始"菜单启动是 Windows 操作系统中最常用的启动应用程序的方式，适用于启动任何软件。在任务栏上单击"开始"按钮，选择"所有程序"→PowerPoint 2016 命令，即可启动 Microsoft PowerPoint 2016，如图 5-1 所示，启动窗口如图 5-2 所示。

图 5-1　启动 PowerPoint 2016

图 5-2　PowerPoint 2016 启动窗口

注意：通过桌面快捷方式来启动，即双击桌面快捷方式图标 来启动，当然这个必须要将 PowerPoint 2016 快捷方式图标发送到桌面才行。

2. 通过创建新演示文稿启动

在桌面或文件夹窗口的空白区域右击，执行"新建"→"Microsoft PowerPoint 演示文稿"命令，新建 PowerPoint 文档，如图 5-3 所示。新建成功后，双击该文件可启动 PowerPoint 2016，如图 5-4 所示。

图 5-3　新建 PowerPoint 2016 文档

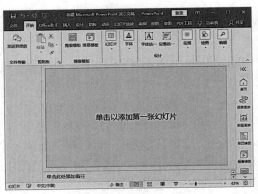

图 5-4　通过新建文件启动 PowerPoint 2016

3. 通过现有演示文稿启动

用户在创建并保存 PowerPoint 2016 演示文稿后，可以通过已有演示文稿启动 PowerPoint 2016，其方法主要有两种：一种是直接双击演示文稿图标启动，另一种是在最近使用过的文件中选择相应文件启动。

（1）双击演示文稿图标启动：若计算机中已存在利用 PowerPoint 2016 创建的演示文稿，用户可以找到该演示文稿的存放位置，直接双击演示文稿图标即可启动。

（2）在最近使用过的文件中启动：如果用户在当前计算机中使用 PowerPoint 2016 创建和打开过演示文稿，那么启动 Microsoft PowerPoint 2016 后，会在"开始"→"最近"中显示最近操作过的 PPT 文档，单击相应的 PowerPoint 演示文稿即可在启动 PowerPoint 2016 的同时打开该文档，如图 5-5 所示。

图 5-5　启动 PowerPoint 2016

注意：如果最近使用文档中的演示文稿存储路径发生变化，或者演示文稿已经被删除，则无法打开该文档。

5.1.2　PowerPoint 2016 的退出

编辑完演示文稿后，可退出 PowerPoint 2016。退出 PowerPoint 2016 的方法与退出其他应用程序的方法大致相同，主要包括以下 5 种：

（1）通过单击"关闭"按钮退出：单击 PowerPoint 2016 窗口右上角的"关闭"按钮 ，可退出 PowerPoint 2016。

（2）在标题栏上右击，在弹出的快捷菜单中选择"关闭"命令，可以关闭当前演示文稿。

（3）在计算机的任务栏中的 PowerPoint 演示文稿图标上右击，在弹出的快捷菜单中选择"关闭（所有）窗口"命令，可以关闭所有打开的演示文稿。

（4）通过快捷键退出：按 Alt+F4 组合键可退出 PowerPoint 2016。

（5）通过菜单退出：切换到"文件"选项卡，然后选择左侧的"关闭"命令，可以关闭当前演示文稿。

5.1.3　PowerPoint 2016 窗口的组成

启动 PowerPoint 2016 应用程序后，将看到 PowerPoint 2016 工作窗口，如图 5-6 所示。它主要由标题栏、快速访问工具栏、功能选项卡和功能区、状态栏、"大纲—幻灯片"窗格、幻灯片编辑窗格、"备注"窗格等部分组成。

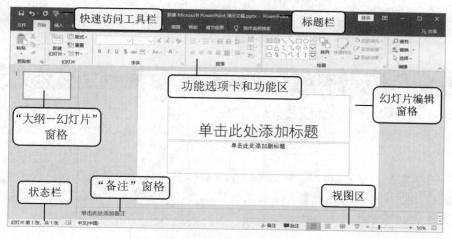

图 5-6　PowerPoint 2016 工作窗口

1．标题栏

标题栏位于工作窗口的顶端，用于显示当前应用程序名称和编辑的演示文稿名称。标题栏右侧是控制区域，主要由控制窗口最大化 （还原 ）、最小化 和关闭 3 个按钮组成，标题栏左侧为快速访问工具栏。

2．快速访问工具栏

快速访问工具栏 位于标题栏的左侧，用户可以单击其上的相应图标快速实现常用的功能，如保存、撤消、重复、从头开始（F5）、"自定义快速访问工具栏"等。用户还可以根据操作习惯设置"快速访问工具栏"的位置。

● 保存（Ctrl+S）：单击后，可以执行当前演示文稿的保存命令。

● 撤消（Ctrl+Z）：单击后，可以执行"回到当前操作步骤的上一步状态"的操作。单击撤消键旁的下三角按钮 ▼ ，可以在下拉菜单栏中选择撤消之前多次操作步骤，默认的撤消步骤为 20 次，在文件"选项"的高级设置中可以设置允许撤消的次数，最多不得大于 150 次。

● 恢复（Ctrl+Y）：单击后，可以再次执行当前操作或恢复当前撤消的操作，首次打开文档无任何操作时，此按钮不可操作。

● 从头开始（F5）：演示文稿的放映模式按钮，单击后，演示文稿从第一张幻灯片开始放映。

● "自定义快速访问工具栏"按钮：单击后，可在弹出的列表中选择快速访问工具栏中未显示的快捷按钮选项，如"新建""打开""通过电子邮件发送""快速打印""打印预览和打印""拼写检查""触摸/鼠标模式"等；选择"其他命令"命令，会弹出"PowerPoint 选项"对话框，在"快速访问工具栏"选项中可进行其他更多命令的选择；选择"在功能区下方显示"命令，可将快速访问工具栏的位置从标题栏的左侧调至功能选区下方左侧；选择"在功能区上方显示"命令，快速访问工具栏位置被还原到标题栏的左侧。

3. 功能选项卡和功能区

功能选项卡和功能区位于标题栏的下方，由"文件""开始""插入""设计""切换""动画""幻灯片放映""审阅""视图""帮助""PDF 工具""操作说明搜索""共享"等组成，如图 5-7 所示。

图 5-7　功能选项卡和功能区

注意：根据需要，可通过标题栏右侧的 按钮来显示或隐藏功能区。单击"共享"按钮，可以共享当前幻灯片的文档并查看共享此文档的人员，保存到云时，想要与他人进行协作，就可以将本文件的副本保存到一个联机位置并将文件类型更改为.pptx。

4. 状态栏

状态栏位于窗口底端，它不起任何编辑作用，主要用于显示当前演示文稿的编辑状态和显示模式，如图 5-8 所示。拖动幻灯片显示比例栏中的滑块 或单击 ＋ 、 － 按钮，可调整当前幻灯片的显示大小；单击右侧的按钮 ，可按当前窗口大小自动调整幻灯片的显示比例，使其在当前窗口中可以看到幻灯片的全局效果，且为最大显示比例。

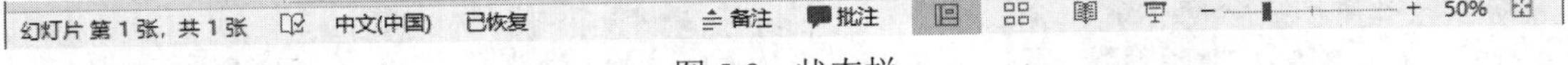

幻灯片 第 1 张，共 1 张　中文(中国)　已恢复　　备注　批注　　　　　　　　50%

图 5-8　状态栏

5. "大纲—幻灯片"窗格

创建演示文稿后,幻灯片窗格位于幻灯片编辑窗格的左侧,类似于缩略图的样式,用于显示当前演示文稿的内容结构、幻灯片的数量、位置等。想要改变缩略图大小,可以通过拖动窗格边框来改变。

幻灯片窗格的作用:可以进行幻灯片的切换、增删及位置的调换等。幻灯片窗格操作方法为"单击 Enter 键操作"和"右击操作"。例如,选中一张幻灯片或使用辅助键(Shift/Ctrl 键)选择多张幻灯片,再单击 Enter 键,可以新建空幻灯片于其下方,或右击菜单栏,选择"新建幻灯片"命令,即可新建空幻灯片于其下方。

6. 幻灯片编辑窗格

幻灯片编辑窗格位于主窗口的中间,用于显示和编辑制作当前幻灯片。在此窗格中,可以插入、布局各种元素,也可设计动画,它是 PPT 设计的重要窗口之一,如图 5-6 所示。想要变化本窗格幻灯片的大小,可以通过鼠标拖动窗格边框来实现,还可以使用视图区的当前显示比例按钮或调节页面显示比例按钮来实现。

注意:利用视图区的当前显示比例按钮和调节页面显示比例按钮调节幻灯片大小,不是针对当前一张幻灯片大小,而是针对整个演示文稿的全部幻灯片的显示大小。

7. 备注窗格

备注窗格位于编辑窗格的下方,如图 5-6 所示,用户可在此处添加对当前幻灯片的说明或备注信息。在预览时,备注默认不显示。备注的主要功能是,记录演讲者的一些演讲课件注释或流程内容,辅助演讲者的演讲工作。比如:演讲者可以通过将课件存放到备注当中,然后通过一系列的设置,让观众在看幻灯片时不显示备注,而在演讲者的屏幕上显示备注中的课件内容,甚至在导出打印时,也可以通过备注视图跟随幻灯片内容进行位置设置,并打印出来。

5.1.4　PowerPoint 2016 的视图方式

PowerPoint 2016 主要提供了 6 种视图方式,分别是普通视图、幻灯片浏览视图、阅读视图、幻灯片放映视图、备注页视图和母版视图,在不同的视图方式下,用户可以看到不同的幻灯片效果。单击 PowerPoint 2016 窗口状态栏中的"视图工具栏"按钮进行视图切换,如图 5-9 所示;也可以单击"视图"选项卡中的"演示文稿视图"或"母版视图"组中的功能按钮进行视图切换,如图 5-10 所示。

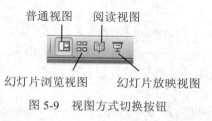

图 5-9　视图方式切换按钮

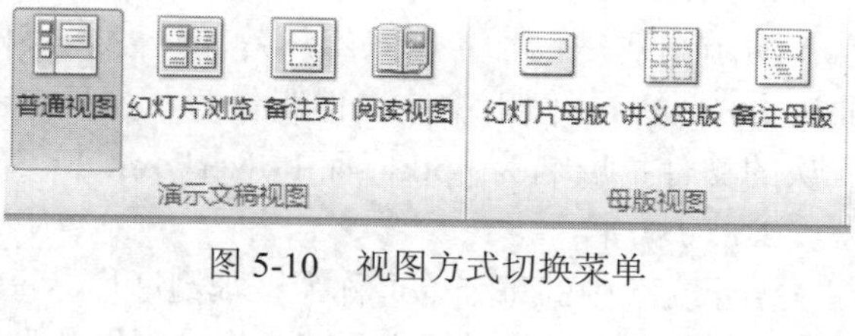

图 5-10　视图方式切换菜单

1. 普通视图

普通视图既是 PowerPoint 2016 的默认视图方式,也是在演示文稿视图区中使用频率非常高的一种视图方式,主要可用来制作演示文稿中单张幻灯片设计、多张幻灯片操作等。

2. 幻灯片浏览视图

在使用幻灯片浏览视图时，可以看见演示文稿中的所有幻灯片同时在屏幕上排列出来，这些幻灯片以缩略图方式呈现。该视图方式可实现全局拖动、复制、插入和删除幻灯片等操作，但是却不能对单张幻灯片进行编辑。使用者可以利用幻灯片浏览视图模式来检查演示文稿在整体布局时，各幻灯片在演示计时或切换时是否有不适合或不协调之处，在全局模式下再对文稿重新编排和修改。

3. 阅读视图

阅读视图模式相当于把演示文稿用于缩小版的阅读版式，即在计算机上缩小屏幕，用电子书阅读方式来查看演示文稿。由于幻灯片默认放映出的视图是全屏效果，如果使用者希望在一个设有简单控件以方便审阅的窗口中查看演示文稿，而不是全屏，则可以使用阅读视图。通过单击状态栏上的"上一张""菜单""下一张"按钮来翻页。如果需要更改编辑演示文稿，还可随时从阅读视图切换至某个其他视图，只需单击视图区的视图切换按钮即可。值得注意的是，使用者在进行切换操作时，容易习惯性地单击标题栏右上方的"关闭"按钮，这样将退出演示文稿（而不是切换）。

4. 幻灯片放映视图

在创建演示文稿的任何时候，都可通过单击"幻灯片放映视图"按钮来启动幻灯片放映和浏览演示文稿。该视图下，不能对幻灯片进行编辑，若不满意幻灯片效果，必须切换到"普通"视图等其他视图下进行编辑、修改。

5. 备注页视图

备注页视图在视图区的视图切换按钮上没有对应的按钮，只能在"视图"选项卡下的"演示文稿视图"组中切换，单击"备注页"按钮即可。在备注页视图下，屏幕上半部分显示幻灯片，下半部分用于添加备注。可以在导出成讲义文稿的格式时，自定义将备注打印在幻灯片旁或下方。

6. 母版视图

母版视图包括"幻灯片母版""讲义母版"和"备注母版"。它们存储有关演示文稿的设计信息，包括背景、颜色、字体、效果、占位符大小和位置等。通过母版视图的设计，可以对与演示文稿关联的每张幻灯片、备注页或讲义的样式进行全局更改。

5.1.5　PowerPoint 2016 的基本概念

1. 演示文稿

演示文稿是包含若干张幻灯片的一个多媒体文件，是 PowerPoint 的存储文档。简单而言，通过 PowerPoint 做出来的文件叫作演示文稿，它是一个文件。PowerPoint 2007/2010/2013/2016 默认的文件扩展名为 pptx，而 PowerPoint 2003 或更早版本的文件扩展名为 ppt。

2. 幻灯片

演示文稿中的每个单页称为一张幻灯片，每张幻灯片在演示文稿中既相互独立又相互联系。制作一个演示文稿的过程实际就是依次制作一张张幻灯片的过程，它们是演示文稿的核心部分。

3. 版式

版式是幻灯片内容在幻灯片上排列的方式，包含了在幻灯片上显示的全部内容的格式设置、位置和占位符。

4．模板

模板是指预先定义好格式、版式和配色方案的演示文稿。

PowerPoint 2016 模板是扩展名为 potx 的一张幻灯片或一组幻灯片的图案或蓝图。模板可以包含版式、主题颜色、主题字体、主题效果和背景样式，甚至可以包含内容等。

5．演讲者备注

演讲者备注指演示时演示者所需要的文章内容、提示注解和备用信息等，每张幻灯片都有一个备注区，通常情况下观众是看不到其内容的。

6．讲义

讲义是发给听众的幻灯片打印材料，可把一张幻灯片打印在一张纸上，也可把多张幻灯片压缩到一张纸上。

7．母版

母版中的信息一般是共有的信息，改变母版中的信息可统一改变演示文稿的外观。

8．占位符

占位符指应用版式创建新幻灯片时出现的虚线方框。占位符是版式中的容器，可容纳文本（包括正文文本、项目符号列表和标题）、表格、图表、SmartArt 图形、影片、声音、图片及剪贴画等内容。

5.2　PowerPoint 2016 的基本操作

5.2.1　创建演示文稿

PowerPoint 2016 创建演示文稿有以下 4 种方法。

1．利用"空白演示文稿"创建

"空白演示文稿"是一种形式最简单的演示文稿，该类演示文稿没有应用任何设计模板、配色方案以及动画方案，让有经验的用户可以比较自由地建立具有自己独特风格的幻灯片演示文稿。其操作步骤如下：

（1）单击"文件"选项卡，选择"新建"命令。

（2）在"新建"任务界面，单击右侧的"空白演示文稿"按钮，如图 5-11 所示，即可新建第一张名为"演示文稿 1"的幻灯片，如图 5-12 所示。

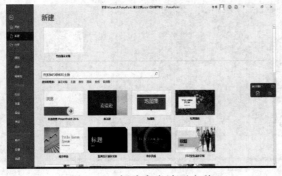

图 5-11　新建空白演示文稿　　　　　　　　图 5-12　空白演示文稿

注意： 一般来讲，启动 PowerPoint 2016 时系统就会自动创建一个空白演示文稿。

2. 利用"模板/主题"创建

"模板/主题"是预先设计好的演示文稿样本，使用"模板/主题"方式，可以在系统提供的各种模板/主题中选用一种内容最接近自己需求的模板，方便快捷。"模板/主题"规定了演示文稿的背景图案、配色、文字格式等，但不包含演示文稿的设计内容。使用模板方式可以简化演示文稿风格设计的大量工作。其操作步骤如下：

（1）单击"文件"选项卡，选择"新建"命令。

（2）选择需要的"模板/主题"选项，如选择"欢迎使用 PowerPoint 2016"。

（3）单击"创建"按钮，如图 5-13 所示，即可新建如图 5-14 所示的幻灯片。

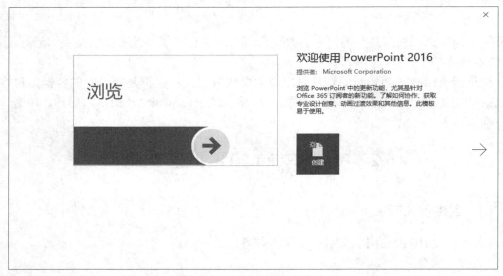

图 5-13　创建模板演示文稿

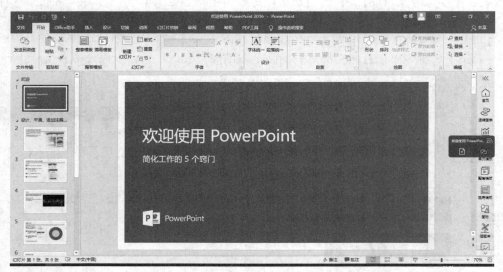

图 5-14　新建模板演示文稿

3．通过创建新演示文稿文件来创建

右击桌面，选择"新建"菜单栏中的"Microsoft PowerPoint 演示文稿"命令，桌面会自动出现文件名为"新建 Microsoft PowerPoint 演示文稿.pptx"的文件。

4．打开任意 PowerPoint 文件后新建文件

打开任意 PowerPoint 文件后，通过相应操作创建演示文稿。

5.2.2　保存演示文稿

编辑完演示文稿后，退出系统前需要将其保存，保存介质可以是磁盘，也可以是其他存储介质，如转换成 CD 光盘，导成其他格式。PowerPoint 2016 中，演示文稿的常用保存方式有以下两种。

1．保存在原位置

单击快速访问工具栏的"保存"按钮或选择"文件"选项卡中的"保存"命令。若是第一次保存，系统将弹出"另存为"界面，如图 5-15 所示，选择"这台电脑"的某个选项或单击"浏览"按钮后，弹出"另存为"对话框，如图 5-16 所示，选择保存位置，输入文件主名并单击"保存"按钮即可；否则直接按原路径及文件名存盘。

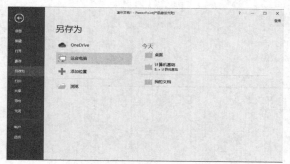

图 5-15　"另存为"界面

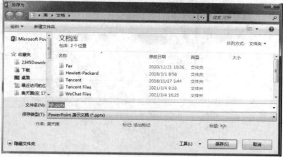

图 5-16　"另存为"对话框

注意：PowerPoint 2016 默认的演示文稿保存类型为*.pptx，而演示文稿有多种文件格式，最常用的源格式是*.ppt 和*.pptx。*.ppt 格式是 PowerPoint 97～2003 下默认演示文稿文件类型，*.pptx 是 PowerPoint 2007 及以上版本的默认演示文稿文件类型；在 2010 版本、2013 版本到 2016 版本中均可保存为视频格式。

2．保存在其他位置或换名保存

对已存在的演示文稿，若希望按原名存放在另一个位置，可以选择"文件"选项卡中的"另存为"命令，然后按上述操作修改保存位置，再单击"保存"按钮即可。若要换名保存，则需在"另存为"对话框中修改文件名，然后单击"保存"按钮。

5.2.3　打开与关闭演示文稿

1．直接双击演示文稿文件打开

这种打开方式是在资源管理器窗口、计算机窗口或在桌面上，找到需要编辑的演示文稿，双击该演示文稿即可打开演示文稿的。

2. 在 PowerPoint 2016 已经启动的情况下打开演示文稿

常用方法如下：

（1）按 Ctrl+O 组合键。

（2）执行"文件"选项卡中的"打开"命令。

（3）单击快速工具栏上的"打开"按钮。

上述 3 种方法都可以打开图 5-17 所示的界面，在窗口中双击"这台电脑"或单击"浏览"选项，弹出"打开"对话框，如图 5-18 所示，选择文件所在的位置及该文件，单击"打开"按钮即可。

图 5-17　"打开"界面

图 5-18　"打开"对话框

3. 关闭演示文稿

（1）保存文件后，选择"文件"选项卡中的"关闭"命令，即可关闭。

（2）保存文件后，单击 PowerPoint 窗口右上角的"关闭"按钮，即可关闭。

（3）保存文件后，右击文档标题栏，在弹出的快捷菜单中选择"关闭"命令，即可关闭。

（4）保存文件后，按 Alt+F4 组合键，即可关闭。

5.3　编辑演示文稿

5.3.1　幻灯片的基本操作

1. 新建幻灯片

在编辑演示文稿时，用户会发现很多演示文稿包含了多张幻灯片。有时需要不断插入新幻灯片才能制作出完整的演示文稿，在当前演示文稿中添加新的幻灯片的操作方法如下：

（1）命令法。选择需要插入新幻灯片的位置，在"开始"选项卡的"幻灯片"组中单击"新建幻灯片"按钮，在展开的库中选择需要的版式，如图 5-19 所示。选择需要的版式，则在当前幻灯片后添加一张所选版式的新幻灯片。

（2）按 Enter 键法。新建幻灯片更简单直接的方式是，在"幻灯片－大纲浏览"窗格中单击某张幻灯片缩略图（或单击幻灯片缩略图下方间隙，显示插入线），然后直接按 Enter 键，就会在当前幻灯片的后面插入一张新幻灯片（其版式与当前幻灯片版式相同）。

（3）快捷键法。选择插入位置后，按 Ctrl+M 组合键。

（4）快捷菜单法。在"幻灯片－大纲浏览"窗格中或在幻灯片浏览视图中选择插入位置并右击，在弹出的快捷菜单中选择"新建幻灯片"命令，如图 5-20 所示，即可在插入处新建一张幻灯片。

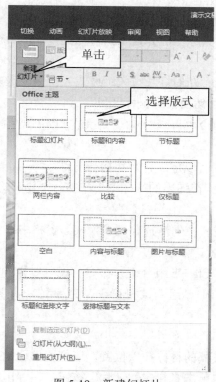

图 5-19　新建幻灯片

图 5-20　快捷菜单

2. 选择幻灯片

（1）选择单张幻灯片：在幻灯片浏览视图或普通视图中单击所需的幻灯片。

（2）选择连续的多张幻灯片：在幻灯片浏览视图或普通视图中先单击所需的第一张幻灯片，然后按住 Shift 键，再单击最后一张幻灯片。

（3）选择不连续的多张幻灯片：在幻灯片浏览视图或普通视图中先按住 Ctrl 键，再单击需要的每张幻灯片。

3. 删除幻灯片

在创建和编辑演示文稿的过程中，用户可能会删除某些不需要的幻灯片，常用删除方法如下：

（1）直接按"右删"键（Delete 键），即可删除。

（2）直接按"左删"键（Backspace 键），即可删除。

（3）右击，在弹出的快捷菜单中选择"剪切"命令，即可删除。

（4）右击，在弹出的快捷菜单中选择"删除幻灯片"命令，即可删除。

注意：误删幻灯片的恢复方法，可以通过单击"快速访问工具栏"中的"撤消删除幻灯片"按钮来恢复，也可以通过"撤消"命令（Ctrl+Z 组合键）来恢复。

4. 复制、移动幻灯片

在"普通视图"的"幻灯片－大纲"窗格下，或在幻灯片浏览视图下，选中要复制/移动的幻灯片，执行复制/移动操作，确定目标位置后再进行粘贴操作。

（1）移动幻灯片。在 PowerPoint 中移动幻灯片有以下 3 种操作方法：

1）在幻灯片窗格中选中要移动的幻灯片，按住鼠标左键并拖曳到目标位置，然后松开鼠标即可。

2）在幻灯片浏览视图中选中要移动的幻灯片或者在幻灯片（大纲模式）窗格中选中要移动的幻灯片的图标，按住鼠标左键并拖曳到新位置，然后松开鼠标即可。

3）选中需要移动的幻灯片，通过"剪切"（Ctrl+X 组合键）和"粘贴"（Ctrl+V 组合键）命令实现移动操作。

（2）复制幻灯片。在 PowerPoint 中复制幻灯片有以下 3 种常用操作方法：

1）在幻灯片窗格中选中要复制的幻灯片并右击，在弹出的快捷菜单中执行"复制幻灯片"命令即可。

2）在幻灯片浏览视图中选中要复制的幻灯片或者在幻灯片（大纲模式）窗格中选中要复制的幻灯片的图标，按住 Ctrl 键，移动光标到新位置，然后松开鼠标。

3）通过"复制"（Ctrl+C 组合键）和"粘贴"（Ctrl+V 组合键）命令实现复制操作。

演示文稿间幻灯片的移动/复制也可用 Ctrl+X/Ctrl+C 组合键和 Ctrl+V 组合键来实现。

5. 插入来自其他演示文稿文件的幻灯片

操作步骤如下：

（1）在"幻灯片浏览"视图下单击当前演示文稿的目标插入位置，该位置出现插入点。

（2）单击"开始"选项卡，在"幻灯片"组中单击"新建幻灯片"按钮，在弹出的列表中选择"重用幻灯片"命令，右侧出现"重用幻灯片"窗格，如图 5-21 所示。

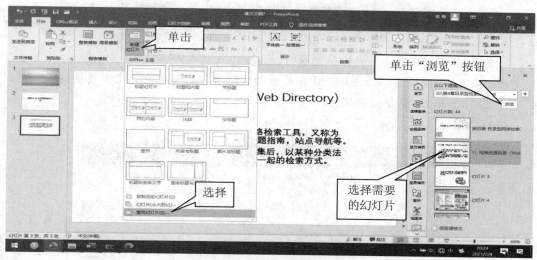

图 5-21　"重用幻灯片"窗格

（3）单击"重用幻灯片"窗格中的"浏览"按钮，并选择"浏览文件"命令。

（4）在弹出的"浏览"对话框中选择要插入幻灯片所属的演示文稿，并单击"打开"按钮。此时"重用幻灯片"窗格中将显示该演示文稿的全部幻灯片。

（5）单击"重用幻灯片"窗格中的某幻灯片，则该幻灯片被插入当前演示文稿的插入点位置，如图 5-22 所示。

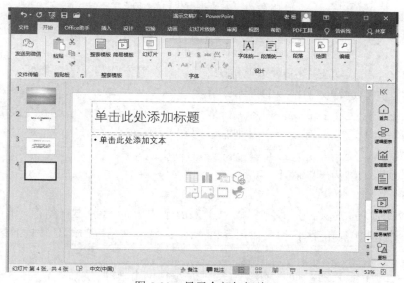

图 5-22　显示全部幻灯片

5.3.2　编辑幻灯片内容

1. 输入文本

创建一个演示文稿，通常应首先输入文本。输入文本分为以下两种情况：

（1）有文本占位符（选择包含标题或文本的自动版式），如图 5-22 所示。

占位符在幻灯片中表现为一个虚线框，虚线框内部预先设置了文字的属性和样式，初始时往往有"单击此处添加标题"等提示语，一旦单击之后，提示语会自动消失，同时在文本框中出现一个闪烁的"I"型插入光标，表示可以直接输入文本内容。

注意：输入文本时，PowerPoint 2016 会自动将超出占位符位置的文本切换到下一行，用户也可以按 Shift+Enter 组合键来换行。

（2）无文本占位符，如图 5-23 所示。

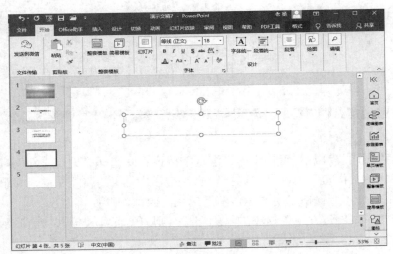

图 5-23　无文本占位符幻灯片

利用文本框来输入内容。文本框是一个可以移动、调整大小的文本容器，利用它可以在幻灯片的任意位置添加文字信息。

幻灯片中文本格式（文字格式和段落格式等）的设置方法与第 3 章类似。

对于在幻灯片中进行文字排版的提示：

- 一张幻灯片上不要放太多内容，一般不超过 5 行，每行不超过 5 个关键词。
- 文字与背景颜色要有反差，否则难以辨别。
- 统一字体、统一颜色，注意文字对齐，少用艺术字。
- 多用图示，因为一图胜千言。

2．插入图像

（1）插入图像的方法。在演示文稿中用来展示内容的元素还有图像，插入图像主要有两种方式：一种是利用功能区按钮，如图 5-24 所示；另一种是单击幻灯片内容区占位符图标，如图 5-25 所示。

（2）插入的图像类别。插入的图像类别主要有以下 4 种。

1）插入图片文件。如果在文档中使用的图片来自计算机本地文件，则单击"插入"选项卡"图像"选项组中的"图片"按钮，弹出"插入图片"对话框，选择要插入的图片文件，单击"插入"按钮即可。

2）插入联机图片。如果在文档中使用的图片来自互联网文件，则单击"插入"选项卡的"图像"选项组中的"联机图片"按钮，在"插入图片"对话框中选择"必应图像"选项，进行联网搜索或登录"Onedrive-个人"选择图片。

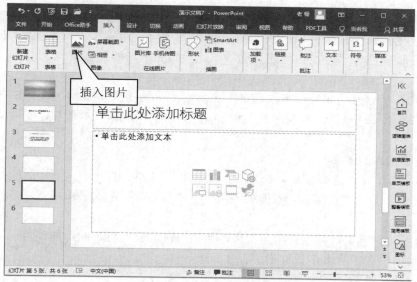

图 5-24　利用功能区按钮插入图片

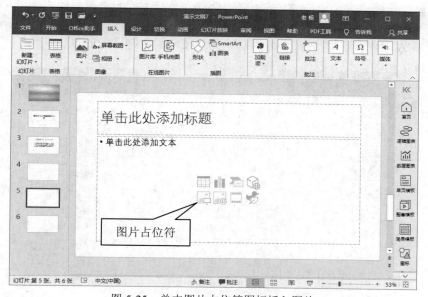

图 5-25　单击图片占位符图标插入图片

3）插入捕获的屏幕截图。若需要快速地向文档中插入桌面上任一已打开的窗口快照，则单击"插入"选项卡"图像"选项组中的"屏幕截图"按钮，"可用的视窗"中显示被自动全屏捕获的窗口缩略图，选择需要截屏的窗口即可插入。

注意：如果不想直接使用全屏窗口截图，而想使用部分截图，则可以选中需要截屏的窗口，再在"插入"选项卡"图像"选项组中的"屏幕截图"按钮的下拉菜单栏中选择"屏幕剪辑"命令，进行自定义大小屏幕截图。

4）相册的插入。相册插入前需新建，即单击"插入"选项卡"图像"选项组中的"相册"按钮，弹出"新建相册"对话框，在此进行插入图片、文本及设置版式，相册组建后，自动新建成默认名称为"相册"的演示文稿。

插入新建的相册文件则需单击"插入"选项卡"文本"选项组中的"对象"按钮，在"插入对象"对话框中选择"由文件创建"选项，选择相册所在的路径位置，单击"确定"按钮即可。

注意：对已制作好的相册，直接通过单击"插入"选项卡"图像"选项组中的"相册"按钮下的下三角按钮，选择"编辑相册"命令，弹出"编辑相册"对话框，可再次对其进行编辑设置。

（3）编辑插入的图形。

1）调节图片大小。选择图片，按住鼠标左键并拖动左、右（上、下）边框控点可以使图片在水平（垂直）方向进行缩放。若拖动四角之一的控点，则在水平和垂直两个方向同时进行缩放。

2）调节图片位置。鼠标指针指向图片，按住左键不放，将该图片拖到目标位置。

也可以精确设置图片大小和位置，方法如下：

- 选中图片。
- 右击，在弹出的快捷菜单中选择"设置图片格式"选项，弹出"设置图片格式"对话框，选择"大小"命令，弹出如图 5-26（a）所示的界面，在"高度"和"宽度"输入框中输入数值即可。在"设置图片格式"对话框中选择"位置"命令，弹出如图 5-26（b）所示的画面，可以在此设置图片的精确位置。

（a）"图片大小"设置

（b）"图片位置"设置

图 5-26　精确设置图片大小和位置

注意：也可以在"图片工具－格式"选项卡的"大小"组中单击右下角的"打开对话框"按钮，打开"设置图片格式"对话框。

3）旋转图片。

- 手动旋转图片。单击要旋转的图片，图片四周出现控点，拖动上方绿色控点即可随意旋转图片。
- 精确旋转图片。选择图片，单击"图片工具—格式"选项卡"排列"组中的"旋转"按钮，在下拉列表中选择"向右旋转 90（向左旋转 90）"可以顺时针（逆时针）旋转 90°，也可以选择"垂直翻转（水平翻转）"。若需要旋转任意角度，则选择"其他旋转选项"，打开图 5-26（a）所示的"设置图片格式"对话框，在"旋转"输入框中输入度数即可。

4）用图片样式美化图片。选择幻灯片并单击要美化的图片，在"图片工具—格式"选项卡的"图片样式"组中显示了若干图片样式，如图 5-27 所示。单击样式列表右下角的"其他"按钮，会弹出包括 28 种图片样式的列表，从中选择一种。图 5-28 所示为选择"金属框架"的显示效果。

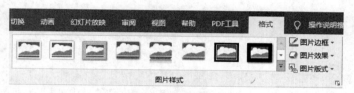

图 5-27　图片样式

图 5-28　选择"金属框架"的显示效果

5）为图片增加阴影、映像、发光等特定效果。

- 使用预设效果。选择要设置效果的图片，单击"图片工具—格式"选项卡"图片样式"组中的"图片效果"按钮，在弹出的下拉列表中将光标移至"预设"选项，从中选择一种（如"预设 9"），如图 5-29 所示。

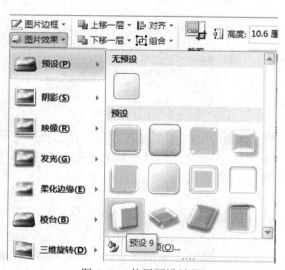

图 5-29　使用预设效果

- 自定义图片效果。选择要设置效果的图片，单击"图片工具—格式"选项卡"图片样式"组中的"图片效果"按钮，可以利用展开的下拉列表，自行设置各种图片效果。

3．插入插图

插图可分为形状、SmartArt 图形和图表。

（1）插入形状。形状是系统事先提供的一组基础图形，可以直接使用，也可以组合使用，搭建所需图形。

插入形状有两个途径：一是单击"插入"选项卡"插图"组中的"形状"按钮，二是单击"开始"选项卡"绘图"组中"形状"列表右下角的"其他"按钮，就会展开包含各类形状的列表，如图 5-30 所示。在其中选择某种形状样式后单击，此时鼠标变成"十"字形状，拖动鼠标就可以画出形状，可根据需要修改形状的大小和位置等。

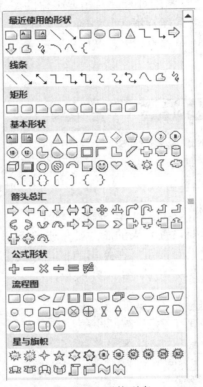

图 5-30　形状列表

（2）插入 SmartArt 图形。SmartArt 图形是信息与观点的视觉表示形式，可以通过从多种布局中进行选择来创建 SmartArt 图形。幻灯片中加入 SmartArt 图形（包括以前版本的组织结构图）可以使版面整洁，便于表现系统的组织结构形式。

创建 SmartArt 图形的方法如下：

1）选择要创建 SmartArt 图形的幻灯片。

2）单击"插入"选项卡"插图"组中的 SmartArt 按钮，弹出图 5-31 所示的对话框，在其中选择一种类型，如选择"层次结构"下的"半圆组织结构图"，单击"确定"按钮，即可得到图 5-32 所示的幻灯片。

编辑 SmartArt 图形需要单击此 SmartArt 图形，在图形框中输入文本，使用"SmartArt 工具"的"设计"和"格式"选项卡中提供的各种功能组来更改组织结构图。

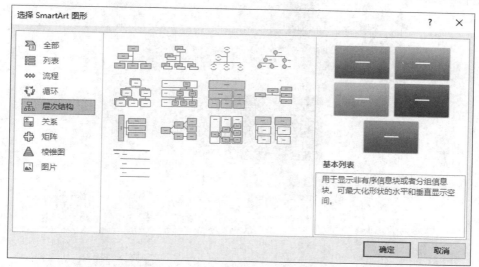

图 5-31　"插入 SmartArt 图形"对话框

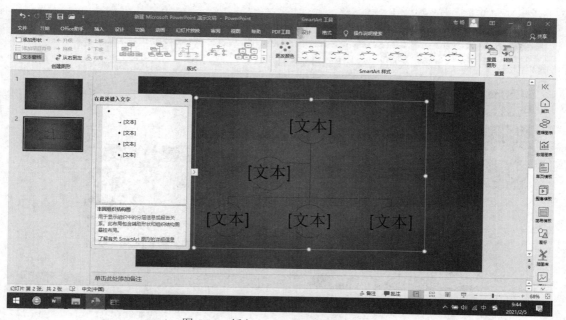

图 5-32　插入 SmartArt 图形的幻灯片

修改编辑 SmartArt 图形的方式与 Word 2016 的类似。

（3）插入图表。PowerPoint 2016 可以直接利用"图表生成器"提供的各种图表类型和图表向导，创建具有复杂功能和丰富界面的各种图表，以增强演示文稿的演示效果。

单击"插入"选项卡"插图"组中的"图表"按钮，在"插入图表"对话框（图 5-33）中选择一种图表类型，单击"确定"按钮后，将显示一个图表及其相关的 Excel 应用程序（如我们选择柱形图中簇状柱形图），如图 5-34 所示。Excel 应用程序工作表内提供了输入行与列标签和数据的示范信息。创建图表后，可以在 Excel 应用程序工作表中输入自己的数据，也可从 Excel 的工作表中导入数据。更改图表类型和删除图表中的数据方法与 Excel 应用程序的相同。

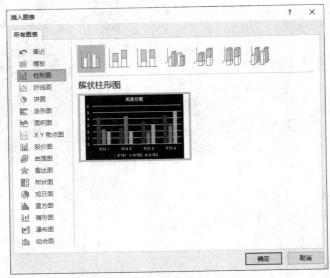

图 5-33　"插入图表"对话框

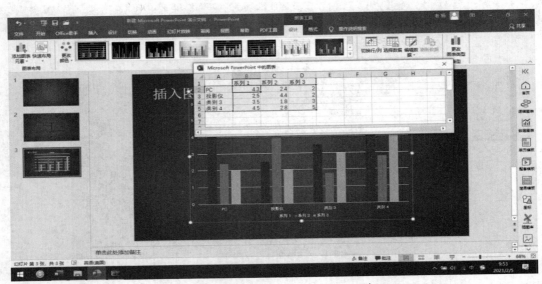

图 5-34　插入图表及其相关的 Excel 表

4．插入艺术字

（1）创建艺术字。

1）选中要插入艺术字的幻灯片。

2）单击"插入"选项卡"文本"组中的"艺术字"按钮，弹出艺术字样式列表，如图 5-35 所示。

3）选择一种艺术字式（如"填充：白色；轮廓：蓝色，主题色 5；阴影"），将出现指定样式的艺术字编辑框，其中的内容为"请在此放置您的文字"。在艺术字编辑框中删除原有文本并输入艺术字文本（如"幻灯片中插入艺术字"），如图 5-36 所示。与普通文本相同，也可以改变艺术字的字体和字号。

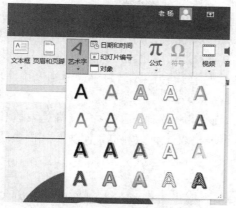

图 5-35　艺术字样式列表　　　　　　　　图 5-36　插入艺术字

（2）修饰艺术字的效果。

1）编辑艺术字文本。单击艺术字，直接编辑修改文字即可。

2）改变艺术字填充颜色。选择艺术字，单击"绘图工具－格式"选项卡"艺术字样式"组中的"文本填充"按钮，在弹出的下拉列表中，可以分别设置用颜色、纹理、图片、渐变等填充艺术字，如图 5-37 所示。

3）改变艺术字轮廓。选择艺术字，单击"绘图工具－格式"选项卡"艺术字样式"组中的"文本轮廓"按钮，在弹出的下拉列表中，可以分别设置艺术字轮廓的颜色、粗细、线型等。

4）改变艺术字的效果。选中艺术字，单击"绘图工具－格式"选项卡"艺术字样式"组中的"文本效果"按钮，在弹出的下拉列表中，可以设置各种效果（阴影、发光、映像、棱台、三维旋转和转换等）。

以"转换"为例，将光标移至"转换"项，出现转换方式列表，选择其中一种转换方式，如"三角：正"，艺术字即转换成"三角"形式，拖动其中的控点可改变变形幅度，效果如图 5-38 所示。

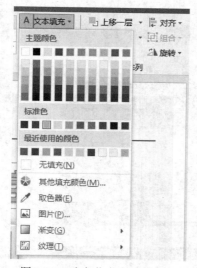

图 5-37　改变艺术字填充颜色　　　　　　图 5-38　艺术字效果

5）旋转艺术字。选择艺术字，拖动旋转控点可以自由旋转艺术字。

6）确定艺术字的位置。关于艺术字位置设置，可以参照"幻灯片中图片"位置设置方式。

（3）转换普通文本为艺术字。选择需要转换的文本，然后单击"插入"选项卡"文本"组中的"艺术字"按钮，在弹出的艺术字样式列表中选择一种样式，并进行适当修饰即可。

5. 插入表格

幻灯片中除了可以插入文本、形状、图片外，还可以插入表格对象。表格是表达和显示数据的较好方式，应用十分广泛，在演示文稿中常用表格表达有关数据，使演示文稿表现方式简单、直观、高效且一目了然。

插入表格主要有以下几种方式：

（1）采用功能区按钮。单击"插入"选项卡"表格"组中的"表格"按钮，如图 5-39 所示。

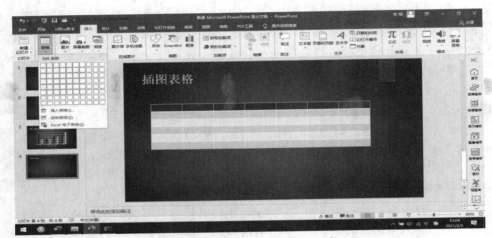

图 5-39　采用功能区按钮插入表格

（2）单击幻灯片内容区占位符中的"插入表格"图标插入表格，如图 5-40 所示。

图 5-40　单击占位符中的"插入表格"图标插入表格

（3）把 Word 或 Excel 中的表格直接复制到幻灯片中。选中 Word 或 Excel 中的表格，复制并粘贴到目标幻灯片。

（4）把 Word 或 Excel 中的表格作为外部对象插入幻灯片中。在要插入表格的幻灯片中，单击"插入"选项卡"文本"组中的"对象"按钮，在弹出的"插入对象"对话框（图 5-41）中选择 Word 或 Excel 表格，单击"确定"按钮即可，如图 5-42 所示。

图 5-41 "插入对象"对话框

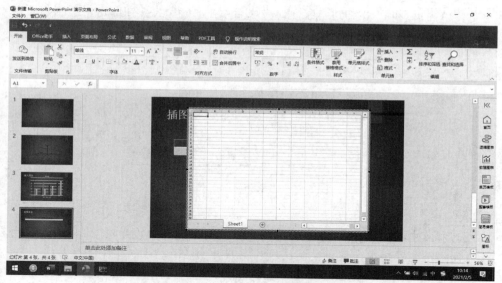

图 5-42 表格作为外部对象插入

表格对象的编辑处理与 Excel 2016 中表格的处理方式类似。

6. 插入多媒体信息

幻灯片不只是填充基本元素的集合作品，更是具备音频、视频效果的多媒体作品。在演示文稿中添加其他多媒体元素，如音频、视频、动画等，可辅助用户使作品的展示过程更为生动形象。

（1）插入音频。

1）插入音频文件。PowerPoint 2016 演示文稿支持 flac、mid、mka、mp3、m4A、wma、wav 等格式的声音文件。插入音频的方法有"PC 上的音频"和"录制音频"两种。

插入 PC 上的音频：单击"插入"选项卡"媒体"选项组中的"音频"的下三角按钮 ▼，在展开的下拉菜单栏中选择"PC 上的音频"命令，在"插入音频"对话框（图 5-43）中选择文件，单击"确定"按钮即可。

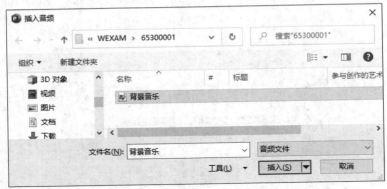

图 5-43　"插入音频"对话框

插入录制音频：单击"插入"选项卡"媒体"选项组中的"音频"的下三角按钮 ▼，在展开的下拉菜单栏中选择"录制音频"命令，在"录制声音"对话框（图 5-44）中输入录制声音的名称，单击"录制"按钮进行录制，完成后单击"确定"按钮即可，录制好的音频将自动插入到插入点处。

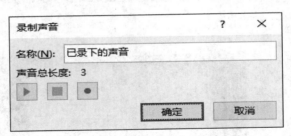

图 5-44　"录制声音"对话框

注意：
- 在幻灯片中插入 PC 音频时，需要用户提前准备要添加的音频文件，且与演示文稿放在同一个文件夹中，便于复制使用时能够同步路径，获取文件进行播放。
- 插入声音文件后，会在幻灯片中显示一个小喇叭图标◀，在幻灯片放映时，该图标通常会显示在画面上，为了不影响播放效果，通常将该图标移到幻灯片边缘处。

2）更改音频文件的图标样式。在幻灯片中添加音频文件成功后，幻灯片中会自动添加默认的声音图标。用户可以根据自己的实际需要更改音频文件的图标，让音频文件的图标与幻灯片的内容结合得更加完美。选中幻灯片中的声音图标，单击"音频工具—格式"选项卡"调整"组中的"更改图片"按钮，在弹出的"插入图片"对话框中选择需要的图片，单击"插入"按钮。

3）音频选项的设置。通过设置音频选项可以控制音频文件开始播放的方式、播放的音量及播放时间等。添加完音频文件就可以设置音频文件的播放方式和音量、裁剪音频等，如图 5-45 所示。

图 5-45　音频设置

播放方式的设置：选中声音图标，单击"音频工具－播放"选项卡"音频选项"组中的"开始"的下三角按钮 ▼，在弹出的下拉菜单栏中选择按照单击顺序、自动、单击中的任一种播放方式即可。

播放方式全局设置：可以单击"音频工具－播放"选项卡"视频选项"组中的"跨幻灯片播放""放映时隐藏""循环播放，直到停止""播放完毕返回开头"按钮进行设置。

播放音量的设置：选中声音图标，单击"音频工具－播放"选项卡"音频选项"组中的"音量"的下三角按钮 ▼，在弹出的菜单栏中选择一种音量方式。

裁剪音频：选中声音图标，单击"音频工具－播放"选项卡"编辑"组中的"剪裁音频"按钮，弹出"剪裁音频"对话框，如图 5-46 所示，输入剪辑音频播放时间段的开始时间和结束时间；或向右拖动左侧绿色滑块，可以设置音频播放时从指定时间处开始播放；向左拖动左侧红色滑块，可以设置音频播放时在指定时间处结束播放。

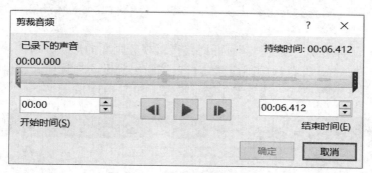

图 5-46　"剪裁音频"对话框

也可以在"音频工具－播放"或"音频工具－格式"选项卡的其他功能组中进行自定义设置。

（2）插入视频。PowerPoint 2016 演示文稿支持 avi、mkv、mp4、mov、mpeg、wmv 等格式视频文件的插入与播放（需要计算机上安装 AppleQuicktime 播放器才能在幻灯片中播放 mov 视频文件），视频来源有计算机文件中的影片和来自联机网站的视频。

1）插入 PC 上的视频。单击"插入"选项卡"媒体"组中的"视频"的下三角按钮 ▼，在弹出的下拉菜单中选择"PC 上的视频"命令，在"插入视频文件"对话框（图 5-47）中选中文件，单击"确定"按钮，则幻灯片中插入指定视频文件的第一帧画面将作为视频的初始画面。

2）插入联机视频。单击"插入"选项卡"媒体"组中的"视频"的下三角按钮 ▼，在弹出的下拉菜单中选择"联机视频"命令，在"在线视频"对话框（图 5-48）中输入在线视频的 URL，然后单击"插入"按钮，等待与在线服务器联系，验证通过，则表明计算机上安装了此视频格式所必须的编码解码器，否则将弹出图 5-49 所示的验证提示对话框；若无法插入指定的在线视频，则将弹出图 5-50 所示的插入在线视频失败对话框。

图 5-47 "插入视频文件"对话框

图 5-48 "在线视频"对话框

图 5-49 验证提示对话框

图 5-50 插入在线视频失败对话框

注意： 在幻灯片中插入联机视频后，用户在其他计算机上播放演示文稿时，需要提前检查此计算机是否联网，且保证计算机上安装了与联机视频相匹配的编码解码器，便于联网使用时能够获取并正常播放。

3）设置视频画面样式。设置视频画面样式指对视频画面的形状、边框、颜色和框架等视频样式进行设置和调整。设置视频画面样式有直接应用预设的视频样式和自定义样式两种方法，主要在"视频工具－格式"选项卡中进行设置，如图 5-51 所示。

图 5-51 "视频工具－格式"选项卡

注意： 如果对预设或自定义的样式不满意，可单击"视频工具－格式"选项卡"调整"组中的"重置设计"按钮进行重新设计。

4）控制视频文件的播放。用户在幻灯片中为了更形象真切地表达某个对象，可通过设置幻灯片中的视频控制视频的播放。可设置视频文件的播放方式、音量、裁剪视频等。PowerPoint 2016 中新增了视频文件的剪辑等选项功能，如图 5-52 所示。

图 5-52 控制视频文件的播放

设置视频选项包含控制视频文件开始播放方式的设置、播放方式的全局设置、播放视频音量的设置、裁剪视频、淡入时间和淡出时间的设置等。

开始播放方式的设置：选中插入的视频，单击"视频工具－播放"选项卡"视频选项"组中的"开始"下三角按钮 ▼，在弹出的下拉菜单中选择按照"自动、单击时"的任一种播放方式即可。

播放方式的全局设置：选中插入的视频，根据需要勾选"视频工具－播放"选项卡"视频选项"组中的"全屏播放""未播放时隐藏""循环播放，直到停止""播完返回开头"等相应复选框即可。

播放视频音量的设置：选中插入的视频，单击"视频工具－播放"选项卡"视频选项"组中的"音量"下三角按钮▼，在弹出的下拉菜单中选择一种音量方式。

裁剪视频：选中插入的视频，单击"视频工具－播放"选项卡"编辑"组中的"裁剪视频"按钮，弹出"剪裁视频"对话框，在其中可以剪裁视频的开始和结束多余部分。向右拖动左侧绿色滑块，可以设置视频播放时从指定时间处开始播放；向左拖动右侧红色滑块，可以设置视频播放时在指定时间处结束播放。

淡入时间和淡出时间的设置：视频文件的淡入、淡出时间指在视频剪辑开始和结束的几秒内使用淡入淡出效果。

5.4　修饰演示文稿

5.4.1　设置幻灯片版式与背景

用户可以通过选用版式来调整幻灯片中内容的排列方式，也可以通过使用模板简便快捷地统一整个演示文稿的风格。下面介绍选用幻灯片版式和创建设计模板的方法。

1. 为幻灯片选用其他版式

版式是幻灯片内容在幻灯片中的排列方式，不同的版式中，占位符的位置与排列的方式也不同。用户可以选择需要的版式并运用到相应的幻灯片中，具体操作步骤如下：打开一个文件，在"开始"选项卡"幻灯片"组中单击"版式"按钮，在展开的库中将显示多种格式的版式，选择"Office 主题"选项中的某个版式即可，如图 5-53 所示。

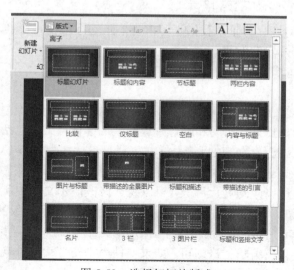

图 5-53　选择幻灯片版式

2. 幻灯片背景的设置

幻灯片背景样式包括当前文档的主题颜色和背景亮度。当更改文档主题时，背景样式会随之更新。

（1）使用系统内置背景样式。单击"设计"选项卡"自定义"选项组中的"设置背景格式"按钮可进行背景设置；或单击"变体"选项组的"其他"下拉菜单，在展开的内置"背景样式"列表中单击某个背景样式缩略图即可应用该样式，如图5-54所示。

（2）自定义背景样式。单击"设计"选项卡"自定义"选项组中的"设置背景格式"按钮，或在"变体"选项组的"其他"下拉菜单栏中选择"背景样式"→"设置背景格式"命令，即可弹出"设置背景格式"对话框，如图5-55所示。通过"填充"选项中的自定义参数选择需要的样式。主要可设置的样式参数选项有"纯色填充""渐变填充""图片或纹理填充""图案填充"。这是一组单项按钮组，每选择其中一项，下面相应出现该样式的参数。可以根据需要设置图案填充、纹理填充、图片填充等效果。

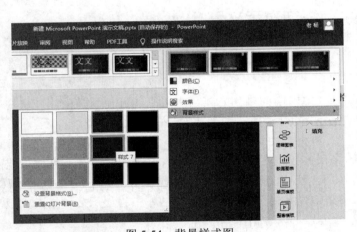

图5-54　背景样式图

图5-55　"设置背景格式"对话框

（3）自定义设置幻灯片背景。我们既可以为单张幻灯片设置背景，也可以单击"应用到全部"按钮为所有幻灯片设置背景。

5.4.2　幻灯片母版

所谓母版就是一种特殊的幻灯片，存储了演示文稿中幻灯片的模板信息，包括幻灯片标题，正文和页脚文本（如日期、时间和幻灯片编号）的字体样式（包括字体、字形、字号、颜色等），文本和对象占位符位置，项目符号样式，背景设计和配色方案。使用母版可以使整个演示文稿统一背景和版式，使编辑制作更简单、更具整体性，在母版上的任何格式改动都会反映到每张幻灯片上，通过修改幻灯片母版，可以统一修改演示文稿中所有幻灯片的外观。幻灯片母版是建立演示文稿所有幻灯片的底版，每张幻灯片都会继承母版的格式设置。

如果需要某些文本或图形在每张幻灯片上都出现，比如机构的徽标Logo、文字名称，可以将它们放在母版中，只需编辑一次即可。如果要使个别幻灯片的外观与母版的不同，可直接修改该幻灯片所使用的版式而不用修改母版版式。

1. 母版视图分类

母版视图可以分成幻灯片母版、讲义母版和备注母版 3 类，具体如下：

（1）幻灯片母版。最常用的母版是幻灯片母版，因为幻灯片母版控制的是除标题幻灯片以外的所有幻灯片的格式。单击"视图"选项卡"母版视图"组中的"幻灯片母版"按钮，切换到"幻灯片母版"选项卡，单击"母版版式"组中的"插入占位符"按钮，可以插入 10 种占位符，以确定幻灯片母版的版式。

（2）讲义母版。讲义母版可以按讲义的格式打印演示文稿（每页幻灯片数量可以选择一、二、三、四、六或九张幻灯片），供听众在会议中使用。打印演示文稿时打印预览允许选择讲义的版式类型和查看打印版本的实际外观。在讲义母版模式状态下，可以对演示文稿应用、预览和编辑页眉和页脚、页码、日期等，演示文稿版式选项包含水平和垂直两个方向。

（3）备注母版。单击"视图"选项卡"母版视图"组中的"备注母版"按钮，出现"备注母版"选项卡。它主要供演讲者进行备注时使用，用于设置备注幻灯片的格式，可以创建图形、图片、包含日期和时间的页眉页脚、页码及其他对象。但这些对象只有在备注母版时、备注页视图中或打印备注时才会出现。

2. 幻灯片母版的应用

（1）建立幻灯片母版。

1）打开或新建一个演示文稿，在"视图"选项卡的"母版视图"组中单击"幻灯片母版"按钮。

2）单击第一张幻灯片，插入一张图片，将图片大小调整到与幻灯片大小相同，并把该图片设为背景图片。

3）在幻灯片上加入需要的元素，如插入一个竖排文本框，输入文字"第五章　演示文稿制作"，将文本框移动到幻灯片左侧，并对文本框的填充效果和文字进行设置。

4）设置页眉页脚，调整编辑好所有对象，退出母版视图。整体效果如图 5-56 所示。

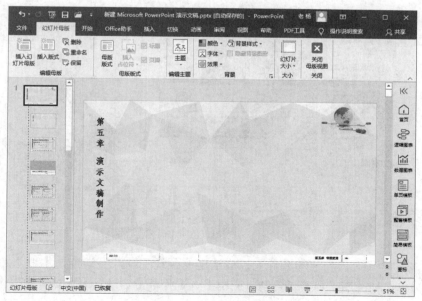

图 5-56　整体效果

注意：第一张幻灯片母版是标题母版，对它所进行的设置会反映到其他任何版式上。文本框和背景图片都是在标题母版上进行的设计，对所有版式都有效。

（2）母版应用。创建好母版后，退出母版视图，就可以直接增加幻灯片编辑内容。

注意：通常在 PPT 母版中设置如下内容。

● 　日期。多在左下角，写明报告的日期，这样每张幻灯片页面都会包含日期的信息。

● 　版权信息。譬如作报告的单位或个人的名称等。

● 　Logo。即一个公司或组织标志性的标签。

● 　整个幻灯片中的风格背景图片。要根据不同的报告内容来选择合适的背景图片。

5.4.3　应用主题模板

主题指一组统一的设计元素，实际上就是一组格式选项，包括主题颜色、主题字体（包括标题字体和正文字体）和主题效果（包括线条和填充效果）。主题文件的扩展名是 thmx。

主题包含预设和自定义的样式，PowerPoint 2016 的预设中包含大量个性主题，每个主题含有一组颜色、字体、效果来显示整体外观。自定义样式是通过更改或自定义设计现有主题的颜色、字体或效果得到新的主题样式。

1．预设主题样式应用

PowerPoint 2016 中内置了几十种主题样式，用户可以直接从中选择使用。

单击"设计"选项卡"主题"组中的"其他"按钮，在下拉列表中选择一种自己所需的主题样式，如图 5-57 所示。

图 5-57　预设主题样式

选择好主题样式后，当前幻灯片更改成选定的预设主题，在选定的主题上右击以查看应用它的更多方法，如应用于所有幻灯片、应用于选定幻灯片、设置为默认主题、将库添加到快速访问工具栏，如图 5-58 所示。

图 5-58　预设主题样式方法

2．自定义文档主题

利用"设计"选项卡"变体"组中的"颜色""字体""效果"3 个选项可以很方便地自定义主题的颜色、字体和效果。

（1）更改主题颜色。更改主题颜色只需在"设计"选项卡"变体"组的其他颜色系列选项中，单击列表中的一种颜色样式即可，如图 5-59 所示。

图 5-59　"变体"组中的颜色样式

若对内置的颜色样式不满意，则可单击"设计"选项卡"变体"组中的"其他"按钮自定义当前设计的外观，在弹出的下拉菜单中选择"颜色"命令，弹出"Office"颜色列表框，如图 5-60（左侧）所示，在其中选择一种颜色即可，或选择下方的"自定义颜色"命令进行设置，如图 5-60（右）所示，设置完成后单击"保存"按钮即可完成主题颜色的更改。

（2）更改主题字体。只需单击"设计"选项卡"变体"组中的"字体"按钮，即可更改演示文稿的主题字体样式。若对内置的字体样式不满意，需要更改现有主题的文字样式，则单击"设计"选项卡"变体"组中的"其他"按钮，在弹出的快捷菜单中选择"字体"命令，在弹出的 Office 字体列表框中进行选择和设置，如图 5-61 所示。

（3）更改主题效果。主题效果指应用于文件中各元素演示属性的集合。主题效果指定如何将演示效果应用于文本、形状、图片、艺术字、表格和图表等元素。通过使用主题预设的效果库，可以替换不同的效果以快速更改这些对象的外观集合。单击"设计"选项卡"变体"组中的"其他"按钮，在弹出的下拉菜单中选择"效果"命令，弹出 Office 效果列表，如图 5-62 所示，单击所需效果图标即可。

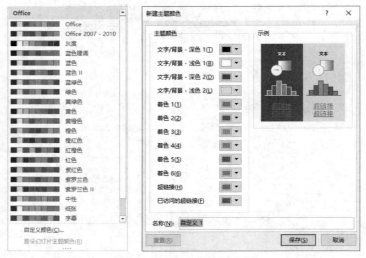

图 5-60　Office 颜色列表框

图 5-61　Office 字体列表框

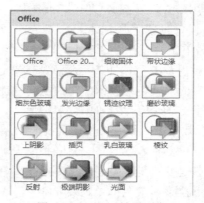

图 5-62　Office 效果列表

5.4.4　应用举例

【例 5-1】简单演示文稿的制作。

案例图 1

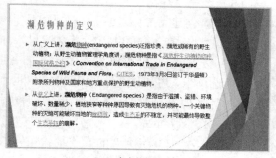

案例图 2

案例图 3

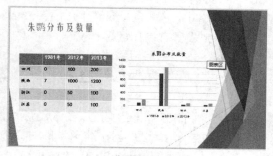

案例图 4

制作要求如下：

快速建立一个 PowerPoint 2016 演示文稿（参考上面案例图），按下面要求完成幻灯片制作：

（1）建立以"拯救濒危物种.pptx"为名称的演示文稿。

（2）配合主题，选择一个相应风格的模板。同时根据主题拟一个标题，如"拿什么拯救你——我们的朋友"，用艺术字插入幻灯片中。

（3）设置第二张幻灯片为"标题和内容"版式，在此可以用一些文字描述内容，比如濒危物种的定义及分类，内容围绕主题并引出下文即可。

（4）设置第三张幻灯片的版式为"图片与标题"，在此可以放入贴近主题的图片，以更好地深入主题，如放入朱鹮的图片，并进行描述。

（5）在第四张幻灯片中加入数据表和图表对象。

分析与操作步骤如下：

该案例要求制作者熟悉添加不同版式幻灯片和在幻灯片中插入不同对象的操作，同时能根据不同对象、不同版式进行相应的属性设置（如文本排版、图形位置、大小等设置）。

操作步骤如下：

（1）启动 PowerPoint 2016，在"文件"选项卡中单击"空白演示文稿"按钮，建立一个空白演示文稿，单击"设计"选项卡，在"主题"中选择"平面"主题，应用于该演示文稿。

（2）单击幻灯片标题占位符，输入"拿什么拯救你——我们的朋友"，单击副标题占位符，输入"为了那些即将逝去的生命"，设置文字大小和文本间距，如案例图1所示，这样标题幻灯片就建好了。

（3）单击"开始"选项卡，在"幻灯片"组中单击"新建幻灯片"按钮，选择"标题和内容"版式，创建第二张幻灯片。在此幻灯片中可以用一些文字描述内容，比如濒危物种的定义及分类，内容围绕主题并引出下文即可，如案例图2所示。

（4）按第（3）步类似的操作插入第三张幻灯片，只是选择"图片与标题"版式。单击"插入"选项卡，在"图像"组中单击"图片"按钮，在弹出的"插入图片"对话框中选择准备好的图片（如朱鹮的图片），则在幻灯片中插入一张图片，调整位置和大小，再配以文字说明，如案例图3所示。

（5）按第（3）步类似的操作插入第四张幻灯片，选择"比较"版式。单击"插入表格"占位符，在弹出的"插入表格"对话框中输入5行4列，在表格中输入数据，如案例图4所示。单击"插入图表"占位符，在弹出的"插入图表"对话框中选择一种类型，将表格复制到弹出的Excel表格中，关闭Excel，生成的图表如案例图4所示。

（6）完成所有操作后保存文档。

5.5　PowerPoint 2016 演示文稿的放映

演示文稿的放映指连续播放多张幻灯片的过程，播放时按照预先设计好的顺序对每张幻灯片进行播放演示。用户创作演示文稿的最终目的是展示给观众，直接在计算机上播放演示文稿，可以更好地发挥 PowerPoint 2016 的优越性。在计算机上播放演示文稿时，能够利用计算机的多媒体特性，提高演示文稿的表现能力，易于激发观众的兴趣，充分调动观众的积极性。

5.5.1　设置幻灯片放映的切换方式

幻灯片的切换指在演示中从一张幻灯片更换到下一张幻灯片的方式。为了增强 PowerPoint 幻灯片的放映效果，我们可以为每张幻灯片设置切换方式，以丰富其过渡效果。设置幻灯片切换效果一般在"幻灯片浏览视图"窗口中进行，也可以在"普通视图"中进行。

注意：幻灯片切换效果的主体是整张幻灯片，而不是幻灯片的元素。

1. 设置幻灯片切换样式

（1）打开演示文稿，选择要设置幻灯片切换效果的幻灯片（组）。单击"切换"选项卡"切换到此幻灯片"组的"其他"按钮，弹出包括"细微型""华丽型"和"动态内容"等各类切换效果列表，如图 5-63 所示。

（2）在切换效果列表中选择一种切换样式（如"覆盖"）即可。设置的切换效果只对所选幻灯片（组）有效，如果希望全部幻灯片均采用该切换效果，可以单击"计时"组的"全部应用"按钮。

2. 设置切换属性

幻灯片切换属性包括切换效果（如"放大"）、换片方式（如"单击鼠标时"）、切换声音（如"打字机"）、持续时间（如"2秒"）。

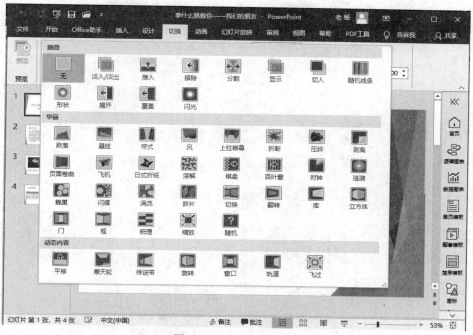

图 5-63　切换效果列表

（1）切换效果。单击"切换"选项卡"切换到此幻灯片"组的"效果选项"按钮，在展开的下拉列表中选择切换效果（如"顺时针"），如图 5-64 所示。

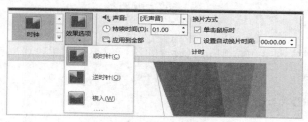

图 5-64　选择切换效果

（2）换片方式。换片方式主要有两种，如图 5-65 所示。

1）单击鼠标时：表示单击才切换幻灯片。

2）设置自动换片时间：表示经过该时间段后自动切换到下一张幻灯片。

图 5-65　选择换片方式

（3）切换声音。单击"切换"选项卡"计时"组来设置切换声音，在"声音"下拉列表框中选择切换声音（如"电压"），在"持续时间"输入框中输入切换持续时间（一般默认是 02.00 秒），如图 5-66 所示。

图 5-66　切换声音

3．预览切换效果

在设置切换效果时，便可预览到自己设置的切换效果，当然也可以单击"预览"组的"预览"按钮预览切换效果。

5.5.2　为幻灯片中的对象设置动画效果

为了使幻灯片放映时更生动，除了幻灯片内容要丰富，还可以对幻灯片中的对象添加一些动画效果，这样有助于吸引观众的注意力。

1．设置动画效果

PowerPoint 2016 的动画效果主要有"进入"类、"强调"类、"退出"类和"动作路径"类四类，如图 5-67 所示。

- "进入"类动画：使对象从外部飞入幻灯片播放画面的动画效果，如飞入、旋转、弹跳等。
- "强调"类动画：对播放画面中的对象进行突出显示、起强调作用的动画效果，如放大/缩小、加粗闪烁等。
- "退出"类动画：使播放画面中的对象离开播放画面的动画效果，如飞出、消失、淡出等。
- "动作路径"类动画：使播放画面中的对象按指定路径移动的动画效果，如弧形、直线、循环等。

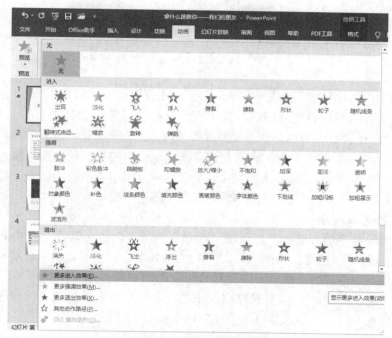

图 5-67　"动画效果"列表

设置幻灯片中动画效果的步骤如下：

（1）打开演示文稿，选择幻灯片中需要设置动画效果的对象。

（2）单击"动画"选项卡"动画"组中的"其他"按钮，在弹出的"动画效果"列表中选择需要的动画效果。

2. 设置动画属性

（1）设置动画效果选项。动画效果选项指动画的方向和形式，设置方法如下：选择设置动画的对象，单击"动画"选项卡"动画"组中的"效果选项"按钮，展开各种效果选项的列表，如图 5-68 所示，例如"浮入"动画的效果选项有上浮、下浮等，从中选择所需的效果选项。

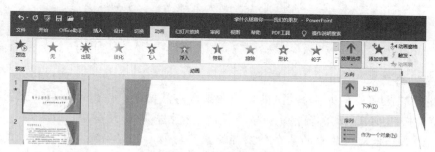

图 5-68　效果选项列表

（2）设置动画开始方式、动画持续时间和动画延迟时间。动画开始方式指开始播放动画的方式，动画持续时间指动画开始播放后的整个播放时间，动画延迟时间指播放操作开始后延迟播放的时间。设置方法如下：选择设置动画的对象，单击"动画"选项卡"计时"组中的"开始"框右边的下三角按钮，在展开的下拉列表中选择动画开始方式；在"持续时间"输入框中调整动画持续时间；在"延迟"输入框中调整动画延迟时间，如图 5-69 所示。

图 5-69　"计时"组选项列表

（3）设置动画音效。设置动画时，默认动画无音效，需要音效时可以自行设置。下面以"浮入"动画对象设置音效为例，说明设置音效的方法：选择设置动画音效的对象（该对象已设置"浮入"动画），单击"动画"选项卡"动画"组中的对话框启动按钮，弹出"上浮"对话框，如图 5-70 所示，在对话框的"效果"选项卡中单击"声音"栏的下拉按钮，在展开的下拉列表中选择一种音效，如"打字机"，单击"确定"按钮。

3．调整动画播放顺序

调整动画播放顺序的方法如下：单击"动画"选项卡"高级动画"组中的"动画窗格"按钮，弹出"动画窗格"界面，如图 5-71 所示。"动画窗格"界面显示所有动画对象，左侧的数字表示该动画对象播放的顺序号，与幻灯片中的动画对象旁边显示的序号一致。选择动画对象，选择"计时"组"对动画重新排序"中的向前移动或向后移动，即可改变该动画对象播放顺序。当然也可以在"动画窗格"中调整对象播放顺序。

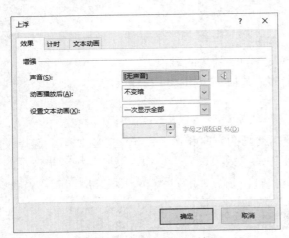

图 5-70　"上浮"对话框

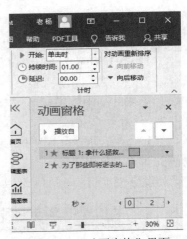

图 5-71　"动画窗格"界面

4．预览动画效果

动画设置完成后，可以预览动画的播放效果，方法如下：单击"动画"选项卡"预览"组的"预览"按钮或单击动画窗格上方的"播放"按钮，即可预览动画效果。

注意：如果一张幻灯片中的多个对象都设置了动画，就需要确定其播放方式（是"自动播放"还是"手动播放"），一般使用动画播放的原则：朴实、有益于说明思路。

5．自定义动作路径动画

为文本或对象添加动作路径动画，可使 PowerPoint 的动画功能更加灵活。设置动作路径动画的方法如下：

（1）在普通视图中，显示包含要创建动作路径的文本或对象的幻灯片。

（2）选择要动画显示的文本项目或对象。

（3）对于文本项目，可以选择占位符或段落（包括项目符号）。

（4）单击"动画"选项卡"动画"组中的"其他"按钮，在展开的动画效果库中选择"动作路径"组。

（5）在其子类型中选择所需的动作路径。若要创建自定义动作路径，则选择"自定义路径"选项，根据实际需要在幻灯片中绘制对象的动作路径，让对象沿着绘制的路径运行。

5.5.3　应用举例

【例 5-2】幻灯片切换效果和幻灯片动画效果设置。

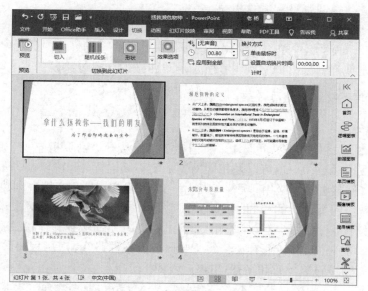

案例图 5

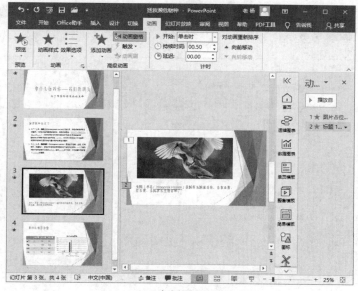

案例图 6

制作要求如下：

（1）将"拯救濒危物种.pptx"演示文稿中的幻灯片设置为不同的切换方式。

（2）设置第三张幻灯片中对象的动画效果为图形淡化效果、文字出现效果。

（3）设置第四张幻灯片中表格左侧飞入、图表浮入效果。

操作步骤如下：

（1）打开"拯救濒危物种.pptx"演示文稿，切换到"幻灯片浏览视图"，选择第一张幻灯片。

（2）单击"切换"选项卡，在"切换到此幻灯片"组中选择"形状"选项，如案例图 5 所示。第二、第三、第四张设置方式相同。

（3）在"普通视图"方式下选择第三张幻灯片，同时选择幻灯片中的"图形"，单击"动画"选项卡，在"动画"组中单击"淡化"动画效果；选择该幻灯片中的文字，同理在"效果选项"中选择"出现"效果，如案例图 6 所示。第四张幻灯片对象设置方式与第三张的相同。

5.5.4　设置演示文稿的交互效果

1. 插入超链接

超链接概念本质上来源于网页设计。所谓超链接指从一个网页指向一个目标的连接关系，这个目标可以是另一个网页，也可以是相同网页上的不同位置，还可以是一张图片、一个电子邮件地址、一个文件甚至一个应用程序。幻灯片中的超链接就是在文档中创建链接以快速访问网页和文件，原理与网页设计的相同。操作方式也是单击当前幻灯片中对象，通过设置超链接转到文档的其他位置，可使用户在放映演示文稿过程中方便地转到其他相关文件中，比如不同幻灯片间切换、不同文件间跳转查看及转到所要播放的文件路径、应用程序等。在演示文稿中，可以对任何文本或图形对象设置超链接，操作步骤如下：

（1）选择需要插入超链接的文本。打开一个 PowerPoint 文件，如"拯救濒危物种.pptx"演示文稿，在演示文稿中新增加一张目录幻灯片，在目录幻灯片中选中文本"濒危物种的定义"。

（2）打开"插入超链接"对话框。切换至"插入"选项卡，在"链接"组中单击"超链接"按钮，打开"插入超链接"对话框，如图 5-72 所示。

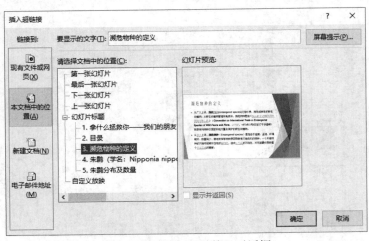

图 5-72　"插入超链接"对话框

（3）选择超链接位置。在"链接到"列表框中选择"本文档中的位置"选项，在"请选择文档中的位置"列表框中选择"幻灯片 3"选项，即链接到第三张幻灯片。

（4）显示设置超链接后的效果。设置链接位置后单击"确定"按钮，返回幻灯片，此时可以看到所选文本已经插入了超链接，文本显示为超链接格式，即带有下划线，如图 5-73 所示。

图 5-73　插入超链接后的效果

2. 添加动作按钮

在幻灯片中，用户可以添加 PowerPoint 自带的动作按钮，并为其定义超链接，从而在放映过程中激活另一个程序或链接至某个对象，具体操作步骤如下：

（1）添加动作按钮。打开一个 PowerPoint 文件并选择第二张幻灯片，切换至"插入"选项卡，单击"插图"组的"形状"按钮，在下拉列表的"动作按钮"区域中选择"动作按钮：空白"图标，如图 5-74 所示。

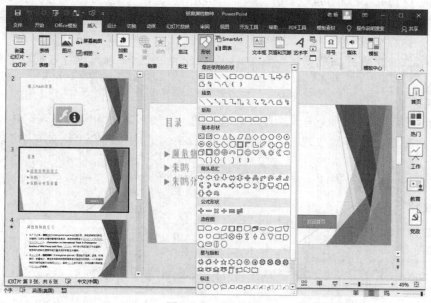

图 5-74　形状列表

（2）绘制动作按钮。此时鼠标指针呈"十"字形状，在幻灯片右下角的适当位置按下鼠标左键不放并拖动，绘制动作按钮，拖至合适大小后松开鼠标，会弹出"操作设置"对话框，如图 5-75 所示。

（3）选择动作按钮链接位置。在"操作设置"对话框的"单击鼠标"选项卡中选中"超链接到"单选按钮，选择其下拉列表中的幻灯片选项（如选择"第一张幻灯片"），单击"确定"按钮，即链接到所选择的幻灯片，如图5-76所示。

（4）添加文字。设置完毕后单击"确定"按钮返回幻灯片中，在"动作"按钮中输入文字"返回首页"，如图5-76所示。将该动作按钮作为应用样式，并复制到后面的所有幻灯片。

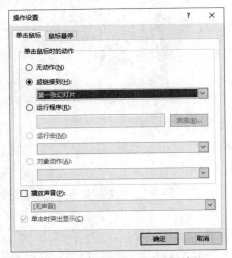

图 5-75　"操作设置"对话框

图 5-76　插入动作按钮

对动作的设置或修改也可以利用"插入"选项卡"链接"组中的"动作"按钮 ★ 来实现。

5.5.5　演示文稿放映控制

演示文稿放映指连续播放多张幻灯片的过程，播放时按照预先设计好的顺序播放演示每张幻灯片。

1. 放映方法

放映当前演示文稿必须先进入幻灯片放映视图。用如下方法均可以进入幻灯片放映视图。

方法一：单击"幻灯片放映"选项卡"开始放映幻灯片"组的"从头开始"或"从当前幻灯片开始"按钮，如图5-77所示。

方法二：单击窗口"视图工具栏"中的"幻灯片放映"按钮，如图5-78所示，则从当前幻灯片开始放映。

图 5-77　幻灯片放映按钮

图 5-78　"视图工具栏"中的"幻灯片放映"按钮

2. 设置放映方式

制作完成演示文稿后，有的由演讲者播放，有的让观众自行播放，这需要通过设置幻灯片放映方式进行控制。

（1）单击"幻灯片放映"选项卡"设置"组的"设置幻灯片放映"按钮，打开"设置放映方式"对话框，如图 5-79 所示。

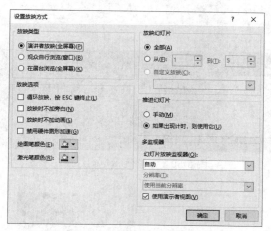

图 5-79　"设置放映方式"对话框

（2）选择放映类型、放映选项、放映范围及换片方式后，单击"确定"按钮。

对"设置放映方式"对话框中的选项说明如下：

1）"放映类型"主要有 3 种，每种适用于不同的场景。

- 演讲者放映（全屏幕）：演讲者具有完整的控制权，可采用自动或人工方式进行放映，需要将幻灯片放映投射到大屏幕上时，通常使用此方式。
- 观众自行浏览（窗口）：可进行小规模的演示，演示文稿出现在窗口内，可以使用滚动条从一张幻灯片移到另一张幻灯片，并可在放映时移动、编辑、复制和打印幻灯片。
- 在展台浏览（全屏幕）：可自动运行演示文稿。在放映过程中，除了使用鼠标，大多数控制都失效。选中"循环放映，按 ESC 键终止"复选框，即最后一张幻灯片放映结束后，自动转到第一张继续播放，直至按 Esc 键才能终止，适合无人看管的场合。

2）"换片方式"有手动或使用排练时间两种方式。

- "手动"选项指在幻灯片放映时必须人为干预才能切换幻灯片。
- "如果存在排练时间，则使用它"选项指在"幻灯片切换"对话框中设置了换片时间，幻灯片播放时可以按设置的时间自动切换。

3. 改变放映顺序

幻灯片一般按顺序依次放映。若需要改变放映顺序，可以右击，在弹出的快捷菜单中选择"上一张"或"下一张"命令，即可放映当前幻灯片的上一张幻灯片或下一张幻灯片。

若要放映特定幻灯片，将鼠标指针指向放映控制菜单的"查看所有幻灯片"选项，就会显示所有幻灯片，单击目标幻灯片，即可从该幻灯片开始放映，如图 5-80 所示。

4. 放映中即兴标注和擦除墨迹

放映幻灯片过程中可能要强调或勾画某些重点内容，也可能临时即兴勾画标注。

为了从放映状态转换到标注状态，可以选择放映控制菜单的"指针选项"→"笔"命令（或"荧光笔"命令），鼠标指针将呈圆点状，按住鼠标左键即可在幻灯片上勾画书写，如图 5-81 所示。

图 5-80　定位到指定幻灯片

图 5-81　"指针选项"子菜单

　　如果希望删除已标注的墨迹，可以选择放映控制菜单的"指针选项"→"橡皮擦"命令，鼠标指针将呈橡皮擦状，在需要删除的墨迹上单击即可清除该墨迹。

　　5. 使用激光笔

　　为指明重要内容，可以使用激光笔功能。按住 Ctrl 键的同时按鼠标左键，屏幕出现十分醒目的红色圆圈的激光笔 ◉，移动激光笔，可以明确指示重要内容的位置。

　　改变激光笔颜色的方法：在"设置放映方式"对话框（图 5-79）中单击"激光笔颜色"下拉列表框右侧的下三角按钮，即可改变激光笔的颜色（有红色、绿色和蓝色 3 种）。

　　6. 中断放映

　　有时希望在放映过程中退出放映，方法是，右击，在弹出的快捷菜单中选择"结束放映"命令，还可以通过键盘上的 Esc 键来中断放映。

　　7. 录制幻灯片演示

　　旁白可增强基于 Web 或自动运行的演示文稿的效果。还可以使用旁白存档会议内容，以便演示者或缺席者以后观看演示文稿，听取他人在演示过程中作出的评论。如果希望通过直接录音的方法为演示文稿配音，可按下述步骤进行操作：

（1）打开演示文稿，定位到配音开始的幻灯片，单击"幻灯片放映"选项卡"设置"组中的"录制幻灯片演示"按钮，如图 5-82 所示，选择"从头开始录制"或者"从当前幻灯片开始录制"命令，弹出"录制幻灯片演示"对话框，如图 5-83 所示，直接单击"开始录制"按钮，进入幻灯片放映状态，边放映边开始录音。

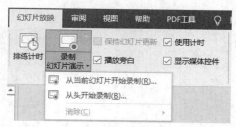

图 5-82　"录制幻灯片演示"选项

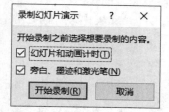

图 5-83　"录制幻灯片演示"对话框

（2）播放和录音结束时，单击"保存"按钮即可退出录音状态。

8. 设置幻灯片放映计时

在制作自动放映演示文稿时，最难掌握的就是幻灯片何时切换、切换得是否恰到好处，这取决于设计者对幻灯片放映时间的控制。要控制每张幻灯片在演示屏幕上的滞留时间既不能太快（没有给观众留下深刻印象），也不能太慢（使观众感到厌烦）。

设置幻灯片放映计时方法有以下两种。

（1）人工设置放映时间。在"换片方式"对话框中可以设置每张幻灯片切换的时间间隔，具体操作步骤如下：

1）选择需要设置放映时间的幻灯片。

2）在"切换"选项卡"计时"组的"换片方式"区域选中"设置自动换片时间"复选框，在其后的输入框中设置需要的时间值，如图 5-84 所示。

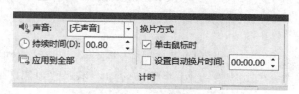

图 5-84　设置换片时间

3）如果希望此时间应用于演示文稿的所有幻灯片，可以单击"应用到全部"按钮。

（2）排练计时设置。用户可以使用"排练计时"功能来设置幻灯片的放映时间，具体操作步骤如下：

1）单击"幻灯片放映"选项卡中"设置"组的"排练计时"按钮。

2）弹出"录制"对话框，如图 5-85 所示，表示进入排练计时方式，演示文稿自动放映。

3）开始试讲演示文稿，需要换片时，单击"录制"对话框中的"换页"按钮 ➡️，或按 PageDown 键。

4）演示完毕后，弹出图 5-86 所示的对话框，单击"是"按钮，保留放映时间；单击"否"按钮，不保留该时间，再重新排练一次。

图 5-85　"录制"对话框

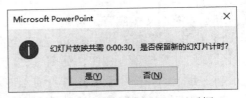

图 5-86　"确认排练时间"对话框

5）最后将满意的排练时间设置为自动放映时间。即选中"设置放映方式"对话框中"推进幻灯片"下的"如果出现计时，则使用它"单选按钮，如图 5-87 所示，然后单击"确定"按钮。

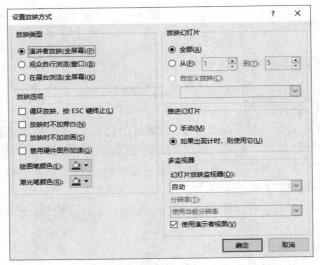

图 5-87　设置自动放映时间

注意：排练计时与录制幻灯片演示是 PowerPoint 2016 的特色，其主要区别在于后者能够同时计时与添加旁白。

9．监视器

在"幻灯片放映"选项卡的"监视器"组中提供了不同监视器放映幻灯片，可根据放映的场合设置不同放映设备。"监视器"组中是快速实现在不同监视器环境下对观众显示演示文稿放映界面，而演讲者通过另一个显示屏观看幻灯片备注或演讲稿，如图 5-88 所示。

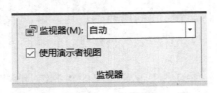

图 5-88　监视器

当然，也可以在前面讲的"设置放映方式"对话框中的"多监视器"栏实现在多监视器环境下对观众显示演示文稿放映界面。"幻灯片放映监视器"下拉列表只在连接了外部显示设备时才被激活，此时可以选择外接监视器作为放映显示屏，并勾选"使用演示者视图"复选框方便演讲者查看不同界面。

5.5.6　在其他计算机上放映演示文稿

当在演示文稿中使用一些特殊的字体，甚至链接一些外部文件时，如果要在其他没有安装 PowerPoint 软件的计算机中放映，则最好先将演示文稿打包并导出，即将所有相关的字体、文件及专门的演示文稿播放器等收集到一起打包并导出成其他应用程序形式。当复制到其他计算机中放映时，就可以避免出现因丢失相关文件而无法放映演示文稿的情况。导出文件的过程是选择打开演示文稿，选择"文件"菜单中的"导出"选项，选择"创建 PDF/XPS 文档""创建视频""创建动态 GIF""将演示文稿打包成 CD""创建讲义""更改文件类型"命令中的一个即可。

下面以"将演示文稿打包成 CD"为例说明具体的操作方法。

（1）打开要打包的演示文稿。

（2）单击"文件"选项卡中"导出"选项下的"将演示文稿打包成 CD"命令，如图 5-89 所示，单击"打包成 CD"按钮，弹出"打包成 CD"对话框，如图 5-90 所示。

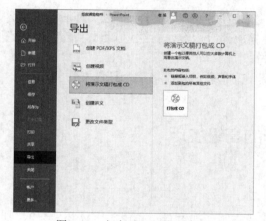

图 5-89　打包成 CD 设置界面

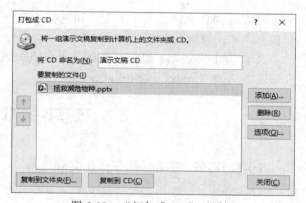

图 5-90　"打包成 CD"对话框

（3）在"打包成 CD"对话框中命名 CD 文件，设置复制文件。

（4）设置打包选项。在"打包成 CD"对话框中单击"选项"按钮，在弹出的"选项"对话框中勾选"链接的文件"和"嵌入的 TrueType 字体"复选框，还可以设置打开或修改演示文稿的密码，最后单击"确定"按钮，如图 5-91 所示。

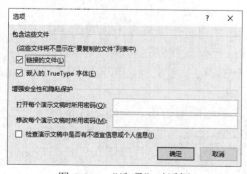

图 5-91　"选项"对话框

（5）设置复制路径。返回"打包成 CD"对话框，单击"复制到文件夹"按钮，在弹出的"复制到文件夹"对话框中的"文件夹名称"文本框中命名打包文件夹，然后单击"浏览"按钮，设置复制演示文稿的保存文件夹路径，最后单击"确定"按钮，如图 5-92 所示。

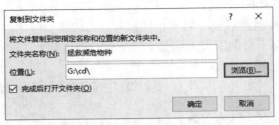

图 5-92　"复制到文件夹"对话框

（6）提示链接文件。当程序出现提示框，询问是否包含所有链接文件（即演示文稿中插入的音频和视频文件）时，单击"是"按钮，程序将开始自动复制相关文件到上一步的文件夹，并显示进度。

（7）返回"打包成 CD"对话框。复制过程完成后，程序默认打开打包文件所在的文件夹，可以看到其中包含了演示文稿和链接的文件及播放器等内容，再次返回到"打包成 CD"对话框，单击"关闭"按钮。

（8）复制并放映。要在其他计算机中放映该演示文稿时，只需将整个打包文件复制过去，并双击其中的".pptx"文件放映即可。

5.6　幻灯片制作的高级技巧

5.6.1　将多个主题应用于演示文稿

若要使演示文稿包含两个或更多个不同的样式或主题（如背景、颜色、字体和效果），则需要为每个主题分别插入一个幻灯片母版。

例如，将两个主题应用于一个演示文稿中，具体操作方法如下：

（1）执行下列操作，将主题应用于第一个幻灯片母版和一组版式。

1）在"视图"选项卡的"母版视图"组中单击"幻灯片母版"按钮。

2）在"幻灯片母版"选项卡的"编辑主题"组中单击"主题"按钮。

3）执行下列操作之一：

● 要应用内置主题，在"内置"区域单击需要的主题。

● 要应用新创建主题或已修改并保存的现有主题，在"自定义"区域单击需要的主题。

● 要应用存储在不同位置的主题文档，单击"浏览主题"按钮，然后查找并选中所需的主题。

（2）执行下列操作，将主题应用于第二个幻灯片母版（包括第二组版式）。

注意：重复此步骤可将更多主题添加到其他幻灯片母版中。

1）在"幻灯片母版"视图中，在幻灯片母版和版式缩略图任务窗格内，指针向下滚动到版式组中的最后一张版式缩略图。

2）在版式组中最后一个幻灯片版式的正下方右击，在弹出的快捷菜单中选择"插入幻灯片母版"命令即可重新插入一套完整的幻灯片母版。

3）在"幻灯片母版"选项卡的"编辑主题"组中单击"主题"按钮。

5.6.2　在幻灯片中插入 Flash 文件

PowerPoint 2016 插入 Flash 动画的方法如下：

（1）准备好 Flash 文件（最好将 Flash 文件和演示文稿放到相同目录）。

（2）打开演示文稿，选择自己要插入 Flash 动画（SWF 格式）的幻灯片，选择文件选项卡，单击左侧的"选项"按钮，打开"PowetPoint 选项"对话框，单击左侧"在自定义功能区"选项，勾选右侧"开发工具"复选框，单击下方"确定"按钮，如图 5-93 所示。

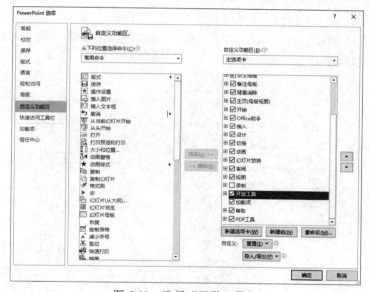

图 5-93　选择"开发工具"

（3）单击"开发工具"选项卡，在"控件"组中单击"其他控件"按钮，打开"其他控件"对话框，如图 5-94 所示，找到 Shockwave Flash Object，并单击"确定"按钮。

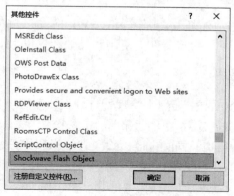

图 5-94　"其他控件"对话框

（4）在需要插入"Flash 动画"的幻灯片中用鼠标拖动出一个区域，如图 5-95 所示，然后双击这个区域进入。

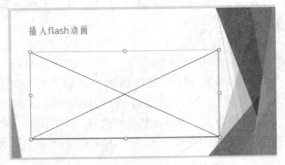

图 5-95　在幻灯片中插入控件

（5）在属性窗口中找到 Movie 项，手动输入 SWF 格式动画的名称（本例为 flash1.swf），如图 5-96 所示，然后关闭当前窗口。

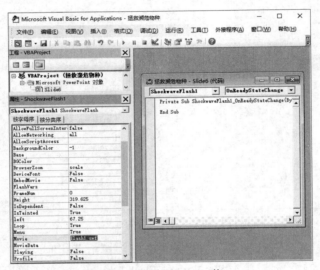

图 5-96　设置 Movie 值

（6）回到演示文稿，播放幻灯片，则插入的 SWF 格式的 Flash 动画已经可以播放。最后保存自己修改后的演示文稿，之后将文件夹复制到其他计算机上即可进行播放。

5.6.3　关于"节"的应用

"节"在 PowerPoint 2016 中主要用来管理幻灯片页，类似于文件夹功能。在演示文稿中，如果能够合理使用 PowerPoint 2016 中的"节"，将整个演示文稿划分成若干个小节来管理，可以帮助用户合理规划文稿结构，同时也能大大节省编辑和维护的时间。

例如，有一个 100 页的演示文稿，如果要找某张幻灯片，就要切换到"幻灯片浏览"视图，并拖动右边的滑块，上下来回地寻找需要的那一页。如果根据整个演示文稿的内容，将其分成 5 个节或 6 个节，只要在对应的节内找需要的页就可以了，非常省时、省力。具体操作和使用方法如下：

（1）打开一个演示文稿（如，示例中的演示文稿有 34 张幻灯片），根据内容，把整个演示文稿分成"第一节　信息基本知识""第二节　特点及其局限性""第三节　信息资源种类""第四节　评价" 4 个部分。将视图切换至"普通视图"，并定位在第二张幻灯片上。

（2）单击"开始"选项卡"幻灯片"组的"节"按钮，选择"新增节"命令，会出现图 5-97（a）所示的对话框，在对话框中输入节名称"第一节　信息基本知识"，第一节就设置好了，如图 5-97（b）所示。

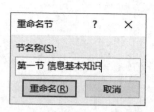

（a）"重命名节"对话框

（b）插入第一节示意

图 5-97　设置第一节

（3）依次找到第 8 张、第 11 张、第 15 张……，分别将其设置为第二节、第三节、第四节……，设置方法同第（2）步。所有节建立好之后，单击节名前的"折叠节"按钮 ◢，此时，所有幻灯片页如同文件放到文件夹中一样，全部折叠到了每个节中，如图 5-98 所示。

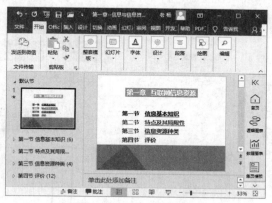

图 5-98　插入节后示意

注意：

（1）图中每个节名称后面括号中的数字表示这个节内有多少张幻灯片；单击任意节名称前的三角按钮 ▷，则展开当前节的内容；再次单击三角按钮 ◢，则节中的内容折叠。

（2）节的应用同样适用于"幻灯片浏览"视图。

（3）如果节的分类有问题，可以删除它，被删除节内的幻灯片将归到上一个节中。

5.7   综合案例——走迷宫动画设计

5.7.1   效果图

制作如图 5-99 所示的走迷宫动画。

图 5-99   走迷宫动画

5.7.2   主要知识与技能

（1）任意多边形的绘制、文本框的输入。
（2）路径动画的应用。
（3）设计主题的应用。

5.7.3   实现步骤

（1）新建"迷宫.pptx"。
（2）选择空白版式。
（3）在"插入"选项卡的"插图"组中单击"形状"按钮，打开下拉列表，单击"线条"
中的"任意多边形：形状"选项，在幻灯片上拖移绘制回字形迷宫线条，其"形状轮廓"中的
"粗细"项为 6 磅，如图 5-100 所示。

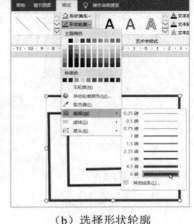

（a）选择绘图工具   （b）选择形状轮廓

图 5-100   选择绘图工具及选择形状轮廓

（4）绘制一个椭圆，设置"格式－形状样式"为"彩色填充-橙色，强调颜色 2"，设置

椭圆动画为"自定义路径"，如图 5-101 所示。

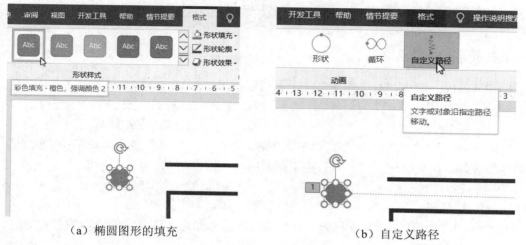

（a）椭圆图形的填充　　　　　　　　（b）自定义路径

图 5-101　绘制椭圆

（5）添加"自定义路径"动画的形状折线如图 5-102 所示，折线运动的终点拖到迷宫内部，可以看到从外到内有一条虚线，表明椭圆将从迷宫外部起始点随迷宫形状运动。插入文本框，输入"走迷宫"，文字方向设置成"垂直"，字体大小为 60。

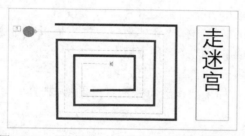

图 5-102　添加"自定义路径"动画的形状折线

（6）设置走迷宫主题属性。在"设计"选项卡中选择"徽章"主题，如图 5-103 所示，保存文件，放映幻灯片效果如图 5-99 所示。

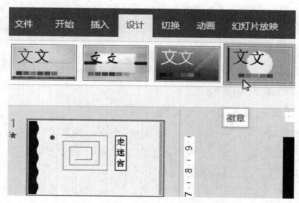

图 5-103　选择"徽章"主题

习题五

单选题

1. PowerPoint 2016 中，"视图"这个名词表示（　　）。
　　A．一种图形　　　　　　　　　　　B．显示幻灯片的方式
　　C．编辑演示文稿的方式　　　　　　D．一张正在修改的幻灯片

2. 在任何版式的幻灯片中都可以插入图表，除了在"插入"选项卡中单击"图表"按钮来创建图表外，还可以使用（　　）实现图表的插入操作。
　　A．图片占位符　　　　　　　　　　B．SmartArt 图形中的矩形图
　　C．表格　　　　　　　　　　　　　D．图表占位符

3. 关于幻灯片母版操作，在标题区或文本区添加各幻灯片都共有的文本的方式是（　　）。
　　A．使用模板
　　B．单击直接输入
　　C．选用带有文本占位符的幻灯片版式
　　D．使用文本框

4. 进入幻灯片母版的方法是（　　）。
　　A．在"视图"选项卡中单击"幻灯片母版"按钮
　　B．在"文件"选项卡中选择"新建"→"样本模板"命令
　　C．在"设计"选项卡中选择一种主题
　　D．在"视图"选项卡中单击"幻灯片浏览视图"按钮

5. 在制作演示文稿时，如果要设置每张幻灯片的播放时间，那么需要通过执行（　　）操作来实现。
　　A．幻灯片切换的设置　　　　　　　B．排练计时
　　C．自定义动画　　　　　　　　　　D．录制旁白

6. 为了使所有幻灯片有统一的、特有的外观风格，可通过设置（　　）操作来实现。
　　A．幻灯片版式　　B．母版　　　　C．配色方案　　　　D．幻灯片切换

7. 在 PowerPoint 2016 中，下列说法错误的是（　　）。
　　A．在文档中可以插入声音（如掌声）
　　B．在文档中插入多媒体内容后，放映时只能自动放映，不能手动放映
　　C．在文档中可以插入音乐（如 CD 乐曲）
　　D．在文档中可以插入影片

8. 可以在 PowerPoint 内置主题中设置的内容是（　　）。
　　A．效果、图片和表格　　　　　　　B．字体、颜色和效果
　　C．字体、颜色和表格　　　　　　　D．效果、背景和图片

9. PowerPoint 2016 的"超级链接"命令可实现（　　）。
　　A．幻灯片之间的跳转　　　　　　　B．演示文稿幻灯片的移动
　　C．中断幻灯片的放映　　　　　　　D．在演示文稿中插入幻灯片

10. 将一个 PowerPoint 2016 演示文稿保存为放映文件，最好的操作方法是（　　）。

　　A. 将演示文稿另存为.pptx 文件格式

　　B. 在"文件"后台视图中选择"保存并发送"，将演示文稿打包成可自动放映的 CD

　　C. 将演示文稿另存为.ppsx 文件格式

　　D. 将演示文稿另存为.potx 文件格式

11. PowerPoint 2016 中，如果暂时不想让观众看见一组幻灯片中的几张，最好使用（　　）方法。

　　A. 隐藏这些幻灯片

　　B. 删除这些幻灯片

　　C. 新建一组不含这些幻灯片的演示文稿

　　D. 自定义放映方式时，取消这些幻灯片

12. 在 PowerPoint 2016 中，默认的视图模式是（　　）。

　　A. 普通视图　　　　　　　　　B. 阅读视图

　　C. 幻灯片浏览视图　　　　　　D. 备注视图

13. 幻灯片中占位符的作用是（　　）。

　　A. 表示文本的长度　　　　　　B. 限制插入对象的数量

　　C. 表示图形的大小　　　　　　D. 为文本、图形等预留位置

14. 超级链接只有在（　　）中才能被激活。

　　A. 幻灯片视图　　　　　　　　B. 大纲视图

　　C. 幻灯片浏览视图　　　　　　D. 幻灯片放映视图

15. 要让 PowerPoint 2016 制作的演示文稿在 PowerPoint 2003 中放映，必须将演示文稿的保存类型设置为（　　）。

　　A. PowerPoint 演示文稿（*.pptx）　　B. PowerPoint 97-2003 演示文稿（*.ppt）

　　C. XPS 文档（*.xps）　　　　　　　　D. Windows Media 视频（*.wmv）

16. 在 PowerPoint 2016 中，若要超链接到其他文档，则执行（　　）是不正确的。

　　A. "插入"→"超链接"命令　　　　B. 快捷菜单→"超链接"命令

　　C. "插入"→"动作"命令　　　　　　D. "插入"→"幻灯片（从文件）"命令

17. 放映幻灯片时，要对幻灯片的放映具有完整的控制权，应使用（　　）。

　　A. 演讲者放映　　　　　　　　B. 观众自行浏览

　　C. 展台浏览　　　　　　　　　D. 自动放映

18. 下列说法正确的是（　　）。

　　A. 一个对象可以使用多种动画效果

　　B. 动画序号按钮只能显示动画播放顺序，不能用来更改动画播放顺序

　　C. 可以同时为多个对象设置不同的动画效果

　　D. 以上全部错误

19. 在 PowerPoint 2016 中可以插入的内容有（　　）。

　　A. 文字、图表、图像　　　　　B. 声音、电影

　　C. 幻灯片、超级链接　　　　　D. 以上各项都可以

20．要将一个对象的动画效果快速复制到另一个对象上，可使用的方法是（　　　）。

    A．选定对象后，按 Ctrl+C 和 Ctrl+V 组合键

    B．选定对象后，执行"动画刷"命令

    C．选定对象后，执行"复制"和"粘贴"命令

    D．选定对象后，按住 Ctrl 键不放，直接将原对象拖动到新对象上后松开鼠标

21．小李利用 PowerPoint 制作产品宣传方案，并希望在演示时能够满足不同对象的需要，处理该演示文稿的最佳操作方法是（　　　）。

    A．制作一份包含适合所有人群的全部内容的演示文稿，每次放映时按需要进行删减

    B．制作一份包含适合所有人群的全部内容的演示文稿，放映前隐藏不需要的幻灯片

    C．制作一份包含适合所有人群的全部内容的演示文稿，然后利用自定义幻灯片放映功能创建不同的演示方案

    D．针对不同的人群，分别制作不同的演示文稿

22．小梅需将 PowerPoint 演示文稿内容制作成一份 Word 版本讲义，以便后续可以灵活编辑及打印，最佳操作方法是（　　　）。

    A．将演示文稿中的幻灯片以粘贴对象的方式一张张复制到 Word 文档中

    B．将演示文稿另存为"大纲/RTF 文件"格式，然后在 Word 中打开

    C．在 PowerPoint 中利用"创建讲义"功能，直接创建 Word 讲义

    D．切换到演示文稿的"大纲"视图，将大纲内容直接复制到 Word 文档中

23．小刘正在整理公司各产品线介绍的 PowerPoint 演示文稿，因幻灯片内容较多，不易管理各产品线演示内容，快速分类和管理幻灯片的最佳操作方法是（　　　）。

    A．利用自定义幻灯片放映功能，将每个产品线定义为独立的放映单元

    B．将演示文稿拆分成多个文档，按每个产品线生成一份独立的演示文稿

    C．利用节功能，将不同的产品线幻灯片分别定义为独立节

    D．为不同的产品线幻灯片分别指定不同的设计主题，以便浏览

24．在一次校园活动中拍摄了很多数码照片，现需将这些照片整理到一个 PowerPoint 演示文稿中，快速制作的最佳操作方法是（　　　）。

    A．在文件夹中选中所有照片，然后右击，直接发送到 PowerPoint 演示文稿中

    B．创建一个 PowerPoint 演示文稿，然后在每页幻灯片中插入图片

    C．创建一个 PowerPoint 演示文稿，然后批量插入图片

    D．创建一个 PowerPoint 相册文件

25．如果需要在一个演示文稿的每页幻灯片左下角相同位置插入学校的校徽图片，最佳操作方法是（　　　）。

    A．打开幻灯片母版视图，将校徽图片插入母版中

    B．打开幻灯片放映视图，将校徽图片插入幻灯片中

    C．打开幻灯片普通视图，将校徽图片插入幻灯片中

    D．打开幻灯片浏览视图，将校徽图片插入幻灯片中

第6章　计算机网络基础与应用

6.1　计算机网络基础知识

6.1.1　计算机网络的概念

计算机网络就是利用通信介质和通信设备，把分布在不同地理位置的具有独立功能的多台计算机及其他终端设备，按照网络协议，在网络软件的支持下连接起来，实现相互通信，共享信息资源，数据通信和资源共享是其主要功能。

计算机网络从最初的在实验室的几台计算机联网，发展到现在全球规模的 Internet（因特网），主要经历了以下发展阶段。

第一阶段：20 世纪 50～60 年代初，计算机网络主要体现为以单个计算机为中心、以终端为节点的远程联机系统。此阶段典型的计算机网络是美国航空公司由一台计算机和 2000 多个终端组成的飞机订票系统网络。

第二阶段：20 世纪 60 年代中期至 70 年代，计算机网络以多个主机通过通信线路实现互联。典型代表是美国国防部高级研究计划局（DARPA）协助开发的 ARPANET（阿帕网）。阿帕网被称为全球互联网的始祖，最初只有 4 个节点，将分布在洛杉矶的加利福尼亚州大学洛杉矶分校、加州大学圣巴巴拉分校、斯坦福大学、犹他州大学 4 所大学的 4 台大型计算机连接起来。到了 1975 年，阿帕网已经连入了 100 多台主机，并结束了网络试验阶段，移交美国国防部国防通信局正式运行。

第三阶段：20 世纪 70 年代末至 90 年代，计算机网络有了统一的网络体系结构和国际标准，形成开放式和标准化的网络。这个阶段最重要的是国际标准化组织（ISO）提出了著名的 ISO/OSI 参考模型。

第四阶段：20 世纪 90 年代至今，计算机网络高速迅猛发展，计算机网络应用深入各行各业，在人类社会经济、科研、文化、教育、国防等领域起到越来越重要的作用。此阶段以 Internet 在全球的广泛兴起为标志。

6.1.2　计算机网络的组成

计算机网络由网络硬件和网络软件两部分组成。网络硬件主要包括计算机主机、网络设备、传输介质等；网络软件主要包括网络协议、网络操作系统、网络应用程序等。

1. 网络硬件

网络硬件主要如下：

（1）传输介质：常见的有双绞线、同轴电缆、光纤等，现在无线传输也得到了越来越多的使用。

（2）网络设备：主要有交换机、路由器、网关等，早期还有集线器、中继器、网桥等。

（3）网络主机：一般根据作用分为服务器（Server）和客户机（Client）或工作站。

（4）网络适配器：又称网卡或网络接口卡（Network Interface Card，NIC），主要将计算机数据转换为能够通过介质传输的信号，分为有线网卡和无线网卡。

网卡地址（MAC 地址）又称硬件地址，制造商将每个网卡的地址固化在芯片上，这样每个网卡也就是网络上每台计算机就都具有唯一地址（12 位十六进制数）。如某台主机的网卡的 MAC 地址为 AC-22-0B-77-D7-AA。

2. 网络软件

（1）常见的网络协议有 TCP/IP 协议、IPX/SPX 协议、NetBEUI 协议等，现在采用较多的是 TCP/IP 协议。

（2）网络操作系统：主要有早期较流行的 NetWare 操作系统，现在市场份额较大的有 Microsoft 公司的 Windows Server 系列以及 UNIX、Linux 等操作系统。

6.1.3 计算机网络的分类

1. 按地理范围分

局域网（LAN）：联网的计算机和设备较少，分布距离短，一般为 10m～1km；传输速度快，组网费用低，误码率低，容易管理和维护，常见的有校园网、办公局域网等。

城域网（MAN）：位于一座城市内的网络，地理范围一般为 10～100km，一般适用于较大的公司或政府部门。

广域网（WAN）：距离从几百千米到几千千米，可以指一个国家、地区或洲际的计算机网络，全球最大的广域网就是现在最流行的 Internet。

2. 按传输速率分

窄带网（kHz～MHz）：又称低速网，传输速率介于 1kb/s～1Mb/s。早期传统的 56kb/s MODEM 拨号上网就是窄带，仅能满足少量文字信息的传输，无力承载大量数据的视频、音频、图像信息的传输。

宽带网（MHz～GHz）：又称高速网，传输速率介于 Mb/s～Gb/s。通常把骨干网传输速率在 2.5Gb/s 以上，接入网能够达到 1Gb/s 的网络定义为宽带网。与传统的窄带网相比，宽带网在速度上占据极大的优势，可以为上网者提供更平滑的视频图像、更清晰逼真的声音效果和更迅速的网站搜索服务。

传输速率的单位是 bit/s（每秒比特数，英文缩写为 bps 或 b/s）。带宽（Band Width）是指传输信道的宽度。带宽在模拟信号系统又称频宽，是指在固定的时间可传输的信息数量，即在传输管道中可以传递数据的能力。在数字设备中带宽通常以 b/s 表示，即每秒可传输的位数；在模拟设备中，频宽通常以每秒传送周期或赫兹（Hz）来表示。

在实际上网应用中，下载软件时常常看到诸如下载速度显示为 176KB/s 等宽带速率大小的字样，因为 ISP 提供的线路带宽使用的单位是比特（bit），而一般下载软件显示的是字节（Byte）（1Byte=8bit），所以要通过换算才能得实际值。以 1M 宽带为例，按照换算公式换算一下：1Mb/s=(1024×1024)b/s=1024Kb/s=(1024/8)KB/s=128KB/s。

上行速率是指用户计算机向网络发送信息时的数据传输速率，下行速率是指网络向用户计算机发送信息时的传输速率。

3. 按网络拓扑结构分

按照网络拓扑结构，计算机网络可以分为总线型网、星型网、环型网、网状型网和树型网等。

总线型网：是指将网络中的各节点通过接口连接到公共信息通道上，通过总线传递信息，如图 6-1 所示。其优点为结构简单，布线容易，扩充或删除一个节点很容易；缺点是总线为整个网络的瓶颈，出现故障时诊断较困难。

星型网：是目前组网应用最多的一种类型，以中央节点为中心，外围节点各自用单独的通信线路与中心节点连接起来，形成辐射式网络结构，如图 6-2 所示，中央节点现在普遍使用交换机。其优点是组网容易，结构简单，便于扩展、维护和管理；缺点是过分依赖中心节点，如果中心节点发生故障，则全网将停止工作。

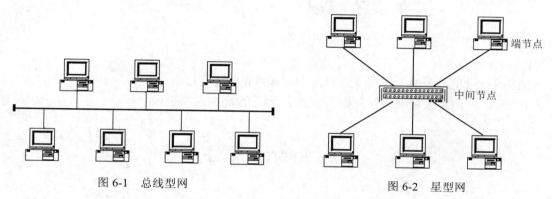

图 6-1　总线型网　　　　　　　　　　　　　　图 6-2　星型网

环型网：是网络节点通过点到点的链路首尾相连形成一个闭合环型线路，信息在环路中沿着一个方向从一个节点传到另一个节点，如图 6-3 所示。其优点是结构简单，安装容易，费用较低，电缆故障容易查找和排除；缺点是环网中任意节点出现故障都会造成整个网络瘫痪，当节点过多时，将影响传输效率，不利于网络扩充。

网状型网：结构中每个节点至少有两条链路与其他节点相连，任何一条链路出现故障时，数据可由其他链路传输，可靠性较高，如图 6-4 所示。在这种结构中，数据流动没有固定的方向，网络控制较松散。

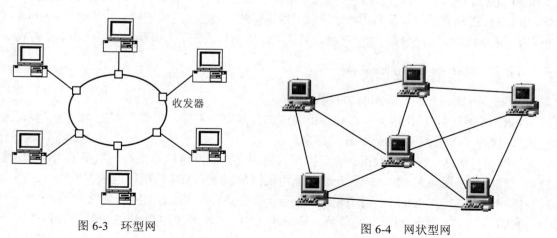

图 6-3　环型网　　　　　　　　　　　　　　图 6-4　网状型网

树型网：是星型网的扩展，节点按层次连接，像一棵大树一样有分支，形成根节点、叶节点等，如图 6-5 所示。该结构的优缺点与星型网的相似。

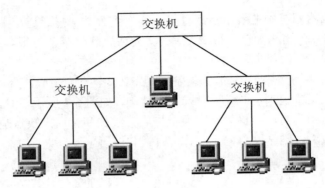

图 6-5　树型网

4．按传输介质分

有线网：采用双绞线、同轴电缆和光纤等有线介质连接网络。

无线网：采用无线电波、红外线、微波等无线介质连接网络。

6.2　Internet 概述

6.2.1　Internet 的起源与发展

Internet，中文正式译名为因特网，又称国际互联网，它是全球最大的计算机网络。

1969 年美国国防部高级研究计划局开始建立一个名为 ARPANET 的计算机网络，其最初只有 4 台主机，这可以看作 Internet 的起源。1984 年，ARPANET 已连上 1000 多台计算机。1986 年，美国国家基金会（NSF）投资建立 NSFNET，覆盖了全美国的主要大学和研究所，推动了 Internet 的发展。

20 世纪 80 年代，发达国家纷纷接入 Internet，全球化的 Internet 开始形成。20 世纪 90 年开始，Internet 迅猛发展，互联网用户数量以平均每年翻一番的速度快速增长，从而使 Internet 从一个实验性的网络变为在全球内家喻户晓，且极大地影响和改变了人类社会的生活和工作方式。

6.2.2　Internet 在我国的发展

1．我国 Internet 的发展历程与现状

1987 年 9 月 20 日，钱天白教授发出我国第一封电子邮件，邮件内容是"越过长城，通向世界"，揭开了中国人使用 Internet 的序幕。

1990 年 10 月，钱天白教授代表我国正式在国际互联网络信息中心的前身 DDN-NIC 注册登记了我国的顶级域名 CN，并且开通了使用我国顶级域名 CN 的国际电子邮件服务。由于当时我国尚未正式连入 Internet，因此委托德国卡尔斯鲁厄大学运行 CN 域名服务器。

1993 年 3 月，中国科学院高能物理研究所租用 AT&T 公司的国际卫星信道接入美国斯坦

福线性加速器中心（SLAC）的 64K 专线正式开通，这条专线是我国连入 Internet 的第一根专线。

1994 年 4 月，我国连入 Internet 的 64K 国际专线开通，实现了与 Internet 的全功能连接。从此我国被国际上正式承认为有 Internet 的国家。

1994 年 5 月，中国科学院高能物理研究所设立了国内第一个 Web 服务器，推出我国第一套网页。

1994 年 5 月，在钱天白教授和德国卡尔斯鲁厄大学的协助下，中国科学院计算机网络信息中心完成了中国国家顶级域名（CN）服务器的设置，改变了中国的 CN 顶级域名服务器一直放在国外的历史。

1996 年 1 月，中国公用计算机互联网（CHINANET）全国骨干网建成并正式开通，全国范围的公用计算机互联网络开始提供服务。

1997 年 11 月，中国互联网络信息中心（CNNIC）发布了第一次《中国 Internet 发展状况统计报告》：截止到 1997 年 10 月 31 日，我国共有上网计算机 29.9 万台，上网用户 62 万人，CN 下注册的域名 4066 个，WWW 站点 1500 个，国际出口带宽 18.64Mb/s。此后，我国 Internet 进入发展的快车道，以惊人的速度迅速发展。

2020 年 4 月，中国互联网络信息中心发布第 45 次《中国互联网络发展状况统计报告》，报告显示：截止到 2020 年 3 月底，我国网民规模为 9.04 亿，其中手机网民规模为 8.97 亿，互联网普及率达 64.5%，居世界第一；截至 2019 年年底，我国域名总数为 5094 万个，其中 CN 下注册的域名为 2243 万个；网站总数为 497 万个。

2．目前中国的四大骨干网络

中国公用计算机互联网（CHINANET）：由我国信息产业部负责组建，其骨干网覆盖全国各省、自治区、直辖市，以营业、商业活动为主，业务范围覆盖所有电话能通达的地区。

中国科技网（CSTNET）：由中国科学研究院主持，联合北京大学、清华大学共同组建的全国性网络。

中国教育和科研计算机网（CERNET）：由国家投资，教育部负责管理，清华大学等高校承担建设和管理运行的全国性学术计算机互联网络。

中国国家公用经济信息通信网（CHINAGBN）：也称金桥网，为配合我国"四金工程"而建设的计算机网络。

6.3　Internet 的工作原理

6.3.1　TCP/IP 协议

TCP/IP 协议是 Internet 使用的最主要的网络协议，它将计算机网络分为应用层、传输层、互联层和网络层 4 个层次，其核心协议由传输层的 TCP 协议和互联层的 IP 协议构成。

1．IP 地址的概念

IP 地址是指给每个连接在 Internet 上的主机分配的一个在全世界范围内的唯一标识符，相当于网络通信时每个计算机的名字。IP 地址现在主要有两个版本，即 IPv4 和 IPv6，由于 IPv4 地址于 2011 年基本分配完毕，因此 IPv6 将是下一代互联网的基础。IPv6 把地址长度扩展至 128 位，是 IPv4（32 位）地址空间的近 1600 亿倍，但现在主要应用的还是 IPv4 地址。

2．IP 地址的分类与表示

（1）二进制表示，如 10000000 00001011 00000011 00011111。

（2）点分十进制表示，如 128.11.3.31。

IP 地址一般分为 A 类、B 类、C 类、D 类和 E 类。

A 类地址：第一段为 0～127，可以用于 1600 多万台主机的大型网络。

0	网络地址（7 位）	主机地址（24 位）

B 类地址：第一段为 128～191，适用于中等规模的网络，每个网络能容纳 6 万多台主机。

10	网络地址（14 位）	主机地址（16 位）

C 类地址：第一段为 192～224，适用于小规模的局域网络，每个网络最多只能容纳 254 台主机。

110	网络地址（21 位）	主机地址（8 位）

D 类地址和 E 类地址一般保留或用于特殊用途。

3．IP 地址管理

Internet 网络信息中心（Inter NIC）统一负责全球 IP 地址的规划、管理，同时由 Inter NIC、APNIC、RIPE 三大网络信息中心具体负责美国及其他地区的 IP 地址分配。通常每个国家需成立一个组织，统一向有关国际组织申请 IP 地址，然后将其分配给客户，中国互联网管理中心（CNNIC）为中国负责 IP 地址管理的组织。

6.3.2　域名

1．域名解析

域名系统（Domain Name System，DNS）是一个遍布 Internet 的分布式主机信息数据库系统，其基本任务是将文字表示的域名，如 www.nczy.edu.cn，"翻译"成 IP 协议能够理解的 IP 地址格式，如 218.89.49.130，或者将 IP 地址转换为域名，这个过程也称为域名解析。

域名解析工作通常由域名服务器完成。域名系统是一种包含主机信息的逻辑结构，它并不反映主机所在的物理位置。Internet 上的主机域名具有唯一性。注册了域名的主机一定有 IP 地址，但不一定每个 IP 地址都在域名服务器中注册有域名。

（1）域名解析过程。当用户使用域名访问网上的某台机器时，首先由本地域名服务器负责解析，如果查到匹配的 IP 地址，则返回给客户端，否则本地域名服务器以客户端的身份向上一级域名服务器发出请求；上一级域名服务器会在本级管理域名中进行查询，如果找到则返回，否则再向更高一级域名服务器发出请求。依次类推，直到最后找到目标主机的 IP 地址。

（2）分级域名表示结构。分级域名表示结构为"计算机主机名.机构名.网络名.顶级域名"。

与 IP 地址格式类似，域名的各部分之间也用"."隔开，如南充职业技术学院的域名为 www.nczy.edu.cn，其中 www 表示学院网页服务器主机的名称，nczy 表示南充职业技术学院，edu 表示中国教育网，cn 表示中国。

2．顶级域名的划分

顶级域名分为机构性域名和地理性域名。

（1）常用机构性域名。

com——盈利性的商业实体　　　　　　edu——教育机构

org——非盈利组织机构　　　　　　　　mil——军事机构

net——网络资源服务机构　　　　　　　int——国际性机构

gov——政府机构　　　　　　　　　　　firm——商业或公司

store——商场　　　　　　　　　　　　web——与 WWW 有关的实体

arts——文化娱乐　　　　　　　　　　　arc——消遣娱乐

info——信息服务　　　　　　　　　　　nom——个人

（2）地理性域名：一般采用国家或地区的部分英文字母缩写。

cn——中国　　　　　　jp——日本　　　　　au——澳大利亚

de——德国　　　　　　hk——中国香港　　　kr——韩国

tw——中国台湾　　　　fr——法国　　　　　gb——英国

6.3.3　接入 Internet 的方式

Internet 服务提供商（Internet Service Provider，ISP）是众多企业和个人用户接入 Internet 的驿站和桥梁。常见的互联网接入方式如下所述。

1．ADSL 拨号方式

ADSL 是现在最普及的一种接入互联网的方式，通常称为宽带接入。其下行速率可达 8Mb/s，上行速率最高为 640kb/s。用 ADSL 拨号方式上网，需要向 ISP 申请账户和密码，并且需要安装 ADSL 调制解调器。早期 ADSL 方式利用语音（电话）线路，现在越来越广泛地使用光纤方式。

2．局域网连接方式

使用路由器、交换机等网络设备，使本地局域网中的所有计算机都能同时接入 Internet。这种方式能很好地利用网络资源、节约成本、方便网络管理，广泛应用于学校、企业以及大的居民小区。

3．无线接入方式

随着以手机为代表的移动用户端的普及，通过无线方式接入 Internet 的用户越来越多。无线接入主要包括使用手机通信信号、Wi-Fi 两种方式。无线接入的最大优点是方便灵活，但是目前接入速率较低。

6.4　Internet 的主要服务与应用

6.4.1　WWW 服务与网页浏览应用

环球信息网（World Wide Web，WWW）也称万维网，是当前 Internet 上最受欢迎、最流行的信息检索服务系统。WWW 由许多 Web 站点构成，每个站点由许多网页构成，打开站点最先出现的页面称为"主页"或"首页"（Home Page）。

浏览网页的方式：启动浏览器→输入网站地址→浏览器显示主页→单击链接访问网站其他页面。

1. 统一资源定位器（Uniform Resource Locator，URL）

URL 用来表示 Web 页面的地址和访问的协议，表示 Internet 上信息资源地址的统一格式，一般由三部分组成，结构为"传输协议://主机 IP 地址或域名地址/资源所在路径和文件名"。

如某 URL 为 http://www.nczy.com/teacher/2014/xg20142.htm，其中，http 为超文本传输协议；www.nczy.com 是网站服务器域名地址；teacher/2014 是要访问的网页所在路径；xg20142.htm 是要浏览的网页文件名。

2. Internet Explorer 浏览器简介

浏览网页需要使用浏览器，浏览器除了 Windows 自带的 IE 浏览器外，常见的还有火狐浏览器、傲游浏览器、百度浏览器等，它们的功能和使用方法大同小异。本书以 Windows 7 操作系统自带的 Internet Explorer 9（IE9）浏览器为例，介绍浏览器的使用方法。

（1）打开 IE。

方法一：执行 Windows 操作系统左下角的"开始"→"所有程序"命令，单击子菜单中的 🜏 Internet Explorer 就可以打开 IE 浏览器。

方法二：直接双击桌面上 IE 的快捷图标，可以立刻打开浏览器。

（2）退出 IE。退出 IE 的方法较多，如下所述。

● 单击 IE 右上角的"关闭"按钮 ⊠ 。
● 单击 IE 左上角图标，在弹出的菜单中选择"关闭"命令。
● 双击 IE 左上角图标，可以直接退出 IE。
● 选择 IE 主菜单中的"文件"命令，在弹出的子菜单中选择"退出"命令。
● 按 Alt+F4 组合键。

IE9 可以在同一个窗口使用不同的选项卡打开多个网页。在关闭 IE 窗口时，可以根据提示选择"关闭所有选项卡"或"关闭当前的选项卡"。

（3）IE 窗口简介。打开 IE 后的窗口如图 6-6 所示。IE 窗口主要包括以下部分：

1）地址栏 🜊 http://www.sina.com.cn/　　　　　　🔍 ▾ 🖹ᶜ 。IE9 的地址栏集成了搜索功能，在地址栏中可以直接输入要搜索的内容，然后单击右边的"放大镜"图标。

图 6-6　打开 IE 后的窗口

2）选项卡  。选项卡在地址栏后，显示网站的主页名称。单击选项卡中的"×"符号，可以关闭当前打开的网页。单击选项卡后的灰色块，可以新建一个选项卡，从而在新的选项卡中打开其他网页。

3）功能按钮 🏠 ⭐ ⚙ 。这三个功能按钮分别代表"主页""收藏夹"和"工具"，单击它们就会分别跳转到相应的设置主页窗口，或弹出相应的菜单。

4）前进、后退按钮 ← → 。这两个按钮可以在浏览网页时方便地返回以前浏览过的网页。

5）窗口控制按钮 ▭ ◻ ✕ 。这三个按钮在 IE 窗口的右上角，可以实现窗口的"最小化""最大化/还原""关闭"。

（4）浏览网页。在 IE 的地址栏输入全部或部分网页名称，IE 会根据以前的浏览记录自动列出相似网址供用户参考选择，如图 6-7 所示。

图 6-7　输入网址

用户还可以单击地址栏右侧的下三角按钮▾，选择历史浏览记录中的地址，快速打开浏览网页。单击窗口的"前进""后退""刷新"等按钮，可方便地控制网页，提高浏览效率。

（5）保存网页。在浏览网页时，遇到一些感兴趣或有参考价值的网页，常需要把其内容保存下来，以方便以后查看，操作方法如下所述。

选择"文件"→"保存网页"命令，在弹出的"保存网页"对话框（图 6-8）中输入要保存的文件名，选择保存的类型。

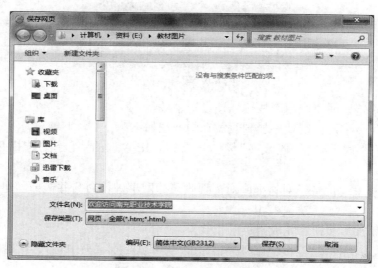

图 6-8　"保存网页"对话框

有以下 4 种保存类型可供选择：

- "网页，全部"：保存页面 HTML 文件和所有超文本信息。
- "Web 档案，单个文件"：把网页中包含的图片、CSS 文件以及 HTML 文件全部放到一个扩展名为.MHT 的文件。
- "网页，仅 HTML"：只保存页面的文字内容，保存为一个扩展名为 html 的文件。
- "文本文件"：将页面的文字内容保存为一个 txt 纯文本文件。

（6）保存 Web 页面的图片、多媒体等内容。将鼠标指针移到一幅图片上并右击，在弹出的快捷菜单中选择"图片另存为"命令，对于音频、视频等多媒体，选择"目标另存为"命令，然后在对话框中选择本地文件夹，并输入保存的文件名，最后单击"保存"按钮。

（7）设置主页地址。"主页"指每次打开 IE 浏览器时最先自动显示的网页，可以把经常光顾的页面设为主页，方法如下：

1）单击"工具"菜单或"工具"按钮 ⚙，选择"Internet 选项"。

2）在"Internet 选项"对话框"常规"选项卡中，输入选定的网址或使用当前网页作为主页，还可以输入多个网址以设置多个主页，如图 6-9 所示。

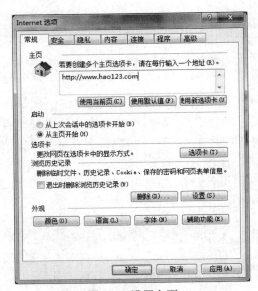

图 6-9　设置主页

3）单击"确定"或"应用"按钮，使设置生效。

（8）使用收藏夹。把网址添加到收藏夹的方法如下：

1）在访问网页时，单击"收藏夹"菜单，或单击 IE 窗口的 ☆ 按钮，选择"添加到收藏夹"命令。

2）在弹出的"添加收藏"对话框中对需要收藏的网页进行命名并选择创建位置，如图 6-10 所示。

3）单击"添加"按钮，完成网页的收藏。

单击 ☆ 按钮或"收藏夹"菜单打开收藏夹，就可以在收藏夹中看到自己收藏的网页名字，单击即可快速浏览该网页。

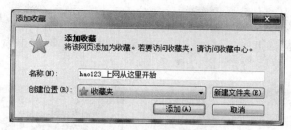

图 6-10　收藏网页

4）清理收藏夹。收藏夹中的网址往往会随着用户上网时间的增加而变得越来越多，此时就需要清理收藏夹，以方便分类管理。

方法一：单击"收藏夹"菜单，选择"整理收藏夹"命令。

方法二：单击 ☆ 按钮，在弹出的对话框中选中某个文件夹或网页，右击就可以进行复制、删除、新建文件夹等整理操作。

（9）利用历史记录栏浏览网页。用户访问过的网页地址将保存在历史列表中，在工具栏上单击 ☆ 按钮，选择"历史记录"选项，窗口下面列出用户最近几天或几周内访问过的网页和站点的链接，单击可以展开列出该时间用户访问过的网页，如图 6-11 所示。

图 6-11　"历史记录"栏

在"历史记录"下面的下拉列表框中，还可以选择查看历史记录的方式，如图 6-12 所示。

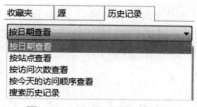

图 6-12　历史记录查看方式

设置和删除历史记录的方法如下：

1）单击 ⚙ 按钮或"工具"菜单，选择"Internet 选项"命令，在弹出的对话框中选择"常规"选项卡，如图 6-13 所示。

2）单击"浏览历史记录"区域的"设置"按钮打开设置窗口，选中"历史记录"选项卡可以输入用户需要保留的历史记录天数，系统默认为 20 天。

3）单击"浏览历史记录"区域的"删除"按钮，在弹出的对话框中可以选择要删除的内容，选中"历史记录"复选框则可以清除所有历史访问记录，然后单击下面的"删除"按钮完成删除操作，如图 6-14 所示。

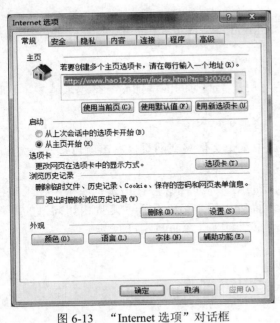

图 6-13　"Internet 选项"对话框

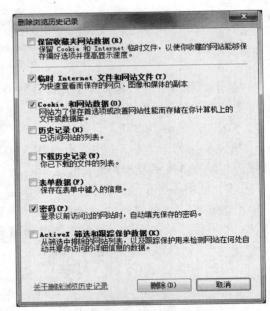

图 6-14　历史记录的设置和删除

4）单击"确定"按钮，关闭"Internet 选项"对话框。

6.4.2　电子邮件服务与邮箱使用

电子邮件（E-mail）是 Internet 上使用最早、最广泛的服务之一。电子邮件发送的信件内容除普通文字外，还可以是软件和视频、音频、动画、图片等多媒体信息。电子邮件的发送需要电子邮箱，需要有提供该项服务的网站。邮件地址由两部分组成，例如 jkx2708921@163.com 是一个电子邮件地址，@前面是用户名，后面是提供邮件服务的网站名称。

电子邮件采用存储转发的方式进行，用户可以随时将自己的邮件发送到邮件服务器，也可以随时查看和接收自己邮箱的邮件，非常方便。

电子邮箱有免费和收费两类，很多网站（如新浪、网易、搜狐等）都提供免费邮箱。常用邮箱一般采用英文加数字的方式命名，腾讯公司的 QQ 邮箱支持直接用自己的 QQ 号作为邮箱号，使用起来也非常方便。

【例 6-1】申请 163 免费邮箱。

操作步骤如下：

（1）进入"网易"主页：在 IE 浏览器地址栏输入 www.163.com，在主页最上方和中间醒目位置都可以看到注册免费邮箱的信息。

（2）单击"注册免费邮箱"按钮，在打开的注册网页中输入邮箱名称和密码，输入验证码，单击"立即注册"按钮，如图 6-15 所示。

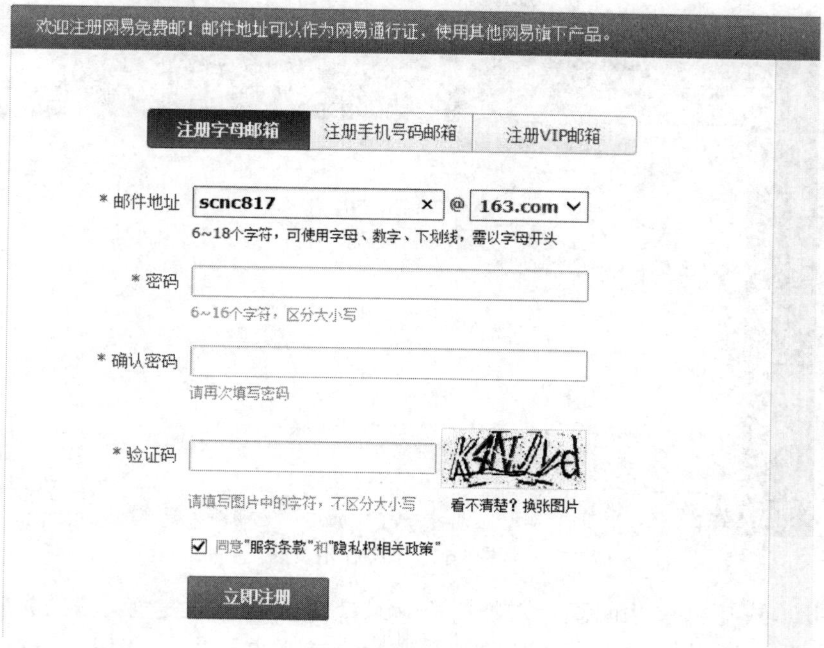

图 6-15 163 邮箱注册窗口

（3）如果邮箱名没有被他人使用，填写的信息符合要求，就能注册成功，并可以立即登录邮箱收发邮件。

6.4.3 通过 Web 方式使用电子邮件

首先打开邮件提供服务商的主页，然后在邮箱登录页面输入邮件地址和密码，就可以进入邮箱收发邮件，如图 6-16 和图 6-17 所示。

图 6-16 Web 方式邮箱登录页面

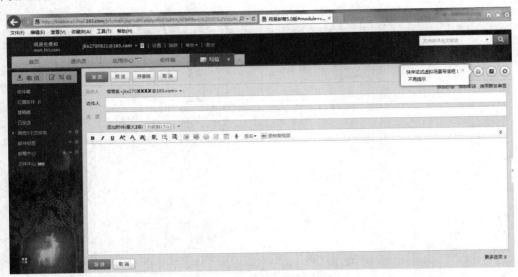

图 6-17　163 邮箱页面

用 Web 方式与用专门的邮件收发软件相比，最大的不同就是前者必须先联网才能处理邮件，而用软件方式可以先离线撰写邮件，再联网收发邮件。另外，Web 方式下邮件都保存在网络服务器，而专用软件方式可以将邮件保存在本地硬盘中。

6.4.4　使用专用软件收发邮件

Outlook 是一种使用广泛的电子邮件收发软件，国产最著名的类似的软件是 Foxmail。此类软件也称电子邮件客户端软件，其功能相对强大，方便对邮件进行管理和收发操作。下面以 Microsoft Outlook 2016 为例，介绍电子邮件的收发和管理等操作。

1. 设置账号

从 Windows "开始"菜单启动 Outlook 2016 后，如果是第一次使用该软件则可以通过启动向导快速完成相关设置，如图 6-18 所示。

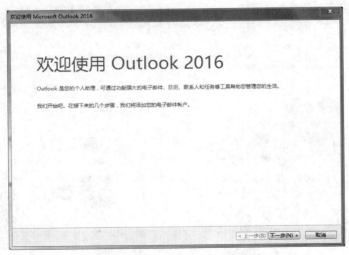

图 6-18　Outlook 2016 启动界面

在依次弹出的各对话框中单击"下一步"按钮，分别输入您的姓名、电子邮件地址、密码、重新键入密码等相关账户信息，或者手动设置相关内容，如图 6-19 所示。

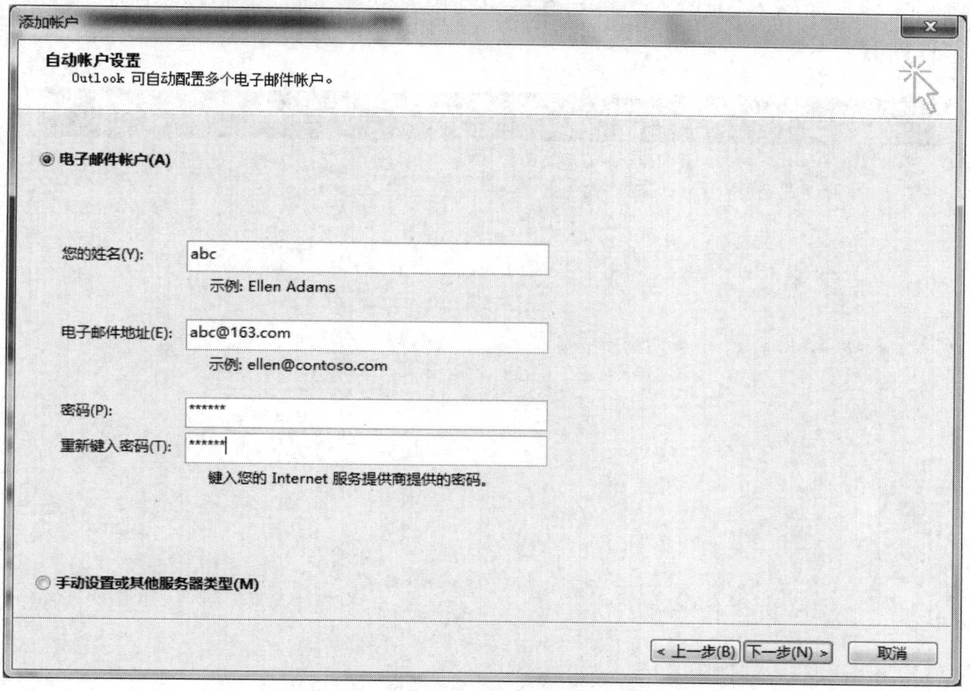

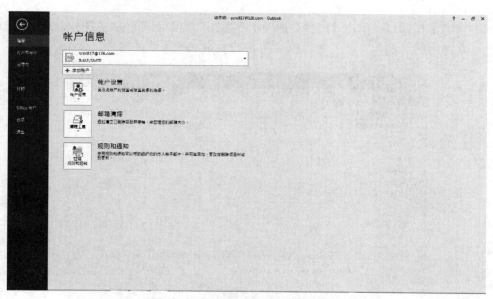

图 6-19　Outlook 2016 账户设置界面

如果后期要修改账户信息，则可以启动 Outlook 2016 后，在"文件"选项卡的"信息"项进行设置，如图 6-20 所示。

图 6-20　Outlook 2016 账户信息窗口

2. 发送邮件

（1）填写信息。单击 Outlook 的"开始"选项卡，然后单击"新建电子邮件"按钮，出现邮件撰写窗口，如图 6-21 所示。将光标移动到相应位置，输入收件人、抄送人的电子邮件信息及邮件内容。

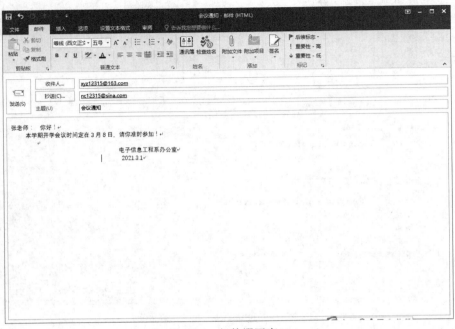

图 6-21　邮件撰写窗口

（2）添加附件。如果有附件，比如需要同时发送 Word 文档、照片、音乐等，可以按如下步骤进行操作。

1）在撰写邮件窗口，单击"邮件"选项卡"添加"组中回形针状的图标，即"附加文件"按钮，在弹出的"插入文件"对话框（图 6-22）中选择需要的附件。

图 6-22　"插入附件"对话框

2）单击"插入"按钮，附件就会自动粘贴到邮件的"附件"框中，如图 6-23 所示。

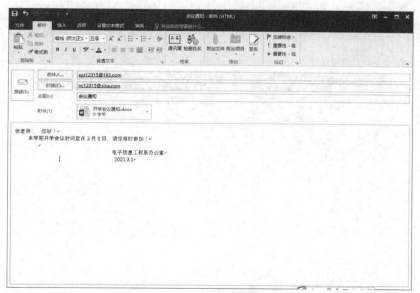

图 6-23　插入附件的邮件窗口

（3）发送邮件。邮件撰写完毕，单击"发送"按钮，就可以将电子邮件发送给收件人。

3．接收和阅读邮件

（1）接收邮件前，必须保证与 Internet 正确连接，然后单击"开始"或"发送/接收"选项卡下的"发送/接收"按钮，Outlook 2016 就可以自动连接到邮件服务器接收电子邮件。

（2）邮件接收后保存在"收件箱"，单击 Outlook 2016 窗口左侧邮件账户下面的"收件箱"图标，可以查看邮件列表、预览邮件内容，如图 6-24 所示。如果要单独阅读某个邮件，可以双击打开该邮件。

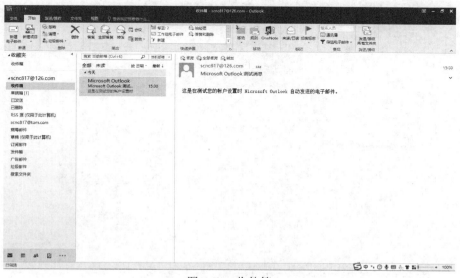

图 6-24　收件箱

（3）保存邮件附件文件。在邮件阅读窗口，单击"附件"选项卡"动作"组中的"另存为"或"保存所有附件"图标，可以将附件下载保存到用户选定的位置。也可以右击附件文件，在弹出的快捷菜单中选择"另存为"命令，然后选择附件保存的路径，单击"保存"按钮，如图6-25所示。

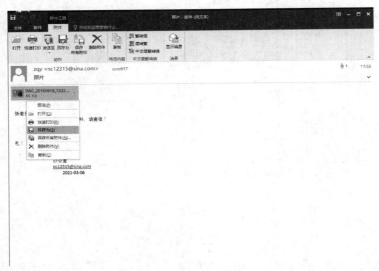

图 6-25　保存附件

4. 回复和转发邮件

打开收件箱阅读完邮件之后，可以直接回复发信人，也可以将信件转给第三方，单击邮件阅读窗口中的"答复"或"转发"按钮，就能轻松实现，如图 6-26 所示。

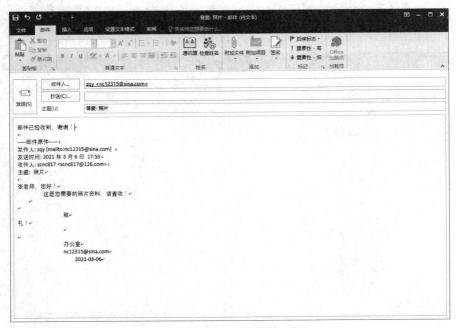

图 6-26　回复邮件

　　对于回复邮件，Outlook 2016 会自动填写相关信息，并将原信内容附加在用户回复的内容之后，用户撰写完回复内容，单击"发送"按钮即可完成回复。

　　如果要转发邮件，则填写收件人的地址；如果转发给多人，则每个地址中间应用分号或逗号分隔。

6.4.5　Internet 的其他服务与应用

1. FTP 服务

　　FTP（File Transfer Protocol，文件传输服务协议）的主要功能是实现文件的上传和下载。上传是将用户本地计算机中的文件复制到网络远程计算机（一般是文件服务器）上，下载是把 Internet 文件服务器上的文件复制到用户的本地计算机上。常见的应用有上传网络共享文件，从网络下载歌曲、电影、软件等。

2. 远程登录服务 Telnet

　　远程登录为用户提供在本地计算机上完成远程主机工作的能力，终端使用者可以在 Telnet 程序中输入命令，这些命令会在远程服务器上运行，就像直接在服务器的控制台上输入一样，在本地就能控制服务器。要开始一个 Telnet 会话，必须输入用户名和密码登录服务器。Telnet 服务常用于远程控制 Web 服务器。

3. 搜索引擎

　　互联网资源丰富，但信息特别庞杂、浩如烟海，因此快速找到用户需要的有用信息就显得特别重要，搜索引擎因此产生。现在全球最大的搜索服务网站是美国的谷歌（Google），最大的中文搜索引擎是中国的百度（Baidu）。一般情况下，只要在搜索引擎输入关键词，就能显示大量的相关信息，然后用户根据自己的要求作进一步的筛选，再根据搜索引擎提供的网址就能进入相关页面，从而获取更详细的内容。用户还可以根据搜索引擎的分类来进行信息的查找，如，百度提供图片、地图、音乐等分类搜索，如图 6-27 所示。

图 6-27　百度搜索

4. 博客

　　"博客"一词是从英文单词 Blog 翻译而来的。Blog 是 Weblog 的简称，而 Weblog 是由

Web 和 Log 两个英文单词组合而成的，通常称为"网络日志"，用户在网站注册账号后就能登录并方便地撰写日志并在网络上与其他人分享。

5. 微博

微博是微型博客（MicroBlog）的简称，它比博客内容简洁，因此传播更方便和快速，是一个基于用户关系进行信息分享、传播以及获取的平台。每条微博一般为 140 字，能实现即时分享。最早也是最著名的微博是美国的 Twitter，国内较有名的有"新浪微博""腾讯微博"等。微博已经成为全球网民最重要的一项网络社交手段和信息传播方式，具有很大的影响力。

6. 即时通信

（1）QQ：是腾讯公司开发的一款基于 Internet 的即时通信（IM）软件。腾讯 QQ 支持在线聊天、视频聊天以及语音聊天、点对点断点续传文件、共享文件、网络硬盘、自定义面板、QQ 邮箱等多种功能，并可与移动通信终端等多种通信方式相连。QQ 在线用户现在已经发展到上亿，是中国目前使用广泛的聊天软件。

（2）Skype：是 Microsoft 公司发布的即时通信软件，可以与亲人、朋友、工作伙伴进行文字聊天、语音对话、视频会议等即时交流，是国外用户广泛使用的聊天工具软件。在 Skype 之前，Microsoft 公司主推的是 MSN Messenger 即时通信软件，2013 年 3 月，微软在全球范围内关闭了即时通信软件 MSN Messenger，Skype 取而代之。只需下载 Skype，就能使用已有的 MSN Messenger 用户名登录，现有的 MSN Messenger 联系人也不会丢失。Skype 的一个较好功能是支持网络电话，用户能以低廉的费率拨打国内外手机和座机。

（3）微信（WeChat）：是腾讯公司于 2011 年初推出的一款快速发送文字和照片、支持多人语音对讲的手机聊天软件。用户可以通过手机或平板电脑快速发送语音、视频、图片和文字。微信提供公众平台、朋友圈、消息推送等功能，用户可以通过"摇一摇""搜索号码""附近的人"、扫二维码等方式添加好友和关注公众平台，同时通过微信可将内容分享给好友以及将用户看到的精彩内容分享到微信朋友圈。在移动通信和移动互联网快速发展的今天，微信得到了手机用户的广泛喜爱，成为亚洲最大用户群体的移动即时通信软件。

7. 网络购物与网络支付

（1）网络购物就是通过互联网查找商品信息，利用电子订购单发出购物请求，再通过网络支付手段和物流快递获取商品的过程。据统计，截至 2020 年 3 月，我国网络购物用户规模达 7.10 亿，网络支付用户规模达 7.68 亿。当前拥有较多用户的有淘宝网、京东商城、天猫、拼多多、当当等网络购物网站。

（2）网络支付是指电子交易的当事人，包括消费者、厂商和金融机构，使用安全手段通过网络进行的货币支付、转账等。由于网络支付尤其是手机支付具有方便、快捷的优势，因此迅速成为人们日常生活、网络购物的重要支付手段。当前国内使用最广泛的是"支付宝"支付和"微信"支付，而国外最早使用的支付平台是 Paypal。

8. 其他新兴的互联网应用

随着互联网的普及和以手机 APP 应用为代表的移动互联网的迅猛发展，各种新兴的互联网应用层出不穷，甚至发展成为影响人们生活、工作、学习的重要因素。

（1）网络娱乐：包括网络视频（含短视频）、网络音乐和网络游戏等，尤其是网络视频（含短视频）已成为仅次于即时通信的第二大互联网应用类型。

（2）在线教育：尤其 2020 年年初，全国大中小学校推迟开学，在校生普遍转向线上课程，推动在线教育行业呈现爆发式增长态势。

（3）网络新闻、网络文学、网上外卖、网约车等各种新兴应用，时刻改变着我们的生活、学习和工作方式。我们有理由相信随着 5G 网络的建成，互联网将会出现更多新服务和新应用。

习题六

单选题

1．IE 浏览器收藏夹的作用是（　　）。
　　A．收集感兴趣的页面地址　　　　　　B．记忆感兴趣的页面的内容
　　C．收集感兴趣的文件内容　　　　　　D．收集感兴趣的文件名

2．关于电子邮件，下列说法中错误的是（　　）。
　　A．发件人必须有自己的 E-mail 账户
　　B．必须知道收件人的 E-mail 地址
　　C．收件人必须有自己的邮政编码
　　D．可以使用 Outlook 管理联系人信息

3．关于使用 FTP 下载文件，下列说法中错误的是（　　）。
　　A．FTP 即文件传输协议
　　B．登录 FTP 不需要账户和密码
　　C．可以使用专用的 FTP 客户机下载文件
　　D．FTP 使用客户机/服务器模式工作

4．在使用 IE 浏览器打开网页的过程中，如果单击浏览窗口中的"最小化"按钮，则该窗口缩小至任务栏上，此时网页的下载过程将（　　）。
　　A．中断　　　　　　B．继续　　　　　　C．暂停　　　　　　D．速度明显减慢

5．在计算机网络中，WAN 的中文名是（　　）。
　　A．局域网　　　　　B．无线网　　　　　C．广域网　　　　　D．城域网

6．目前 Internet 上提供的主要应用有电子邮件、WWW 浏览、远程登录和（　　）。
　　A．文件传输　　　　B．协议转换　　　　C．光盘检索　　　　D．电子图书馆

7．用户要想在网上查询 WWW 信息，必须安装并运行一个称为（　　）的软件。
　　A．HTTP　　　　　B．YAHOO　　　　　C．浏览器　　　　　D．万维网

8．编写 WWW 页面使用的语言是（　　）。
　　A．HTTP　　　　　B．HTML　　　　　C．TCP/IP　　　　　D．WWW

9．下列选项中，合法的电子邮件地址是（　　）。
　　A．wang-em.hxing.com.cn　　　　　　B．em.hxing.com.cn-wang
　　C．em.hxing.com.cn@wang　　　　　　D．wang@em.hxing.com.cn

10．调制解调器用于完成计算机数字信号与（　　）之间的转换。
　　A．电话线上的数字信号　　　　　　　B．同轴电缆上的音频信号
　　C．同轴电缆上的数字信号　　　　　　D．电话线上的音频信号

11. 互联网指的是（　　　）。

    A. 同种类型的网络及其产品相互连接起来

    B. 同种或异种类型的网络及其产品相互连接起来

    C. 大型主机与远程终端相互连接起来

    D. 若干台大型主机相互连接起来

12. TCP/IP 是 Internet 的（　　　）。

    A. 一种服务　　　　　　　　　　B. 一种功能

    C. 通信协议　　　　　　　　　　D. 通信线路

13. 直接接入 Internet 的每台计算机都必须有一个（　　　）。

    A. IP 地址　　　　　　　　　　　B. 域名

    C. E-mail 地址　　　　　　　　　D. 用户名和密码

14. Internet 上的服务所依据的通信协议是（　　　）。

    A. URL　　　　　　　　　　　　B. HTML

    C. 文件传输协议　　　　　　　　D. 超文本传输协议 HTTP

15. 微软的 IE（Internet Explorer）是一种（　　　）。

    A. 浏览器软件　　　　　　　　　B. 远程登录软件

    C. 网络文件传输软件　　　　　　D. 收发电子邮件软件

16. Internet 上的 E-mail 服务的中文名称是（　　　）。

    A. 电子邮件　　　B. 网上交谈　　　C. 网上浏览　　　D. 网络下载

17. 网络中各节点相互连接的形式叫作网络的（　　　）。

    A. 拓扑结构　　　B. 协议　　　　　C. 分层结构　　　D. 分组结构

18. Internet 采用的协议类型为（　　　）。

    A. TCP/IP　　　　B. IEEE 802.2　　C. X.25　　　　　D. IPX/SPX

19. 广域网和局域网是按照（　　　）来分的。

    A. 网络使用者　　　　　　　　　B. 信息交换方式

    C. 网络连接距离　　　　　　　　D. 传输控制规程

20. 下面不属于网络硬件的是（　　　）。

    A. 网络服务器　　　　　　　　　B. 个人计算机工作站

    C. 网络接口卡　　　　　　　　　D. 调制解调器

第7章　信息安全技术

7.1　计算机恶意代码

计算机病毒、网络蠕虫和木马等是威胁计算机和网络安全的最大因素之一，它们都属于恶意代码。恶意代码指任何可以在计算机之间和网络之间传播的程序或可执行代码，其目的是在未授权的情况下有目的地更改或控制计算机及网络系统。恶意代码最初是指计算机病毒和网络蠕虫，随着攻击方式的增多，恶意代码的种类也在逐渐增多，特洛伊木马、后门（陷阱）、僵尸程序、逻辑炸弹、恶意脚本等都是恶意代码。

7.1.1　计算机病毒

1. 计算机病毒的概念

一般来说，凡是能够引起计算机故障、破坏计算机数据的程序或指令集合统称为计算机病毒（Computer Virus）。依据此定义，逻辑炸弹、蠕虫等均为计算机病毒。

1994年2月18日，我国正式颁布实施《中华人民共和国计算机信息系统安全保护条例》，该条例第二十八条中明确指出：“计算机病毒，是指编制或者在计算机程序中插入的破坏计算机功能或毁坏数据，影响计算机使用，并能自我复制的一组计算机指令或者程序代码。”

在这个定义中明确地指出了计算机病毒的程序、指令特征以及对计算机的破坏性。随着移动通信的迅猛发展，手机和PDA等手持移动设备已经成为人们生活中必不可少的部分，现在已经有攻击手持移动设备的病毒，随着这些手持终端处理能力的增强，病毒的破坏性也会与日俱增。随着未来网络家电的使用和普及，病毒也会蔓延到此领域。这些病毒也是由计算机程序编写而成的，也属于计算机病毒的范畴，所以计算机病毒的定义不单指对计算机的破坏。

2. 计算机病毒的特征

（1）传染性。传染性是计算机病毒最重要的特性。计算机病毒的传染性是指病毒具有把自身复制到其他程序中的特性，会通过各种渠道从已被感染的计算机扩散到未被感染的计算机。只要一台计算机染毒，与其他计算机通过存储介质或者网络进行数据交换时，病毒就会继续进行传播。传染性是判断一段程序代码是否为计算机病毒的根本依据。

（2）破坏性。任何计算机病毒只要侵入系统，就会对系统及应用程序产生不同程度的影响。轻者会降低计算机的工作效率，占用系统资源（如占用内存空间、占用磁盘存储空间及系统运行时间等），只显示一些画面或音乐、无聊的语句，或者根本没有任何破坏动作。例如，欢乐时光病毒的特征是超级解霸不断地运行，系统资源占用率非常高；圣诞节病毒藏在电子邮件附件中，计算机一旦染上，就会自动重复转发，造成更大范围的传播。

程序的破坏性体现了病毒设计者的真正意图，这种破坏性带来的损失是非常巨大的。

（3）潜伏性及可触发性。大部分计算机病毒感染系统之后一般不会马上发作，而是长期潜伏在系统中，只有在满足特定条件时才会发作。在此期间，可以对系统和文件进行大肆传染。

潜伏性越好，其在系统中存在的时间就会越久，计算机病毒的传染范围就会越大。

计算机病毒的可触发性指当满足其触发条件或者激活病毒的传染机制时，将使之进行传染，或者激活病毒的表现部分或破坏部分。

计算机病毒的可触发性与潜伏性是联系在一起的，潜伏下来的病毒只有具有了可触发性，其破坏性才成立，也才能真正称为"病毒"。如果设想一个病毒永远不会运行，就像死火山一样，就不对网络安全构成威胁。触发的实质是一种条件的控制，病毒程序可以依据设计者的要求，在一定条件下实施攻击。例如，著名的"黑色星期五"在逢 13 号的星期五发作，还有 26 日发作的 CIH 病毒。

（4）隐蔽性。计算机病毒具有隐蔽性，以防被用户发现及躲避反病毒软件的检查。因此，系统感染病毒后，一般情况下用户感觉不到病毒的存在，只有在其发作后，系统出现不正常反应时用户才知道。

为了更好地进行隐藏，病毒的代码设计得非常短小，一般只有几百或一千字节。以现在计算机的运行速度，病毒转瞬之间便可将短短的几百字节附着到正常程序之中，使人很难察觉。

3．计算机病毒的处理和防范

在预防计算机病毒时，一般应做到以下几点。

（1）安装防病毒软件并及时进行升级。在网络系统中，用户应至少安装一套先进的防病毒软件，并要及时地进行升级，以便查杀新型病毒。

（2）不轻易运行不明程序。不要轻易运行下载的程序或他人传来的程序，哪怕是好友发来的程序，除非对方有特别的说明，因为有时人们可能不知道，病毒程序已悄悄附着到程序上，或者计算机已经被感染。

（3）加载补丁程序。现在很多病毒的传播都是利用了系统的漏洞，网络管理人员需要经常到系统厂商网站上下载并安装相应的系统漏洞补丁，减少系统被攻击的可能。

（4）不随意接收和打开邮件。用户接收电子邮件时需要注意，对于陌生人的邮件不要贸然接收，更不能随意打开。如果邮件中附件文件的扩展名为 EXE，就更要小心了。当用户收到邮件时也不要随意转发，转发前最好先确认邮件的安全性。

（5）从正规网站下载软件。用户不要随意下载网上搜索的软件，应该从正规网站或官方网站下载需要的软件，这样可以减少对系统的威胁。

当计算机系统感染病毒后，可采取以下措施进行紧急处理，恢复系统或受损部分。

- 隔离。当某计算机感染病毒后，可将其与其他计算机隔离，避免相互复制和通信。当网络中某个节点感染病毒后，网络管理员必须立即切断该节点与网络的连接。
- 报警。病毒感染点被隔离后，要立即向网络系统安全管理人员报警。
- 查毒源。接到报警后，网络系统安全管理人员可使用相应的防病毒系统鉴别被感染的机器，检查经常引起病毒感染的节点，查找病毒的来源。
- 采取应对方法和对策。网络系统安全管理人员要对病毒的破坏程度进行分析检查，并根据需要采取有效的病毒清除方法和对策。如果被感染的大部分是系统文件和应用程序文件，且感染程度较深，则可采取重装系统的方法来清除病毒。如果感染的是关键数据文件或破坏较严重，可请防病毒专家进行病毒清除和恢复数据的工作。
- 在修复前备份数据。在对被感染的病毒进行清除前，应尽可能地将重要的数据文件进行备份，以防止在使用防病毒软件或其他清除工具查杀病毒时造成重要数据的丢失。

- 清除病毒。将重要的数据进行备份后，运行查杀病毒软件，并对相关系统进行扫描，一旦发现病毒立即清除。如果可执行文件中的病毒不能被清除，应将其删除。
- 重启和恢复。清除病毒后，应重新启动计算机，并再次使用防病毒软件检测系统是否还有病毒，并恢复破坏的数据。

7.1.2 网络蠕虫

1. 网络蠕虫的概念和特征

网络蠕虫（简称蠕虫）是一种自动化、智能化的，综合网络攻击、密码学和计算机病毒技术，无须计算机使用者干预即可运行的攻击程序或代码。它会扫描和攻击网络上存在系统漏洞的节点主机，通过局域网或互联网从一个节点传播到另一个节点。

网络蠕虫强调自身的主动性和独立性，具有主动攻击、行踪隐蔽、利用漏洞、造成网络拥塞、降低系统性能、产生安全隐患、反复性和破坏性等特征。

随着互联网应用的不断普及和深入，网络蠕虫对计算机系统安全和网络安全的威胁日益增强。特别是在网络环境下，多样化的传播途径和复杂的应用环境使网络蠕虫发生的频率增大，潜伏性增强，覆盖面更广，造成的损失更大。

网络蠕虫的攻击行为可以分为信息搜集、探测、攻击和自我推进 4 个阶段。其中，信息搜集主要完成对本地和目标节点的信息汇集；自我推进完成对目标节点的感染。

2. 网络蠕虫的防范

网络蠕虫已经成为网络系统的极大威胁，因为网络蠕虫具有相当的复杂性和行为不确定性。从目前发生的多起蠕虫爆发事例可以看出，从发现漏洞到蠕虫爆发的时间越来越短，但从蠕虫爆发到蠕虫被消灭的时间越来越长，网络蠕虫的防范和控制越来越困难。

目前，网络蠕虫的防御和控制主要采用人工手段。针对主机，主要采用手工检查和清除、利用软件检查和清除、给系统打补丁和升级系统、安装个人防火墙、断开感染源计算机等方法；针对网络，主要采用在防火墙或边缘路由器上关闭与网络蠕虫相关的端口、设置访问控制列表和设置内容过滤等方法。

由于网络蠕虫的爆发非常迅速，而且不同类型的网络蠕虫针对的攻击对象不尽相同，因此采取的防御手段也有所不同。

7.1.3 特洛伊木马

1. 木马的概念和原理

特洛伊木马（简称"木马"）是根据古希腊神话中的木马命名的。木马通常并不像计算机病毒那样感染文件。作为一种恶意代码，它一般是以寻找后门、窃取密码和重要文件为主，还可以对计算机系统激进行跟踪监视和控制及查看、修改资料等操作，具有很强的隐蔽性、突发性和攻击性。

（1）木马的概念。木马是一种带有恶意性质的远程控制软件，通常悄悄地在寄宿主机上运行，在用户毫无察觉的情况下使攻击者获得远程访问和控制系统的权限。木马的安装和操作都是隐蔽完成的。攻击者经常把木马隐藏在一些游戏或小软件之中，诱使用户在自己的机器上运行。最常见的情况是，用户从不正规的网站上下载和运行了带恶意代码的软件，或者不小心单击了带有恶意代码的邮件附件。

木马的传播方式主要有以下 3 种。

1）通过 E-mail 传播。控制端将木马程序以附件形式附着在邮件中发送出去，收件人只要打开附件就会感染木马。

2）通过软件下载传播。一些非正式的网站以提供软件下载的名义，将木马捆绑在软件安装程序上，程序下载后一旦运行，木马就会自动安装。

3）通过即时通信工具传播。通过 QQ 等即时通信工具传送文件时，不知情的用户一旦打开带有木马的文件就会感染木马。

（2）木马的原理。木马程序与计算机病毒相似，需要在运行时隐藏自己的行踪。但与传统的文件型病毒寄生于正常可执行程序体内，通过宿主程序的执行而被执行的方式不同，大多数木马程序都有一个独立的可执行文件。木马通常不容易被发现，因为它一般是以一个正常应用的身份在系统中运行。

木马程序一般包括客户端（Client）和服务器端（Server）两部分，采用 C/S 工作模式。客户端就是木马控制者在本地使用的各种命令的控制台，服务器端则在他人的计算机中运行，只有运行过服务器端的计算机才能够被控制。客户端放置在木马控制者的计算机中，服务器端放置在被入侵的计算机中，木马控制者通过客户端与被入侵计算机服务器端建立远程连接。一旦连接建立，木马控制者就可以通过对被入侵计算机发送指令来传输和修改文件。

2. 木马的新类型

传统木马主要通过远程来控制目标计算机，在目标计算机上进行查看、删除、移动、上传、下载、执行文件等非法操作，或者承担垃圾信息发送、键盘记录、关闭窗口、鼠标控制、计算机基本设置等任务。随着互联网尤其是移动互联网的飞速发展，Web 技术的应用催生了网页木马的出现。目前在各类木马中，网页木马成为 Web 安全的主要隐患。

此外，随着数字货币交易价格持续走高，挖矿木马空前活跃，黑客大量利用受害机器挖掘数字货币。随着各类芯片的广泛应用，主要针对芯片攻击的硬件木马也开始出现，并对特定硬件进行破坏。

（1）网页木马。网页木马是在宏病毒、传统木马等恶意代码基础上，随着 Web 技术的广泛应用发展而来的一种新形态的恶意代码，类似于宏病毒通过 Word 等文档中的恶意宏命令实现攻击。网页木马一般通过 HTML 页面中的一段恶意脚本达到在客户端下载、执行恶意可执行文件的目的，而整个攻击流程是一个"特洛伊木马"式的、隐蔽的过程。

网页木马通常被植入 Web 服务器端的 HTML 页面中，目的在于向客户端传播恶意程序。当客户端访问植入了木马的 HTML 页面时，网页木马利用客户端浏览器及其插件存在的漏洞将恶意程序自动植入客户端。

与网络蠕虫通过网络主动进行自我复制、自我传播的方式不同，网页木马是一种客户端被动攻击方式，其部署在网站服务器端，在用户浏览页面时发起攻击。这种方式可以有效地绕过防火墙的检测，隐蔽、有效地在客户端植入恶意代码，进而在用户不知情的情况下自动完成恶意可执行文件的下载、执行。

在网页木马发展初期，攻击者通过自己搭建站点来部署攻击页面，并利用一些社会工程学方法诱使访问者访问。但近些年来，随着网民安全意识的逐渐增强，攻击者不得不去寻找新的手段来增大攻击页面的访问量，其中最主要的手段是网页挂马。网页挂马是通过内嵌链接将攻击脚本或攻击页面嵌入到一个正规页面，或者利用重定向机制将对正规页面的访问重定向到攻击页面。

（2）挖矿木马。挖矿木马是攻击者通过非法手段植入用户计算机中的"挖矿机"程序，可以利用受害者计算机的运算能力进行"挖矿"，从而获取数字货币（如比特币、以太币等）。由于硬件性能的限制，攻击者通常需要大量计算机进行运算，以获得一定数量的数字货币。

挖矿木马一般通过自动化的批量攻击，感染存在漏洞的网络服务器，并控制服务器的系统资源，用于计算和挖掘特定的虚拟货币。由于挖矿木马长期超高占用 CPU，因此服务器感染挖矿木马后最明显的现象是服务器响应非常缓慢，出现各种运行异常。如果挖矿木马攻击的是整个云服务平台，那么平台上所有网站和服务系统都会受到严重影响。

潜伏在计算机中的挖矿木马主要有两种类型：网页挖矿和僵尸网络。网页挖矿实际上也是一种网页木马，只不过植入网页的木马是专门的挖矿程序；利用僵尸网络进行挖矿的攻击性非常大，通过木马程序，所有被控制的计算机将集中资源为"挖矿"服务，而且木马程序的隐蔽性极强。

（3）硬件木马。硬件木马指插入原始电路的微小的恶意电路。这种电路潜伏在原始电路之中，在电路运行到某些特定的值或达到某个条件时，使原始电路发生本不该有的情况。这种恶意电路可对原始电路进行有目的性的修改，如泄露信息给攻击者，使电路功能发生改变，甚至直接损坏电路等。

硬件木马一般包括两个部分：木马触发和木马有效载荷。其中，木马触发是激活木马的机制，木马有效载荷是触发后木马发挥功能的电路。木马一旦触发，就会发送一个或多个信号给木马有效载荷部分，木马有效载荷部分就会工作，发挥作用，从而破坏芯片或改变其功能。

在集成电路的设计和制造过程中，攻击者可采用很多方式，并且有很多机会在原始电路中植入硬件木马。硬件木马一旦被人为隐蔽地插入一个复杂的芯片中，要检测出来就十分困难。硬件木马通常只在非常特殊的条件下才能被激活并产生作用，其他时候对原始电路的功能并无影响，它能躲过传统的结构测试和功能测试。

3．木马的预防和清除

（1）木马的预防措施。尽管人们掌握了很多检测和清除木马的方法和软件工具，但这也只是在木马出现后采取的被动的应对措施。最好的情况是不感染木马。以下是几种简单实用的预防木马的方法和措施。

1）不随意打开来历不明的邮件，阻塞可疑邮件。

2）不随意下载来历不明的软件。

3）及时修补漏洞和关闭可疑端口。

4）尽量少用共享文件夹。

5）运行实时监控程序。

6）经常升级系统和更新病毒库。

7）限制使用不必要的具有传输能力的程序。

（2）木马的检测和清除。虽然木马程序千变万化，但其入侵手段大同小异，一般都是在系统配置文件中做文章，如在文件 win.ini、syetem.ini、winstart.bat 中加载或捆绑木马文件。

可以通过查看端口开放情况、系统服务运行情况、系统任务运行情况、网卡的工作情况、系统日志及运行速度有无异常等检测木马。

1）查看端口开放情况。当前最常见的木马通常是基于 TCP/UDP 协议进行客户端与服务器端之间的通信的木马，因此，可以通过查看在本机上开放的端口，检查是否有可疑程序打开了某个可疑的端口。例如，"冰河"木马使用的监听端口是 7626。

2）查看及恢复 win.ini 和 system.ini 系统配置文件。查看 Windows 文件夹中的 win.ini 和 system.ini 文件是否有被修改的地方。例如，有的木马通过修改 win.ini 文件中 Windows 字段的 load=file.exe,run=file.exe（file.exe 为木马程序名）语句进行自动加载，还可能修改 system.ini 文件中的 boot 字段，如将 Shell=Explorer.exe 修改成 Shell=XYZ.exe（XYZ.exe 为木马程序名），实现木马加载。此时将文件恢复为原始配置，再删除木马文件即可。

3）查看启动程序并删除可疑的启动程序。如果木马自动加载的文件是直接通过在 Windows 菜单上自定义添加的，则可在"开始"→"所有程序"→"启动"菜单中看到（也可以运行 msconfig 命令，通过"系统配置"对话框查看启动项）。检查是否有可疑的启动程序，便可很容易地判断是否感染了木马。如果存在木马，除了要查出木马文件并将其删除外，还要将木马的自动启动程序删除。

4）查看系统进程并停止可疑的系统进程。木马也是一个应用程序，需要进程来执行。可以通过查看系统进程来推断木马是否存在。在 Windows 系统下打开任务管理器，可看到系统中正在运行的所有进程。在清除木马时，首先要停止木马程序的系统进程，然后进行下一步的操作。

5）查看和还原注册表。木马一旦被加载，一般都会对注册表进行修改，可通过查看注册表来寻找木马的痕迹。打开注册表编辑器，定位到 HKEY_CURRENT_USER\Software\Microsoft\Windows\CurrentVersion\Explorer 下，分别打开 Shell Folders、User Shell Folders、Run、RunOnce、RunServices 子键检查，再定位到 HKEY_LOCAL_MACHINE\Software\Microsotf\Windows\CurrentVersion\Explorer 下，分别查看上述 5 个子键的内容，一旦在里面找到来路不明的程序，很有可能是植入的木马，找到注册表中被木马修改的部分后，将其还原即可。

6）使用杀毒软件和木马查杀工具检测和清除木马。最简单的检测和删除木马的方法是安装木马查杀工具。常用的木马查杀工具有 360 安全卫士、腾讯电脑管家、木马专家、木马清除大师等，这些工具软件都可以检测和查杀木马。

7.1.4 后门

后门也称陷阱，是允许攻击者绕过系统常规安全控制机制而获得对程序或系统的控制权的程序，是能够根据攻击者的意图而提供的访问通道。

后门是访问程序和在线服务的一种秘密方式。通过安装后门，攻击者可保持一条秘密通道，每次访问时不必通过正常的登录认证方式。它对系统安全的威胁是潜在的、不确定的。

当某个程序或系统存在后门时，该后门程序会保存在计算机系统中，只有当攻击者需要时才通过某种特殊方式来控制计算机系统。一般说来，后门主要具有以下几个作用：方便再次入侵、隐藏操作痕迹、绕过监控系统、提供恶意代码植入手段。

后门的存在形式和功能多种多样。简单的后门可以建立一个新账户，或者给已有账户提升权限。复杂的后门会在绕过系统的安全认证机制后直接控制系统，甚至会修改系统的配置以降低系统的安全防御能力。同时，有些后门还可以与特定的木马进行配合，获得对系统的最大控制权或破坏力。

后门程序的特点是平时潜伏在计算机中从事信息搜集工作，当攻击者需要实施攻击时，便提供进入本机的通道。它类似于木马，都是隐藏在用户系统中向外发送信息，而且本身具有一定的操作权限，同时能够供攻击者远程控制本机时使用；木马是完整的软件，而后门程序的代码往往有限且功能单一。

7.1.5　僵尸程序及网络

僵尸程序（Bot）指实现恶意控制功能的程序代码。它和命令与控制服务器、控制者等共同组成可通信、可控制的网络，称为僵尸网络（Botner）。攻击者通常利用僵尸网络发起各种恶意行为，如对任何指定主机发起分布式拒绝服务（DDoS）攻击、发送垃圾邮件、窃取敏感信息、滥用资源等。

僵尸网络（Botner）是攻击者出于恶意目的，通过传播僵尸程序来控制大量主机（俗称"肉鸡"），并通过一对多的命令与控制信道组成的网络。利用僵尸网络，攻击者可以轻易地控制成千上万台主机，对网络上的任意站点发起 DDoS 攻击。

僵尸网络的防御与反制是一项较复杂的工作，下面介绍几种常用方法。

（1）传统防御方法。由于构建僵尸网络的僵尸程序仍是恶意代码的一种，因此传统的防御方法是提高主机的安全防御等级以防止被僵尸程序感染，通过及时更新反病毒软件特征库清除主机中的僵尸程序，主要包括使用防火墙、DNS 阻断、补丁管理等技术手段。

（2）创建黑名单。通过路由和 DNS 黑名单的方式屏蔽僵尸网络中恶意的 IP 地址和域名是一种简单且有效的方法，在该方法中，如何获得恶意 IP 地址及域名等信息是关键。目前，已有一些研究机构和个人在网络上共享了通过僵尸程序分析、入侵检测系统日志分析等方法获得的恶意 IP 地址和域名的黑名单。因此，只要能够确保黑名单的及时性和准确性，创建黑名单的方法就是非常有效的。

（3）关闭僵尸网络使用的域名。直接关闭僵尸网络使用的域名，或关闭其命令与控制服务器的网络连接，是最直接有效的方法。例如，针对僵尸网络具有命令与控制信道这一基本特性，可以通过摧毁或无效化僵尸网络命令与控制机制，使其无法对互联网产生危害。

操作系统和网络体系结构存在的局限性是僵尸网络产生的根本原因。目前操作系统和软件的漏洞易感染僵尸程序，而互联网开放式的端到端通信方式使得攻击者可以相对容易地对僵尸程序进行控制。要从根本上解决僵尸网络威胁，需要系统和网络体系结构的改变，而这些改变在短时间内是难以实现的。

7.2　常用杀毒软件简介

如果用户的计算机感染了病毒，最直接有效的方法就是使用杀毒软件进行清除。国内比较知名的杀毒软件包括金山毒霸、电脑管家、360 杀毒、360 安全卫士、瑞星杀毒等，国外比较知名的杀毒软件有卡巴斯基、诺顿等。

7.2.1　卡巴斯基安全软件

卡巴斯基安全软件是世界上著名的杀毒软件，是一款久经考验、屡获殊荣的安全软件，"卡巴斯基实验室"的总部位于俄罗斯首都莫斯科。经过 20 多年与计算机病毒的战斗，卡巴斯基获得了独特的知识和技术，成为病毒防卫的技术领导者。卡巴斯基安全软件包括企业产品和家用产品，能够彻底保护用户计算机不受各类互联网威胁的侵害。

卡巴斯基安全软件的下载地址是 www.kaspersky.com.cn。该软件下载快捷，安装简单，使用方便。其主界面如图 7-1 所示。

图 7-1　卡巴斯基安全软件的主界面

7.2.2　木马专家 2021

木马专家 2021 是一款木马查杀软件，软件除采用传统病毒库查杀木马以外，还能智能查杀未知木马，自动监控内存非法程序，实时查杀内存和硬盘木马。第二代查杀内核还支持脱壳分析木马。软件本身还集成了内存优化、网络入侵拦截、IE 修复、恶意网站拦截、系统文件修复、注册表备份和供高级用户使用的系统进程管理和启动项目管理等，可有效查杀各种流行 QQ 盗号木马、网游盗号木马、冲击波、灰鸽子、黑客后门等十多万种木马间谍程序。

木马专家 2021 的下载官网地址是 www.beyondwork.com.cn。该软件的特点是界面简洁，占用资源少，不影响系统速度。其主界面如图 7-2 所示。

图 7-2　木马专家 2021 的主界面

7.2.3　火绒安全软件

火绒成立于 2011 年 9 月，致力于在终端安全领域为用户提供专业的产品和专注的服务，并持续对外赋能反病毒引擎等相关自主研发技术。

2012 年，火绒推出免费个人产品。2018 年正式推出企业版，开启商业模式，并在线上线下同时试销。

火绒安全软件无任何具有广告推广性质的弹窗和捆绑等打扰用户行为，干净轻巧，简单易用，占用资源少，不影响日常办公、游戏，产品性能历经数次优化，兼容性好，运行流畅，一键下载，安装后使用默认配置即可获得安全防护。其主界面如图 7-3 所示。

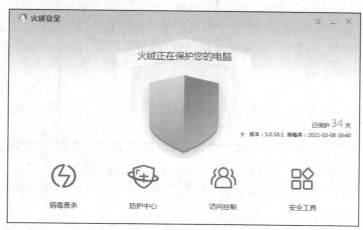

图 7-3　火绒安全软件的主界面

7.2.4　腾讯电脑管家

腾讯电脑管家（Tencent PC Manager）是腾讯科技（深圳）有限公司推出的一款免费安全软件，拥有安全云库、系统加速、一键清理、实时防护、网速保护、电脑诊所等功能，依托腾讯安全云库、自主研发的反病毒引擎"鹰眼"及 QQ 账号全景防卫系统，能查杀各类计算机病毒。

腾讯电脑管家的前身是成立于 2006 年 12 月的 QQ 医生，2010 年 5 月升级为 QQ 电脑管家，2012 年 3 月更名为腾讯电脑管家。其主界面如图 7-4 所示。

图 7-4　腾讯电脑管家的主界面

1．主要功能介绍

首页体检：一键全面检测计算机，使其远离安全风险，轻松保持计算机健康。

病毒查杀：自主研发杀毒引擎，能力领先国际，屡获国际评测认证。

漏洞修复：专业检测系统漏洞，提供及时有效的修复方案。

主动防御：17层防护，全面监控系统风险，彻底拦截恶意攻击。

勒索病毒防御：全网病毒监控，从源头拦截勒索病毒，保护用户计算机安全。

系统急救箱：深入系统底层，全方位深度扫描，彻底查杀顽固病毒。

此外，还提供了垃圾清理、计算机加速、软件管理、桌面整理、工具箱、手游助手、计算机诊所等功能。

2．软件特色

（1）全新设计，大小随心。轻巧便捷小界面，简单易用零思考；经典专业大界面，计算机信息全掌握。

（2）专业守护，上网安心。具有全球领先的安全云库、全新杀毒引擎、独有的 QQ 号防御系统，全面净化互联网环境，打造相对安全的上网环境。

（3）极致清理，流畅如新。深度清理计算机垃圾、冗余文件；一键加速小火箭，让计算机重回巅峰状态。

（4）简约方便，工具自定义。工具箱支持小工具自定义，常用功能一触即达，可备份微信聊天信息及清理文件。

7.2.5　360 杀毒

360 杀毒是 360 安全中心出品的一款免费的云安全杀毒软件，是一款标准的杀毒软件。

360 杀毒整合了五大领先查杀引擎，包括国际知名的 BitDefender 病毒查杀引擎、小红伞病毒查杀引擎、360 云查杀引擎、360 主动防御引擎及 360 第二代 QVM 人工智能引擎，为用户带来安全、专业、有效、新颖的查杀防护体验。

1．功能介绍

快速扫描：短时间内迅速检测计算机的健康和安全信息，给出计算机安全与否的相关数据，并根据计算机的情况给出适当的建议。

实时防护：区分防护等级，分为基本防护、中度防护和严格防护；分等级进行维护，满足不同用户的需求。

超强广告拦截：拦截软件弹窗、浏览器弹窗、网页广告等，无广告干扰。

2．软件特色

360 杀毒查杀率高，资源占用率低，升级迅速；无广告干扰，一键进行扫描，可快速、全面地诊断系统安全，精准修复。其防杀病毒能力得到多个国际权威安全软件评测机构的认可，荣获多项国际权威认证。

360 杀毒是完全免费的杀毒软件，并整合了五大领先防杀引擎，不但查杀能力出色，而且能第一时间防御新出现的病毒木马。此外，360 杀毒轻巧、快速、不卡机且误杀率低。

7.2.6　360 安全卫士

360 安全卫士是一款安全辅助软件，是由奇虎 360 公司推出的功能强、效果好、受用户欢迎的安全软件。

360 安全卫士拥有查杀木马、清理插件、修复漏洞、电脑体检、电脑救援、保护隐私、电脑专家、清理垃圾、清理痕迹等多种功能，并独创了"木马防火墙""360 密盘"等功能，依靠抢先侦测和云端鉴别，可全面、智能地拦截各类木马，保护用户的账号、隐私等重要信息。

1. 功能介绍

（1）电脑体检：对计算机进行详细的安全检查。

（2）查杀木马：使用 360 云引擎、小红伞本地引擎、360 启发式引擎、QVM 四个引擎进行杀毒。

（3）修复漏洞：及时更新修复系统漏洞。

（4）系统修复：可以修复普遍的系统设置、上网设置问题。

（5）电脑清理：可全面、自定义扫描，清理系统垃圾、痕迹，并可清理注册表。

（6）优化加速：可以通过限制启动项加快开机速度，还可进行硬盘智能加速和磁盘碎片整理。

（7）功能大全：数十种功能任用户选。

（8）软件管家：软件下载安全，海量资源随意选。

（9）电脑门诊：轻松解决计算机其他问题。

（10）娱乐功能：强大的游戏娱乐功能。

2. 软件特色

IE 功能增强：保证上网安全，无广告骚扰，上网更高效。

安全防护中心：网盾、木马防火墙、安全保镖三合一，提供最全面的安全保护。

网购先赔功能：构建安全的网购环境，解决用户网购问题，具有高额的先赔保障。

开机小助手：酷炫皮肤随意换，界面简洁，还将天气信息、新闻等结合在一起，获取信息更方便。

7.3　计算机网络安全

7.3.1　网络安全概述

随着信息科技的迅速发展以及计算机网络的普及，计算机网络深入国家的政府、军事、文教、金融、商业等诸多领域，可以说网络无处不在。资源共享和计算机网络安全一直作为一对矛盾体而存在着，计算机网络资源共享进一步加强，信息安全问题则日益突出。

2006 年第 38 个世界电信日暨首个世界信息社会日的主题是 Promoting Global Cyber Security（推进全球网络安全），充分体现出网络安全不再是一个潜在的问题，已经成为当前信息社会现实存在的重大问题，与国家安全息息相关，涉及国家政治和军事命脉，影响国家的安全和主权。信息安全空间将成为传统的三大国防（国界、领海、领空）和基于太空的第四国防之外的第五国防，称为 Cyber-Space。

网络脆弱的原因主要有 4 个：开放性的网络环境、网络协议本身的脆弱性、操作系统的漏洞、人为因素。

从本质上讲，网络安全指网络系统的硬件、软件和系统中的数据受到保护，不受偶然的或者恶意的攻击而遭到破坏、更改、泄露，系统能连续、可靠、正常地运行，网络服务不中断。广义上讲，凡是涉及网络上信息的保密性、完整性、可用性、可控性和不可否认性的相关技术和理论都是网络安全所要研究的领域。

7.3.2　网络安全的目标

计算机网络向授权用户提供正确、及时和可靠的信息服务，应避免受到其他不安全因素的干扰和破坏。因此，网络安全的目标包括以下五个方面，这五个方面也称网络安全的基本要素。

1．保密性

保密性指保证信息不能被非授权访问，即非授权用户得到信息也无法知晓信息的内容，因而不能使用。通常通过访问控制阻止非授权用户获得机密信息，还通过加密阻止非授权用户获知信息内容，确保信息不暴露给未授权的实体或者进程。

2．完整性

完整性指只有得到允许的人才能修改实体或者进程，并且能够判断实体或者进程是否已被修改。一般通过访问控制阻止篡改行为，同时通过消息摘要算法来检验信息是否被篡改。

3．可用性

可用性是信息资源服务功能和性能可靠性的度量，涉及物理、网络、系统、数据、应用和用户等多方面的因素，是对信息网络总体可靠性的要求；授权用户根据需要，可以随时访问所需信息，攻击者不能占用所有资源而阻碍授权者的工作；使用访问控制机制阻止非授权用户进入网络，使静态信息可见、动态信息可操作。

4．可控性

可控性主要指对危害国家信息（包括利用加密的非法通信活动）的监视审计，控制授权范围内的信息的流向及行为方式。使用授权机制控制信息传播的范围、内容，必要时能恢复密钥，实现对网络资源及信息的可控。

5．不可否认性

不可否认性是对出现的安全问题提供调查的依据和手段。使用审计、监控、防抵赖等安全机制，使攻击者、破坏者、抵赖者"逃不脱"，并进一步对网络出现的安全问题提供调查依据和手段，实现信息安全的可审查性，一般通过数字签名等技术来实现不可否认性。

7.3.3　"黑客"概述

如今人们口中的"黑客"（Hacker）往往都带着贬斥的意思。但是"黑客"的本来含义并非如此。一般认为，黑客起源于 20 世纪 50 年代美国著名高校的实验室中，他们智力非凡、技术高超、精力充沛，热衷于解决一个个棘手的计算机网络难题。60、70 年代"黑客"一词甚至极富褒义。

恶意闯入他人计算机系统、意图盗取敏感信息的人称为"骇客"（Cracker）。"黑客"与"骇客"的最主要区别在于，黑客进行创新，骇客进行破坏活动。或者用"白帽黑客"和"黑帽黑客"来区分，试图破解某系统或网络以善意提醒该系统所有者的人称为"白帽黑客"。

1．黑客攻击的动机

随着时间的变化，黑客攻击的动机不再像以前一样只是对编程感兴趣，或是像发现系统漏洞那样简单明了。现在黑客攻击的动机越来越多样化，主要有以下几种。

（1）贪心：因为贪心而进行偷窃或者敲诈，这种动机会引发许多金融案件。

（2）恶作剧：计算机程序员搞的一些恶作剧，是黑客的老传统。

（3）名声：有些人为了显露其计算机经验与才智，证明自己的能力，获得名气。

（4）报复/宿怨：被解雇、受批评或者被降级的雇员，或者其他认为自己受到不公正待遇的人，为了报复而进行攻击。

（5）无知/好奇：有些人拿到了一些攻击工具，因为好奇而使用，以致破坏了信息还不知道。

（6）仇恨：国家和民族原因。

（7）间谍：政治和军事谍报工作。

（8）商业：商业竞争，商业间谍。

黑客技术是网络安全技术的一部分，主要看用这些技术做什么，用来破坏他人的系统就是黑客技术，用于安全维护就是网络安全技术。

2. 黑客入侵攻击的一般过程

黑客入侵攻击的一般过程如下：

（1）确定攻击的目标。

（2）搜集被攻击对象的有关信息。

（3）利用适当的工具进行扫描。

（4）建立模拟环境，进行模拟攻击。

（5）实施攻击。

（6）清除痕迹。

3. 黑客常用的系统攻击方法

（1）目标系统探测法。通过使用网络探测、扫描器攻击，可以了解目标主机的信息（如 IP 地址、开放的端口和服务程序等），从而获得系统有用的信息，发现网络系统的漏洞。

（2）口令破解。一般入侵者常常通过暴力破解、sniffer 密码嗅探、社会工程学（即通过欺诈手段），以及木马程序或键盘记录程序等手段获取用户的密码口令。

（3）网络监听。网络监听是黑客在局域网中常用的一种技术，在网络中"监听"他人的数据包，分析数据包，从而获得一些敏感信息，如账号和密码等。

（4）ARP 欺骗。ARP 欺骗是黑客常用的攻击手段之一，其中最常见的一种形式是针对内网 PC 的网关欺骗。它的基本原理是黑客通过向内网主机发送 ARP 应答报文，欺骗内网主机说"网关的 IP 地址对应的是我的 MAC 地址"，也就是 ARP 应答报文中将网关的 IP 地址和黑客的 MAC 地址对应起来，这样内网 PC 本来要发送给网关的数据就发送到了黑客的机器上了。

（5）木马。常见的普通木马是一种客户端/服务端（C/S）模式，攻击者控制的是相应的客户端程序，服务端程序就是木马程序。木马程序被植入毫不知情的用户的计算机中，以"里应外合"的工作方式，打开特定的端口并进行监听，这些端口好像"后门"一样，所以也有人把特洛伊木马叫作后门工具。攻击者掌握的客户端程序向该端口发出请求，木马便与其连接起来。攻击者可以使用控制器进入计算机，通过客户端程序命令达到控制服务端计算机的目的。

（6）拒绝服务（DoS）攻击。拒绝服务攻击即想办法让目标机器停止提供服务或资源访间，这些资源包括磁盘空间、内存、进程甚至网络带宽，从而阻止正常用户访问。

（7）缓冲区溢出。缓冲区是一块连续的计算机内存区域。在程序中，通常把输入数据存放在一个临时空间里，这个临时存放空间称为缓冲区。在计算机内部，如果向一个容量有限的内存空间存储过量的数据，数据会溢出存储空间。

在程序编译完成后，缓冲区中存放数据的大小事先已经被程序或者操作系统定义好，如果向程序的缓冲区写超出其大小的内容，就会造成缓冲区溢出，覆盖其他空间的数据，从而破坏程序的堆栈，使程序转而执行其他指令。

4. 黑客攻击防范

下面主要介绍一些基本的 Windows 安全措施（以关键字形式提供）：

（1）物理安全、停止 Guest 账号、限制用户数量。

（2）创建多个管理员账号、管理员账号更名。

（3）陷阱账号、更改默认权限、设置安全密码。

（4）屏幕保护密码、使用 NTFS 分区。

（5）运行防毒软件及确保备份盘安全。

（6）关闭不必要的端口、开启审核策略。

（7）操作系统安全策略、关闭不必要的服务。

（8）开启密码策略、开启账户策略、备份敏感文件。

（9）不显示上次登录名、禁止建立空连接、下载最新补丁。

上述 9 条安全措施，可以对照关键字通过搜索引擎了解如何配置。此外，还可以考虑以下高级安全措施：

（1）关闭 DirectDraw、关闭默认共享。

（2）加密 Temp 文件夹、锁住注册表、关机时清除文件。

（3）禁止软盘光盘启动、使用智能卡、使用 IPSec。

（4）禁止判断主机类型、抵抗 DDoS。

（5）禁止 Guest 访问日志及数据恢复软件。

7.3.4 计算机网络安全技术

计算机网络安全技术主要包括以下几种。

1. 防病毒

在计算机中安装防病毒软件，对外来软盘、U 盘及下载文件进行病毒检查，并定期对杀毒软件进行升级更新。

2. 数据备份

备份技术是最常用的提高数据完整性的措施，指在另一个地方对需要保护的数据制作一个备份，一旦失去原件还能使用备份文件。

3. 密码技术

随着计算机网络渗透到各个领域，密码学的应用范围也随之扩大，数字签名、身份鉴别等都是随着密码学派生出来的新技术和应用。

数据加密作为一项基本技术是所有通信安全的基石。数据加密过程由形形色色的加密算法来具体实施。在很多情况下，数据加密是保证信息机密性的唯一方法。数据加密技术主要有对称密钥加密、公开密钥加密、混合加密系统等。

4. 防火墙

防火墙是设置在可信任的企业内部网和不可信任的公共网或网络安全域之间的一系列部件的组合，是建立在现代通信网络技术和信息安全技术基础上的应用型安全技术。它在内部网与公共网之间建立一个安全网关，以防止网络资源受到侵害。

防火墙的作用如下：

（1）控制对网点的访问和封锁网点信息的泄露。

（2）能限制被保护子网的泄露。

（3）具有审计作用。

（4）能执行安全策略。

防火墙的不足如下：

（1）不能防病毒。

（2）对不通过它的连接无能为力。

（3）不能防备内部人员的攻击。

（4）限制了有用的网络服务。

（5）不能防备新的网络安全问题。

5. 访问控制

访问控制就是通过不同的手段和策略实现网络上主体对客体的访问控制。在 Internet 上，客体是指网络资源，主体是指访问资源的用户或应用。访问控制的目的是保证资源不被非法使用和访问。

访问控制是网络安全防范和保护的主要策略，根据控制手段和具体目的的不同，可以将访问控制技术划分为不同的级别，包括入网访问控制、网络权限控制、目录级安全控制及属性控制等。

6. 虚拟专用网（VPN）

虚拟专用网指在公共网络中建立专用网络，数据通过安全的"加密隧道"在公共网络中传播。企业只需租用本地的数据专线，链接上本地的公众信息网，各地的机构就可以互相传递信息；同时，企业可以利用公众信息网的拨号接入设备，让自己的用户拨号到公众信息网上，连接进入企业网中。使用 VPN 有节省成本、提供远程访问、扩展性强、便于管理和实现全面控制等优势，是企业网络发展的趋势。

7. 漏洞评估

漏洞评估通过对系统进行动态的试探和扫描，找出系统中各类潜在的弱点，给出相应的报告，建议采取的相应补救措施或自动填补某些漏洞。该技术有两个优点，一是具有预知性，可以防患于未然；二是可进行重点防护，管理员可以优先考虑风险程度最高的漏洞。

8. 入侵检测（IDS）

入侵检测系统是监视（在可能的情况下阻止）入侵或者试图控制用户系统或者网络资源的行为的系统。作为分层安全中越来越被越普遍采用的技术，入侵检测系统能有效地提升黑客进入网络系统的门槛。入侵检测系统能够通过向管理员发出入侵或者入侵企图的提示信息来加强当前的存取控制系统（如防火墙）；识别防火墙通常不能识别的攻击，如来自企业内部的攻击；在发现入侵企图之后提供必要的信息。

习题七

选择题

1. 计算机病毒是一种（　　　）。
   A．软件故障　　　　B．硬件故障　　　　C．程序　　　　　　D．细菌

2. 下列叙述正确的是（　　　）。
   A．计算机病毒只感染可执行文件
   B．计算机病毒只感染文本文件
   C．计算机病毒只能通过软件复制的方式进行传播
   D．计算机病毒可以通过读写磁盘或网络等方式进行传播

3. （　　　）病毒定期发作，可以设置 Flash ROM 写状态来避免病毒破坏 ROM。
   A．Melissa　　　　B．CIH　　　　　　C．I Love You　　　　D．蠕虫

4. 以下（　　　）不是杀毒软件。
   A．瑞星　　　　　　　　　　　　　B．Word
   C．Norton AntiVirus　　　　　　　　D．金山毒霸

5. 效率最高、最保险的杀毒方式是（　　　）。
   A．手动杀毒　　　　B．自动杀毒　　　　C．杀毒软件　　　　D．磁盘格式化

6. 网络病毒与一般病毒相比，（　　　）。
   A．隐蔽性强　　　　B．潜伏性强　　　　C．破坏性强　　　　D．传播性广

7. 计算机病毒的破坏方式包括（　　　）。（多选题）
   A．删除修改文件类　　　　　　　　B．抢占系统资源类
   C．非法访问系统进程类　　　　　　D．破坏操作系统类

8. 计算机病毒的传播方式有（　　　）。（多选题）
   A．通过共享资源传播　　　　　　　B．通过网页恶意脚本传播
   C．通过网络文件传输传播　　　　　D．通过电子邮件传播

9. 计算机病毒的特征有（　　　）。（多选题）
   A．隐蔽性　　　　　　　　　　　　B．潜伏性、传染性
   C．破坏性　　　　　　　　　　　　D．可触发性

10. 在公开密钥体制中，加密密钥即（　　　）。
    A．解密密钥　　　　　　　　　　　B．私密密钥
    C．公开密钥　　　　　　　　　　　D．私有密钥

11. 数字证书采用公钥体制时，每个用户设定一把公钥，由本人公开，用其进行（　　　）。
    A．加密和验证签名　　　　　　　　B．解密和签名
    C．加密　　　　　　　　　　　　　D．解密

12. 为了避免冒名发送数据或发送后不承认的情况出现，可以采取的方法是（　　　）。
    A．数字水印　　　　　　　　　　　B．数字签名
    C．访问控制　　　　　　　　　　　D．发电子邮件确认

13. 防火墙的作用是（　　）。（多选题）
    A. 防止内部信息外泄
    B. 防止系统感染病毒与非法访问
    C. 防止黑客访问
    D. 建立内部信息和功能与外部信息和功能之间的屏障

14. 下列（　　）不是防火墙的功能。
    A. 过滤进出网络的数据包
    B. 保护存储数据安全
    C. 封堵某些禁止的访问行为
    D. 记录通过防火墙的信息内容和活动

15. 对企业网络最大的威胁是（　　）。
    A. 黑客攻击
    B. 外国政府
    C. 竞争对手
    D. 内部员工的恶意攻击

16. 计算机网络的安全是指（　　）。
    A. 网络中设备设置环境的安全
    B. 网络使用者的安全
    C. 网络中信息的安全
    D. 网络的财产安全

17. 信息风险主要是指（　　）。
    A. 信息存储安全
    B. 信息传输安全
    C. 信息访问安全
    D. 以上都正确

18. 信息不泄露给非授权用户、实体或过程，指的是信息的（　　）特性。
    A. 保密性
    B. 完整性
    C. 可用性
    D. 可控性

19. 黑客搭线窃听属于（　　）风险。
    A. 信息存储安全
    B. 信息传输安全
    C. 信息访问安全
    D. 以上都不正确

20. 拒绝服务攻击是对计算机网络的（　　）的破坏。
    A. 保密性线
    B. 完整性
    C. 可用性
    D. 不可否认性

附录　全国计算机等级考试一级计算机基础及

MS Office 应用考试大纲（2021 年版）

基本要求

1．掌握算法的基本概念。
2．具有微型计算机的基础知识（包括计算机病毒的防治常识）。
3．了解微型计算机系统的组成和各部分的功能。
4．了解操作系统的基本功能和作用，掌握 Windows 7 的基本操作和应用。
5．了解计算机网络的基本概念和因特网（Internet）的初步知识，掌握 IE 浏览器软件和 Outlook 软件的基本操作和使用。
6．了解文字处理的基本知识，熟练掌握文字处理软件 Word 2016 的基本操作和应用，熟练掌握一种汉字（键盘）输入方法。
7．了解电子表格软件的基本知识，掌握电子表格软件 Excel 2016 的基本操作和应用。
8．了解多媒体演示软件的基本知识，掌握演示文稿制作软件 PowetPoint 2016 的基本操作和应用。

考试内容

一、计算机基础知识

1．计算机的发展、类型及应用领域。
2．计算机中数据的表示与存储。
3．多媒体技术的概念与应用。
4．计算机病毒的概念、特征、分类与防治。
5．计算机网络的概念、组成和分类；计算机与网络信息安全的概念和防控。

二、操作系统的功能和使用

1．计算机软、硬件系统的组成及主要技术指标。
2．操作系统的基本概念、功能、组成及分类。
3．Windows 7 操作系统的基本概念和常用术语（如文件、文件夹、库等）。
4．Windows 7 操作系统的基本操作和应用。
（1）桌面外观的设置，基本的网络配置。
（2）熟练掌握资源管理器的操作与应用。

（3）掌握文件、磁盘、显示属性的查看、设置等操作。

（4）中文输入法的安装、删除和选用。

（5）掌握对文件、文件夹和关键字的搜索。

（6）了解软、硬件的基本系统工具。

5．了解计算机网络的基本概念和 Internet 的基础知识，主要包括网络硬件和软件、TCP/IP 协议的工作原理以及网络应用中常见的概念（如域名、IP 地址、DNS 服务等）。

6．能够熟练掌握浏览器、电子邮件的使用和操作。

三、文字处理软件的功能和使用

1．Word 2016 的基本概念，Word 2016 的基本功能、运行环境、启动和退出。

2．文档的创建、打开、输入、保存、关闭等基本操作。

3．文本的选定、插入与删除、复制与移动、查找与替换等基本编辑技术；多窗口和多文档的编辑。

4．字体格式设置、文本效果修饰、段落格式设置、文档页面设置、文档背景设置和文档分栏等基本排版技术。

5．表格的创建、修改；表格的修饰；表格中数据的输入与编辑；数据的排序和计算。

6．图形和图片的插入；图形的建立和编辑；文本框、艺术字的使用和编辑。

7．文档的保护和打印。

四、电子表格软件的功能和使用

1．电子表格的基本概念和基本功能，Excel 2016 的基本功能、运行环境、启动和退出。

2．工作簿和工作表的基本概念和基本操作，工作簿和工作表的建立、保存和退出；数据输入和编辑；工作表和单元格的选定、插入、删除、复制、移动；工作表的重命名和工作表窗口的拆分和冻结。

3．工作表的格式化，包括设置单元格格式、设置列宽和行高、设置条件格式、使用样式、自动套用模式和使用模板等。

4．单元格绝对地址和相对地址的概念，工作表中公式的输入和复制，常用函数的使用。

5．图表的建立、编辑、修改和修饰。

6．数据清单的概念，数据清单的建立，数据清单内容的排序、筛选、分类汇总，数据合并，数据透视表的建立。

7．工作表的页面设置、打印预览和打印，工作表中链接的建立。

8．保护和隐藏工作簿和工作表。

五、PowerPoint 的功能和使用

1．PowerPoint 2016 的基本功能、运行环境、启动和退出。

2．演示文稿的创建、打开、关闭和保存。

3．演示文稿视图的使用，幻灯片的基本操作（编辑版式、插入、移动、复制和删除）。

4．幻灯片的基本制作方法（文本、图片、艺术字、形状、表格等的插入及格式化）。

5．演示文稿主题选用与幻灯片背景设置。

6．演示文稿放映设计（动画设计、放映方式设计、切换效果设计）。

7．演示文稿的打包和打印。

考试方式

上机考试，考试时长为 90 分钟，满分为 100 分。

一、题型及分值

单项选择题（计算机基础知识和网络的基本知识）　20 分

Windows 7 操作系统的使用　10 分

Word 2016 操作　25 分

Excel 2016 操作　20 分

PowerPoint 2016 操作　15 分

浏览器（IE）的简单使用和电子邮件的收发　10 分

二、考试环境

操作系统：Windows 7

考试环境：Microsoft Office 2016